Potenziale älterer Erwerbstätiger

Karlheinz Sonntag
Nadine Seiferling

Potenziale älterer Erwerbstätiger

Erkenntnisse, Konzepte und
Handlungsempfehlungen

Prof. Dr. Karlheinz Sonntag. Studium der Betriebswirtschaftslehre und der Psychologie an den Universitäten in Augsburg und München. 1982 Promotion in Psychologie an der LMU München. 1988 Habilitation in Arbeits- und Organisationspsychologie an der Universität Kassel. Seit 1993 Universitätsprofessor und Inhaber des Lehrstuhls für Arbeits- und Organisationspsychologie an der Universität Heidelberg. Gastprofessuren an der Universität Bern (1999), der Wirtschaftsuniversität Wien (2005) und der Université de Fribourg (2007). 2009–2013 Prorektor für Qualitätsentwicklung an der Universität Heidelberg. Forschungsschwerpunkte sind Gesundheitsförderung und Kompetenzentwicklung Erwerbstätiger in dynamischen Umfeldbedingungen menschlicher Arbeit (Digitalisierung, Demografischer Wandel).

Dipl.-Psych. Nadine Seiferling. Studium der Psychologie an der Ruprecht-Karls-Universität Heidelberg und der University of Otago in Dunedin, New Zealand. Seit 2011 Wissenschaftliche Mitarbeiterin und Doktorandin am Lehrstuhl für Arbeits- und Organisationspsychologie der Universität Heidelberg. Thema der Dissertation: Entwicklung und Evaluation einer ressourcenbasierten Gruppen-Intervention für ältere Erwerbstätige.

Bibliografische Information der Deutschen Nationalbibliothek

Die Deutsche Nationalbibliothek verzeichnet diese Publikation in der Deutschen Nationalbibliografie; detaillierte bibliografische Daten sind im Internet über http://dnb.dnb.de abrufbar.

Hogrefe Verlag GmbH & Co. KG
Merkelstraße 3
37085 Göttingen
Deutschland
Tel.: +49 551 999 50 0
Fax: +49 551 999 50 111
E-Mail: verlag@hogrefe.de
Internet: www.hogrefe.de

Umschlagabbildung: © BraunS – iStock.com by Getty Images
Satz: Matthias Lenke, Weimar
Druck: Media-Print Informationstechnologie, Paderborn
Printed in Germany
Auf säurefreiem Papier gedruckt

1. Auflage 2017
© 2017 Hogrefe Verlag GmbH & Co. KG, Göttingen
(E-Book-ISBN [PDF] 978-3-8409-2675-4; E-Book-ISBN [EPUB] 978-3-8444-2675-5)
ISBN 978-3-8017-2675-1
http://doi.org/10.1026/02675-000

Vorwort

Demografischer Wandel und Industrie 4.0! Das heißt konkret: Zunehmend ältere Erwerbstätige sehen sich einer zunehmend digitalisierten, dynamischen Arbeitswelt gegenüber. Wie passt das zusammen? Welche Potenziale (älterer) Fach- und Führungskräfte sind vorhanden, um die Herausforderungen dieser neuen Arbeitswelt zu bewältigen? Wie müssen die Verantwortlichen des Human Resource (HR) Managements agieren, um präventiv Gesundheit und Kompetenz zu fördern und somit die Leistungsfähigkeit und Bereitschaft ihrer Mitarbeiter[1] zu erhalten? Wie sind in diesem Sinne Strukturen, Inhalte und Bedingungen moderner Arbeit zu gestalten?

Auf diese, für innovative und produktive Organisationen fundamentalen Fragen will das vorliegende Buch Antwort geben. Dazu werden umfangreiche Erkenntnisse aus der Grundlagenforschung unterschiedlicher Disziplinen, wie der Psychologie, der Ergonomie und der Gerontologie, systematisch aufbereitet und in den Dienst der Anwendung im HR- und Gesundheitsmanagement gestellt. Es werden Konzepte und Handlungsempfehlungen für die strategische und operative Umsetzung in den Arbeitsalltag vorgeschlagen und diskutiert.

Herzlich gedankt sei Frau Tanja Ulbricht und Frau Franziska Stolz vom Hogrefe Verlag für das wiederum hochprofessionelle und engagierte Lektorat, bei Frau Elisabeth Neuhaus und Herrn Marius Schmidt bedanken wir uns für die vielfältige redaktionelle Unterstützung.

Heidelberg, im Oktober 2016 *Karlheinz Sonntag und Nadine Seiferling*

---

1 Aus Gründen der einfacheren Lesbarkeit wird in diesem Band häufig auf eine Differenzierung der männlichen und weiblichen Genusformen verzichtet. Selbstverständlich gelten die verwendeten Bezeichnungen jeweils für beide Geschlechter. Wenn möglich, wurden geschlechtsneutrale Begriffe verwendet.

Inhaltsverzeichnis

1 Einführung 9

2 Demografischer Wandel und Dynamisierung
   der Arbeitswelt 11
   2.1 Demografischer Wandel und ältere Erwerbstätige 11
   2.2 Dynamisierung der Arbeitswelt 19

3 Leistungsfähigkeit 24
   3.1 Biologische und physiologische Grundfunktionen 24
   3.2 Kognitive (berufliche) Leistungsfähigkeit 26
   3.3 Persönlichkeit 38

4 Gesundheit 47
   4.1 Allgemeiner Gesundheitszustand 47
   4.2 Krankheitsrisiken durch Arbeitsbedingungen und Arbeits-
      organisation 50
   4.3 Fehlzeiten und Krankenstand 60
   4.4 Weitere gesundheitsrelevante Aspekte 63

5 Voraussetzungen und Motive für eine längere
   Erwerbstätigkeit 69
   5.1 Erwerbstätigkeit Älterer 70
   5.2 Motivlage für die Weiterbeschäftigung 73
   5.3 Lebenssituation, Alltagsgestaltung und berufliche Aktivitäten
      im Ruhestand 76

6 Konzepte der Potenzialerhaltung und Ressourcen-
   entwicklung 82
   6.1 Konsequenzen aus der Befundlage 82
   6.2 Entwicklungspsychologisches Konzept der Selektion,
      Optimierung und Kompensation (SOK-Modell) 83
   6.3 Arbeitspsychologische Referenzmodelle zur Potenzialnutzung . . . 85

7 Maßnahmen und Initiativen zur Potenzialerhaltung
   und Ressourcenentwicklung 99
   7.1 Umsetzungsstand betrieblicher Maßnahmen 99
   7.2 Führung älterer Mitarbeiter und altersgemischte Teams 107

7.3 Arbeitsgestaltung 116
7.4 Wissenstransfer 130
7.5 Qualifizierungs- und Präventionskonzepte 134

8 Proaktiver Ruhestand 145
8.1 Konzeptionalisierung des Ruhestands 145
8.2 Den Übergang in den Ruhestand sinnvoll gestalten 148
8.3 Aktivitäten und Engagement im Ruhestand 153

9 Zusammenfassung und Ausblick 164
9.1 Potenzialnutzung: Ein Kostenfaktor für Organisationen?
       Mitnichten! 164
9.2 „further research is needed" – besonders in realen Settings! 165

Literatur 167

Sachregister 189

1 Einführung

Die Dynamik des demografischen Wandels und dessen Auswirkungen auf die Erwerbstätigkeit und den Arbeitsmarkt sind evident. Altersdifferenzierte Analysen der Erwerbsbevölkerung lassen eine deutliche Schrumpfung und Alterung zukünftiger Belegschaften erwarten. Intensität und Folgenschwere dieser Entwicklung werden in den nächsten Jahren für Wirtschaft und Gesellschaft erheblich spürbar werden – das zeigen verlässlich Projektionen, Vorausberechnungen und Szenarien. Immer gewichtiger rückt die Frage nach der Potenzialnutzung und -förderung älterer Mitarbeiter angesichts drohendem Fachkräftemangel und Verlust von Wissen und Know-how in den Fokus.

In der Verlängerung der Lebensarbeitszeit wird eine der zentralen Handlungsoptionen gesehen – nicht zuletzt vor dem Hintergrund notwendiger Reformen des Rentensystems. Einer verlängerten Erwerbsarbeit und damit einem erhöhten Anteil älterer Beschäftigter stehen zukünftig leistungsfähige Arbeitssysteme mit anspruchsvollen innovativen IT-Anwendungen und flexiblen Arbeits- und Organisationsformen gegenüber.

Daraus ergeben sich zentrale Fragestellungen für Arbeitspsychologen, Arbeitswissenschaftler, Führungskräfte, HR-Manager und Berater:
- Wie ist die Leistungsfähigkeit und -bereitschaft von Fach- und Führungskräften bei einer längeren Erwerbstätigkeit zu beurteilen?
- Welche Potenziale und Risiken kennzeichnen das Arbeiten über 65 Jahre, vor dem Hintergrund der teilweise sehr dynamischen Veränderungen in der Arbeitswelt?
- Welche Maßnahmen des HR-Managements sind erforderlich, um die Ressourcen Erwerbstätiger zu erhalten und deren Potenzial bei verlängerter Lebensarbeitszeit zu nutzen?

In den nachfolgenden Ausführungen werden die Potenziale, Einstellungen und Erfahrungen älterer Erwerbstätiger (55 bis 70 Jahre) thematisiert und systematisch aufbereitet. Nicht betrachtet wird die Gruppe der Hochaltrigen. Es wird der Frage nachgegangen, inwiefern eine längere Berufstätigkeit körperlich und geistig möglich sowie grundsätzlich für beide Seiten – Arbeitgeber und Arbeitnehmer – von Interesse ist. Dazu werden nationale und internationale Studien, die sich mit Potenzialen, Einstellungen und Erfahrungen Älterer in Bezug auf ihre Leistungsfähigkeit (psycho-physischer Status, Kompetenzen, Bewältigungsstile, Wohlbefinden) und ihre Leistungsbereitschaft (Motivation, Interessen) befassen, systematisch analysiert und aufbereitet.

Weiterhin werden Studien und konkrete, in der Praxis erprobte Maßnahmen der Potenzialerhaltung und Ressourcenentwicklung für ältere Mitarbeiter und Füh-

rungskräfte, insbesondere vor dem Hintergrund moderner IT-gestützter Arbeitsstrukturen aufbereitet. Aus den Erkenntnissen werden konkrete Maßnahmen und
Empfehlungen für Organisationen und Führungskräfte im Hinblick auf eine angemessene Ausgestaltung eines förderlichen Arbeitsumfelds für ältere Erwerbstätige abgeleitet, um deren Potenziale optimal zu fördern und zu nutzen.

Es sei an dieser Stelle angemerkt, dass es bei der Aufbereitung und Darstellung
der Befunde aus den einzelnen Studien teilweise schwierig war, die Ergebnisse
der gesuchten Altersgruppe der 55- bis 70-Jährigen Erwerbstätigen eindeutig zu-
zuordnen. Zum einen finden sich in den Textmaterialien Altersklassen unterschiedlicher Kategorien, zum anderen sind Erwerbstätige ab 65+ in den Studien
– zumindest in Deutschland – (noch) kaum vertreten. Nur wenige Studien enthalten Stichproben, in denen auch 50- und 60-Jährige angemessen repräsentiert
sind. Dies ist wohl darauf zurückzuführen, dass zum einen die unterschiedlichen Maßnahmen zur Altersteilzeit und zum vorgezogenen Ruhestand greifen
(in Deutschland) und zum anderen der sog. „healthy worker effect" auftritt (stark
beanspruchte ältere Mitarbeiter scheiden früher aus dem Berufsleben aus; vgl.
Abschnitt 4.2.1) und damit die zu begutachtenden Stichproben und Teilnehmer
an den Studien eine gewisse „Positiv-Auswahl" darstellen.

Bei der Aufbereitung wurde weiterhin darauf geachtet, solche Studien aus Ländern mit zu berücksichtigen, die eine überdurchschnittlich hohe Alterserwerbs-
quote aufweisen, wie z. B. skandinavische Länder, die USA, Japan, die Schweiz,
Großbritannien. Bei länderübergreifenden Vergleichen dürfen die länderspezifi-
schen Rahmenbedingungen nicht außer Acht gelassen werden. So unterscheiden
sich viele Länder hinsichtlich gesetzlicher Rentenaltersgrenze und des Renten-
bzw. Altersvorsorgesystems, was Auswirkungen auf die Motivation zur Weiterarbeit und die Beschäftigungsquote älterer Mitarbeiter haben dürfte.

2 Demografischer Wandel und Dynamisierung der Arbeitswelt

2.1 Demografischer Wandel und ältere Erwerbstätige

Die charakteristischen Verläufe des demografischen Wandels und dessen Auswirkungen auf die Bevölkerung im Erwerbsalter sind gekennzeichnet durch „Schrumpfung" und „Alterung".

Eine Schrumpfung wird erwartet, wenn die Generation der „baby boomer", also der in den 1950er und 1960er Jahren Geborenen, zwischen 2015 und 2030 aus dem Erwerbsleben ausscheidet (Sachverständigenrat zur Begutachtung der gesamtwirtschaftlichen Entwicklung, 2011). Zählte 2013 die Bevölkerung im Erwerbsalter (20 bis 65 Jahre) noch ca. 50 Millionen, werden es 2060 laut Statistischem Bundesamt (2015a; Variante 1[2]) nur noch ca. 34 Millionen Menschen sein (38 Millionen bei Variante 2[2]). Unter Beachtung der Heraufsetzung des Renteneintrittsalters auf 67 Jahre wird diese Zahl auf 36 Millionen geschätzt (Statistisches Bundesamt, 2015a).

Aufgrund der geringen Geburtenhäufigkeit der Nachfolgegeneration und einer relativ stabilen Zuwanderungsquote in fachlich qualifizierten Berufen auf relativ niedrigem Niveau wird davon ausgegangen, dass die entstandene Lücke auf dem Arbeitsmarkt nicht geschlossen werden kann. Dank der relativ starken Zuwanderung schrumpft Deutschland jedoch nicht in dem Maße, wie in vorangegangenen Bevölkerungsvorausberechnungen angenommen. Inwieweit sich daraus allerdings eine Entspannung aufgrund der aktuellen Migrationsströme auf dem Arbeitsmarkt ergibt, bleibt abzuwarten.

Dagegen ist ein deutlicher Anstieg der Lebenserwartung aufgrund verbesserter medizinischer Versorgung, Ernährung, Wohnsituation sowie verbesserter Arbeits-

---

2 Bei den koordinierten Vorausberechnungen des Statistischen Bundesamtes werden verschiedene Szenarien zugrunde gelegt, die die Veränderungen in der „anfangs sehr hohen Nettozuwanderung von 500.000 Personen" (Statistisches Bundesamt, 2015a, S. 5) pro Jahr in den nächsten Jahren beachten. Bei Annahme von *Variante 1* „Kontinuität bei schwächerer Zuwanderung" wird davon ausgegangen, dass der jährliche Wanderungssaldo bis zum Jahr 2021 deutlich auf 100.000 Personen pro Jahr abflacht und sich dann auf diesem Niveau verfestigen wird. Die Voraussage für *Variante 2* „Kontinuität bei stärkerer Zuwanderung" nimmt dagegen ein allmähliches Absinken der jährlichen Nettozuwanderung bis 2021 auf 200.000 Personen und Stabilisierung auf diesem Niveau an (vgl. Statistisches Bundesamt, 2015a). In der zum Zeitpunkt der Niederschrift dieses Textes aktuellen Statistik des Statistischen Bundesamtes sind die Migrationsströme ab 2014 noch nicht berücksichtigt. Stichtag ist der 31.12.2013.

bedingungen anzunehmen. So wird nach der 13. koordinierten Bevölkerungsvorausberechnung des Statistischen Bundesamtes bis 2060 ein Anstieg der Lebenserwartung bei Männern von 77,7 Jahren (Stand 2012) auf 84,4 bis 86,7 Jahre
und bei Frauen von 82,8 Jahren auf 88,8 bis 90,4 Jahre prognostiziert (Statistisches Bundesamt, 2015a).

In den nächsten 25 Jahren wird insbesondere die Zahl der Menschen im Alter ab
65 Jahren ansteigen. Im Jahre 2060 werden über ein Drittel der Bevölkerung
(39,4 %) 65 Jahre oder älter sein (Statistisches Bundesamt, 2015a, Variante 1).
Mit diesen Veränderungen geht auch eine Steigerung des Medianalters (teilt die
Gesamtbevölkerung in eine jüngere und eine ältere Hälfte) einher; hier ist bis
2060 ein Anstieg von 45 auf 50 Jahre zu erwarten (Statistisches Bundesamt,
2015a). Tabelle 1 zeigt die Zahlen für die Bevölkerungsentwicklung von Deutschland zwischen 2013 und 2060.

Tabelle 1: Bevölkerungsentwicklung in Deutschland von 2013 bis 2060 (Variante 1;
basierend auf Statistisches Bundesamt, 2015a; S. 45)

Jahr	Bevölkerung (in Mio.)	Jahre 20–64 (in Mio.)	Jahre 65 und älter (in Mio.)	Alten-quotient (65+)	Alten-quotient (67+)
2013	80,8	49,2	16,9	34,2	29,7
2020	81,4	48,8	18,3	37,6	32,0
2030	79,2	43,6	21,3	50,0	41,6
2040	76,0	40,2	23,2	57,6	51,2
2050	72,0	37,7	22,7	60,3	52,5
2060	67,6	34,3	22,3	64,9	57,0

Diese demografischen Entwicklungen beeinflussen naturgemäß den Arbeitsmarkt.
Künftig werden *weniger* und durchschnittlich *ältere* Beschäftigte dem Arbeitsmarkt zur Verfügung stehen.

Der sog. *Altenquotient* (Verhältnis der älteren Bevölkerung zur Bevölkerung im
erwerbsfähigen Alter, vgl. Tabelle 1 und Abbildung 1) wird sich zwischen 2013
und 2060 nahezu verdoppeln, was einschneidende Veränderungen für die deutsche Wirtschaft zur Folge haben wird. Diese Verschiebungen in der Altersstruktur bewirken, dass der Bevölkerung im Erwerbsalter immer mehr Ältere gegenüberstehen werden. Auch bei einer Heraufsetzung des Renteneintrittsalters auf
67 Jahre wird der Altenquotient 2060 weiterhin auf hohem Niveau bleiben (vgl.
Tabelle 1).

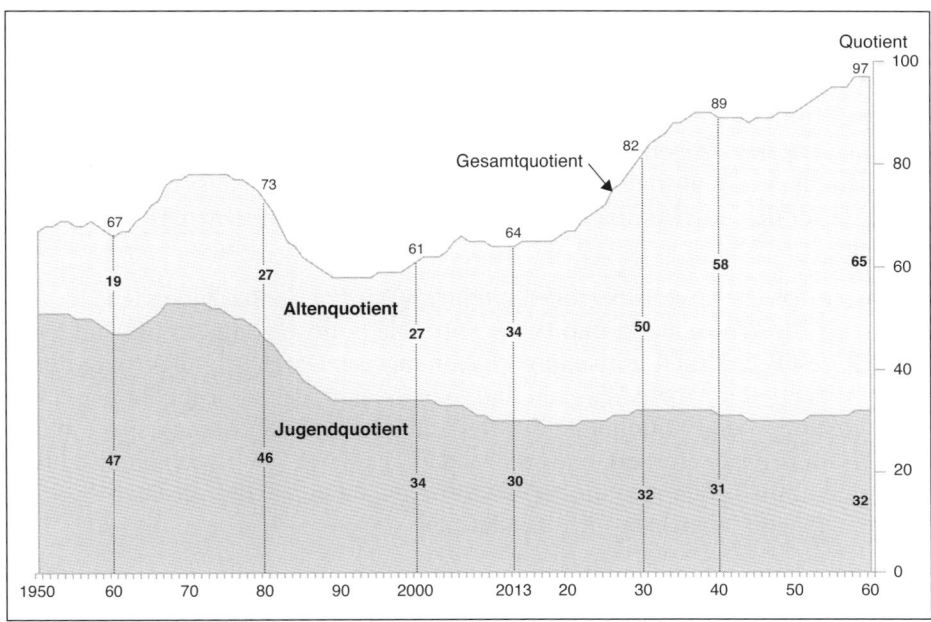

Abbildung 1: Jugend-, Alten- und Gesamtquotient in Deutschland 1950 bis 2060 (ab 2014 Ergebnisse der 13. Koordinierten Bevölkerungsvorausberechnung, Variante 1; Statistisches Bundesamt, 2015a, S. 26)

Anmerkungen: Jugendquotient: unter 20-Jährige je 100 Personen im Alter von 20 bis 64 Jahren; Altenquotient: 65-Jährige und Ältere je 100 Personen im Alter von 20 bis 64 Jahren; Gesamtquotient: unter 20-Jährige und ab 65-Jährige je 100 Personen im Alter von 20 bis 64 Jahren

Befunde zur Entwicklung von Demografie, Arbeitsmarkt und Sicherung des Rentensystems auf der Basis von Langfristprojektionen – wie beispielsweise die im Auftrag der Bertelsmann Stiftung durchgeführte volkswirtschaftliche Studie von Werding (2013) – sprechen aufgrund der beschriebenen Sachlage deshalb deutlich für eine *weitere Verlängerung* der Lebensarbeitszeit und dafür, die Heraufsetzung der gesetzlichen Regelaltersgrenze nach 2030 fortzusetzen. Nach Vorstellungen des Sachverständigenrates zur Begutachtung der gesamtwirtschaftlichen Entwicklung (2011) oder Werding (2013) ist dabei eine regelgebundene Heraufsetzung denkbar, die das Rentenalter direkt an den erwarteten Anstieg der Lebenserwartung knüpft. Somit könnte nach Ansicht der Experten das Rentenalter zwischen 2030 und 2060 schrittweise auf zuletzt rund 69 Jahre erhöht werden. Das durchschnittliche effektive Rentenalter würde dann 67 Jahre betragen.

Eindeutige Konsequenz aus den Überlegungen zur weiteren Verlängerung der Lebensarbeitszeit ist – so die Experten –, dass eine Umsetzung nur über Verhaltensveränderungen vieler Akteure erfolgen kann: So müsse die Heraufsetzung

„frühzeitig angekündigt und gesetzlich festgeschrieben werden, damit sich Er-
werbspersonen bereits in der mittleren Lebensphase darauf einstellen und ihre
Lebensplanung anpassen können" (Werding, 2013, S. 37). Nach Werding (2013,
S. 58) müssen ältere Arbeitskräfte bei der Weiterbildung berücksichtigt, altersgerechte Arbeitsplätze eingerichtet und letztlich ein Arbeitsmarkt geschaffen werden, der für Ältere aufnahmefähig ist. Das bedeutet auch, dass sich gewohnte
Denkmuster der Sozialpartner (d. h. Arbeitgeber und Gewerkschaften) wandeln
müssen.

Die Alterung des Erwerbspersonenpotenzials wird zur entscheidenden Herausforderung für Arbeitsmarkt und Wirtschaft. Die politisch angestrebte und letzt-
endlich gesellschaftlich notwendige Erhöhung der Beschäftigungsquote durch
Ältere rückt deren Arbeitsfähigkeit und -bereitschaft, deren Gesundheit und Lebenssituation in den Mittelpunkt der Betrachtung. Das HR-Management in den
Organisationen ist gefordert, entsprechend zu reagieren – wirksam und nachhaltig. Andernfalls lassen sich die Herausforderungen einer dynamischen Arbeitswelt mittel- und langfristig nicht bewältigen.

2.1.1 Europäische Entwicklungen

Wie auf nationaler Ebene sind ähnliche Vorausschätzungen einer alternden Erwerbsbevölkerung auch auf europäischer Ebene feststellbar. Politiker und Experten aus den OECD-Ländern stimmten bereits vor 10 Jahren darin überein, dass
die Alterszunahme in der Bevölkerung ein längeres Arbeitsleben bewirken wird
(„live longer, work longer", OECD, 2006). Zwischen den Jahren 2020 und 2030
wird der Anstieg der 55- bis 64-Jährigen am gravierendsten sein, wobei der Anstieg im EU-Vergleich in Deutschland, Spanien und Österreich am stärksten aus-
fällt (vgl. Eurostat, 2014a). Danach ist in vielen Ländern mit einer graduellen
Abnahme zu rechnen, wobei die Verläufe zum Teil sehr unterschiedlich sind. Abbildung 2 zeigt die unterschiedlichen Verläufe der voraussichtlichen Bevölkerungsentwicklung in der Altersgruppe der 55- bis 64-Jährigen für Deutschland,
die EU (Länderschnitt) sowie Österreich (im oberen Segment) und Rumänien
(im unteren Segment).

Vor dem Hintergrund des demografischen Alterns und Schrumpfens des Erwerbs-
potenzials hat die EU bereits vor einigen Jahren beschäftigungspolitisch reagiert:
Im Rahmen der Lissabon-Strategie einigten sich die EU-Staaten schon im Jahre
2000 darauf, die Erwerbsbeteiligung älterer Arbeitnehmer bis 2010 zu erhöhen.
So sollte mit dem sogenannten „Stockholm-Ziel" bis 2010 für die 55- bis 64-Jäh-
rigen eine Erwerbsquote von mindestens 50 % erreicht werden. In Deutschland
wurde diese Erwerbstätigenquote erstmals 2007 (mit 52 %) erreicht (Statistisches
Bundesamt, 2011). Mit dem sogenannten „Barcelona-Ziel" sollte das durchschnittliche Renteneintrittsalter um fünf Jahre angehoben werden, sodass bis
2010 die Hälfte aller 55- bis 64-Jährigen erwerbstätig sein sollte.

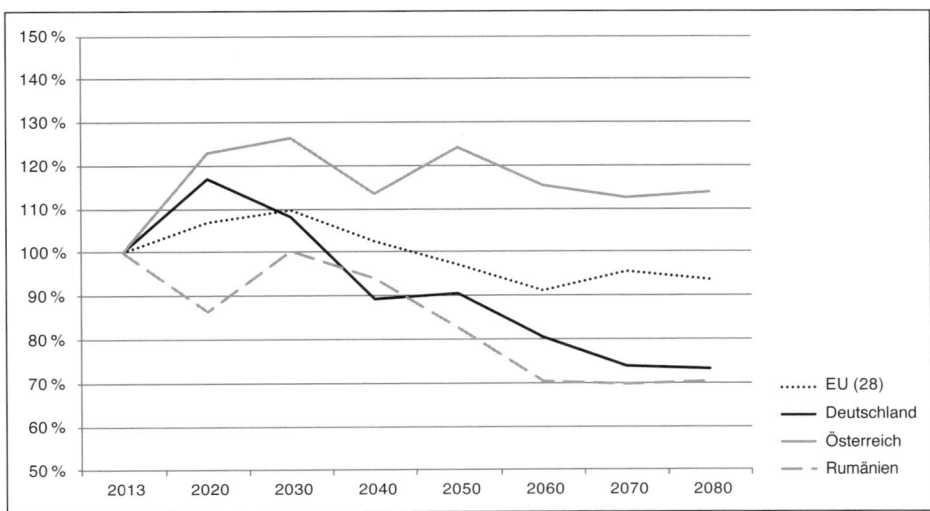

Abbildung 2: Vorausschätzung der Bevölkerungsentwicklung für die Altersgruppe der
55- bis 64-Jährigen in verschiedenen europäischen Ländern (eigene Darstellung basierend auf Eurostat, 2014a)

Aufbauend auf den Erfahrungen der vorhergehenden Lissabon-Strategie beschloss
der Europäische Rat der Staats- und Regierungschefs im Juni 2010 das Konzept
„Europa 2020", die für das laufende Jahrzehnt angelegte Beschäftigungs- und
Wachstumsstrategie der Europäischen Union (Statistisches Bundesamt, 2013).
Im Fokus des Konzepts steht die Schaffung eines neuen Wachstums, das intelligent, nachhaltig und integrativ sein soll. Ein Kernziel stellt die Mobilisierung
von Arbeitskräften dar: Bis 2020 sollen 75 % der Bevölkerung zwischen 20 und
64 Jahren erwerbstätig sein (insbesondere ältere Arbeitnehmer, Jugendliche, Mi-
granten und Geringqualifizierte). In Deutschland waren im Jahre 2012 77 % der
20- bis 64-Jährigen beschäftigt, womit das nationale Europa-Ziel bereits erreicht
wurde (Statistisches Bundesamt, 2013).

Auch in der Gruppe der 55- bis 64-Jährigen ist in den letzten Jahren ein Anstieg
von 38,4 % (Stand 2002) auf 51,8 % (Stand 2013) zu verzeichnen (Eurostat, 2015a).
Im europäischen Vergleich liegt die Erwerbstätigenquote der 55- bis 64-Jährigen
in Deutschland mittlerweile mit derzeit 65 % an zweiter Stelle (Stand: 2013), nach
Schweden mit 74 % (Eurostat, 2015a). Estland belegt mit einer Beschäftigungsquote von 64 % Rang drei. Die niedrigsten Beschäftigungsraten der 55- bis 64-Jäh-
rigen weisen Griechenland (34 %), Slowenien (35,4 %) und Kroatien (36,3 %) auf.

Abbildung 3 zeigt für das Jahr 2013 die Erwerbstätigenquoten nach Altersgruppen von sechs europäischen Ländern im Vergleich. Mit deutlichem Abstand
führen Schweden, Deutschland und Estland die Erwerbstätigenquoten bei den
55- bis 59- und 60- bis 64-Jährigen an.

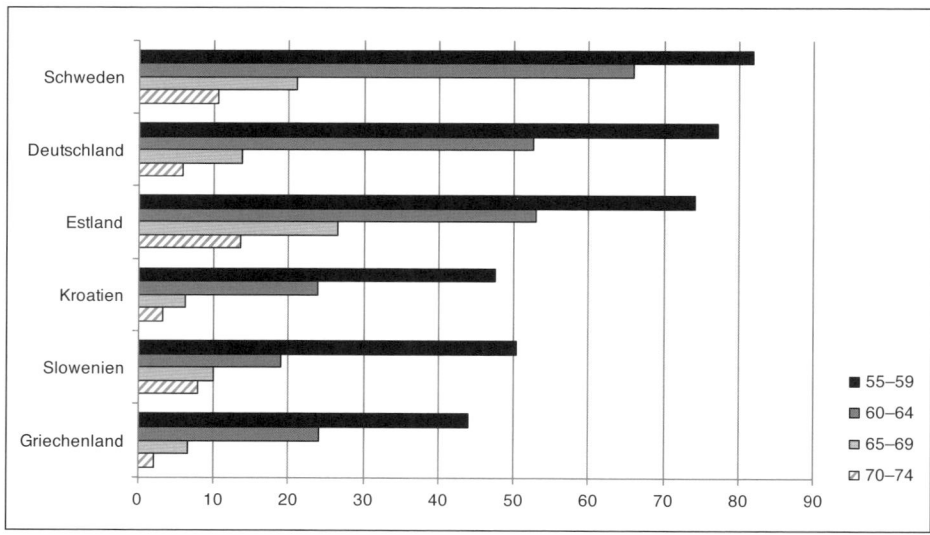

Abbildung 3: Erwerbstätigenquoten nach Altersgruppen im europäischen Vergleich in Prozent (Stand 2013; eigene Darstellung basierend auf Eurostat, 2015b)

Mit steigendem Alter sinkt dann die Erwerbstätigenquote, wie ein Blick auf die Altersgruppen der 65- bis 69- und der 70- bis 74-Jährigen zeigt. Der Anteil der Erwerbstätigen ist in diesen Altersgruppen im Vergleich zu den 55- bis 64-Jährigen relativ gering und variiert innerhalb Europas stark.

2.2.2 Internationale Entwicklungen

Die Dynamik der Alterung in der Bevölkerung ist nicht nur ein nationales oder europäisches Phänomen: Projektionen der Vereinten Nationen über die Bevölkerungsentwicklung zeigen eindeutig eine Tendenz nach oben im Asien-Pazifikraum, in Kanada sowie in den BRIC-Staaten (vgl. Phillips & Siu, 2012).

Während im Jahr 2015 24 % der Bevölkerung in Europa über 60 Jahre alt waren, sind es weltweit 12 % (United Nations, 2015). Bis 2050 bzw. 2100 – so die Prognosen der Vereinten Nationen – wird sich die Zahl der über 60-Jährigen mehr als verdoppeln bzw. verdreifachen und von derzeit 901 Millionen auf 2,1 Milliarden (2050) bzw. 3,2 Milliarden (2100) anwachsen. Die Bevölkerungen in den jeweiligen Ländern altern dabei unterschiedlich, sodass ein Großteil des Zuwachses bis 2050 in Asien (66 %), Afrika (13 %) und Lateinamerika (11 %) stattfinden wird. Zukünftig werden sich daher die Trends in der Altersstruktur teilweise verändern, wie die Hochrechnungen für 2050 zeigen (United Nations, 2015). Tabelle 2 zeigt den aktuellen und prognostizierten Bevölkerungsanteil der über 60-Jährigen für die jeweils 10 Länder mit dem höchsten Anteil.

Tabelle 2: „Top Ten"-Länder mit dem größten Bevölkerungsanteil (in Prozent) über 60-Jähriger im Jahre 2015 und prognostiziert für 2050 (mittlere Variante; basierend auf United Nations, 2015)

	2015			2050	
1	Japan	33,1	1	Japan	42,5
2	Italien	28,6	2	Südkorea	41,5
3	Deutschland	27,6	3	Spanien	41,4
4	Finnland	27,2	4	Portugal	41,2
5	Portugal	27,1	5	China, Hong Kong (SAR)	40,9
6	Griechenland	27,0	6	Griechenland	40,8
7	Martinique	26,2	7	Italien	40,7
8	Kroatien	25,9	8	Bosnien-Herzegowina	40,5
9	Lettland	25,7	9	Singapur	40,4
10	Malta	25,6	10	Kuba	39,7

Eine vergleichende Statistik aus den G7-Staaten der International Labour Organization von 2014 zeigt deutlich, dass insbesondere bei den älteren Erwerbstätigen (65+) in Japan (21,2 %) und den USA (18,6 %) ein größerer Prozentsatz der Menschen noch erwerbstätig ist als in Deutschland (5,8 %) und in anderen Ländern (vgl. Tabelle 3).

Tabelle 3: Beschäftigungsquoten im Jahr 2014 von Personen ab 50+ in den G7-Staaten (Angaben in Prozent; basierend auf International Labour Organization, 2015a)

	50–54 Jahre	55–59 Jahre	60–64 Jahre	65+ Jahre
Kanada	84,5	73,7	53,4	13,4
Frankreich	86,2	73,9	26,9	2,5
Deutschland	87,2	81,0	55,8	5,8
Italien	74,9	63,9	32,6	3,7
Japan	85,2	80,5	62,8	21,2
UK	84,7	75,9	50,1	10,3
USA	78,2	71,4	55,8	18,6

Vorausberechnungen in den G7-Staaten für das Jahr 2020 zeigen im Vergleich zu 2011 außerdem Zunahmen der Beschäftigungsquote insbesondere in den Altersgruppen der 60- bis 64-Jährigen und über 65-Jährigen (vgl. Abbildung 4).

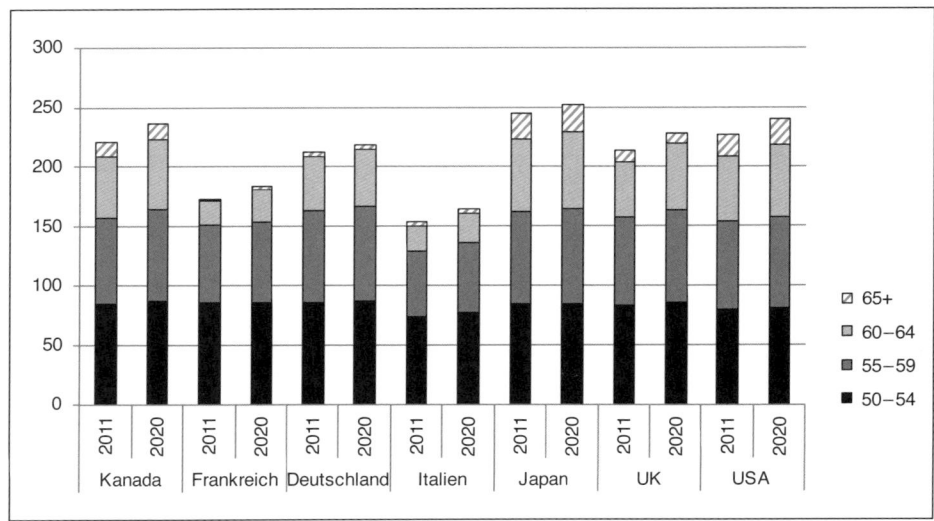

Abbildung 4: Beschäftigungsquoten von Personen ab 50+ in den G7-Staaten im Jahr 2011 und Vorausberechnung für 2020 (Prozentwerte kumuliert; eigene Darstellung basierend auf International Labour Organization, 2015b)

Hier zeigen sich deutliche Unterschiede zwischen den Ländern. Während ältere aktive Arbeitskräfte in Nordamerika (vgl. Albright, 2012; Cronshaw, 2012) und Japan (vgl. Van Katwyk, 2012) zum alltäglichen Bild in Organisationen gehören, sind die Quoten in anderen Ländern noch geringer. Dabei ist in den letzten Jahren sowohl für die Altersgruppe der 55- bis 64-Jährigen als auch der über 65-Jährigen insgesamt ein Anstieg der Beschäftigungsquoten in den G7-Ländern zu verzeichnen.

In Verbindung mit dem Altenquotient stellt die *Beschäftigungsrate* einen wichtigen Indikator für zu erwartende Veränderungen und Herausforderungen für Wirtschaft und insbesondere den Arbeitsmarkt dar. Tabelle 4 veranschaulicht die Verortung der OECD-Mitgliedsstaaten hinsichtlich ihrer aktuellen Beschäftigungsrate sowie prognostizierter Veränderungen im Altenquotient (2015 bis 2050) und zeigt so Handlungsbedarfe für die Beschäftigungspolitik einzelner Länder auf (OECD, 2014).

Insbesondere in jenen Ländern, in denen eine starke Veränderung des Altenquotienten wahrscheinlich ist, ist eine Steigerung der Beschäftigungsrate in der Altersgruppe von 55 bis 64 Jahren angezeigt, wenn diese derzeit auf geringem

(Polen, Österreich, Belgien) oder mittleren (Deutschland, Kanada, Niederlande) Niveau liegt (vgl. Hasselhorn & Apt, 2015).

Tabelle 4: Ausmaß der Beschäftigungsrate und prognostizierter Altenquotient in OECD-Mitgliedstaaten (OECD, 2014; in Anlehnung an Hasselhorn & Apt, 2015)

Beschäftigungs-rate der 55- bis 64-Jährigen (Stand: 2013)	Umfang der Veränderungen im Altenquotient (Vorausberechnung für die Jahre 2015 bis 2050)			
	klein	**mittel**	**groß**	**sehr groß**
hoch	Schweden	Norwegen		
mittel		Dänemark Finnland Großbritannien	Kanada Niederlande	Deutschland
gering			Österreich Belgien	Polen

Fazit
Altersdifferenzierte Betrachtungen der Erwerbsbevölkerung lassen eine deutliche Schrumpfung und Alterung der zukünftigen Belegschaften erwarten – nicht nur in Deutschland, sondern auch in europäischen und außereuropäischen Ländern. Die Erhöhung der Regelaltersgrenze scheint unumgänglich. Dafür spricht nicht nur eine immer weiter zunehmende Lebenserwartung der Bevölkerung, auch die Konsolidierung der Rentenfinanzierung begründet diese Politik. Die Erwerbsphase zu verlängern ist folgerichtig unter der Voraussetzung, dass das Potenzial älterer Arbeitskräfte in den Organisationen erhalten und gefördert werden kann. Die aufgeführten demografischen Entwicklungen und die Dynamisierung der Umfeldbedingungen menschlicher Arbeit erfordern notwendigerweise die Potenzialerhaltung und -nutzung älterer Erwerbstätiger, um Gesundheits-, Motivations- und Qualifikationsrisiken (vgl. Abschnitt 6.3.1) auszuschließen oder gering zu halten.

2.2   Dynamisierung der Arbeitswelt

Vielfalt, Nonkonformität und Individualität werden als *die* Gestaltungsprämissen zukünftiger Arbeit gesehen. In Szenarien kreieren Zukunftsvorhersager neue Arbeitsstile vom Typ „Corporate High Flyers", „Knowledge Workers", „Digital

Bohème" oder „Loyale Störer". Der „Future Leader" versteht sich als „Life-Coach" mit losem Commitment dem Unternehmen gegenüber; Arbeitsalltag und Alltagsräume sehen sich einer „Evolution" ausgesetzt; aus Büros werden „Manufakturen des Wissens" und „Wohlfühltankstellen" (Zukunftsinstitut, 2012).

Dieser forsch-kreative Erguss aus Visionen, Anglizismen und Überhöhungen bei der Beschreibung zukünftiger Arbeitswelten soll hier nicht weiter verfolgt werden. Zurück zur Realität und den Fakten: Unstrittig ist, Veränderungen in der Arbeitswelt nehmen an Intensität und Folgenschwere für die Mitarbeiter und Führungskräfte zu. Evident sind Veränderungstendenzen im klassischen Verständnis von Arbeit hinsichtlich Raum, Zeit und Struktur in den Organisationen; neue Arbeitsformen zeichnen sich aus durch hohe Flexibilität, flache Hierarchien, dislozierte Arbeit, fragmentierte Arbeitsstrukturen, variable Tätigkeitsmuster, nomadisierenden Arbeitswechsel, Entgrenzung von Arbeit und Freizeit gestützt durch innovative mehr oder minder „smarte" IT-Anwendungen.

Eine konsequente Umsetzung solch innovativer IT-Anwendungen findet sich in dem Zukunftsprojekt „Industrie 4.0" (4.0 meint vierte industrielle Revolution). Mit diesem Projekt, das in die Hightech-Strategie der Bundesregierung eingebunden ist, soll die *Informatisierung* klassischer Industriebereiche (z. B. Produktionstechnik) und von Dienstleistungen vorangetrieben werden. Unternehmen werden zukünftig ihre Maschinen, Lagersysteme und Betriebsmittel als sog. Cyber-Physical Systems (CPS) weltweit vernetzen. In der Industrie soll diese verteilte, aber vernetzte Intelligenz besseres Monitoring und autonome Entscheidungsprozesse ermöglichen. Dadurch wird die Industrieproduktion in sog. „smart factories" hochflexibel, Kunden und Geschäftspartner in Wertschöpfungsprozesse integriert sowie eine Koppelung von Produktion und hochwertigen Dienstleistungen erreicht (vgl. hierzu ausführlich Forschungsunion Wirtschaft und Wissenschaft, 2013).

Eine der großen Herausforderungen bei der Umsetzung dieser multiadaptiven „smart factory" wird nach Ansicht der Expertengruppe in der Realisierung des Anspruchs einer *menschenzentrierten, soziotechnischen* Gestaltung der Arbeitssysteme gesehen. Dabei spielen die Kompetenzen der Beschäftigten eine zentrale Rolle: „Arbeiten in einem ständig veränderten Arbeitsumfeld mit immer komplexeren Werkzeugen und Assistenzsystemen führt zu extrem hohen Anforderungen an Fähigkeiten und Wissen der beteiligten Produktionsressourcen sowie das Arbeitsvermögen der Beschäftigten" (Forschungsunion Wirtschaft und Wissenschaft, 2013, S. 100).

Gleichzeitig soll mit der Umsetzung der Industrie 4.0 auch ein Beitrag zum demografischen Wandel geleistet werden. „Arbeit [in der smart factory] kann *demografie-sensibel* und sozial gestaltet werden. Die Mitarbeiter können sich dank intelligenter Assistenzsysteme auf die kreativen, wertschöpfenden Tätigkeiten konzentrieren und werden von Routineaufgaben entlastet. Angesichts eines drohenden Fachkräftemangels kann auf diese Weise die Produktivität älterer Arbeitnehmer in einem längeren Arbeitsleben erhalten werden" (Forschungsunion Wirtschaft und Wissenschaft, 2013, S. 5).

Verlässliche und aussagekräftige Daten über Anforderungen aus veränderten Strukturen und Aufgabeninhalten im Kontext moderner digitaler Arbeitsformen der sogenannten Industrie 4.0 liegen (noch) nicht vor. Allenfalls handelt es sich um Einschätzungen von Ingenieuren, Planern, Arbeitspolitikern oder Wissenschaftlern, die mehr oder minder Auskunft darüber geben, wie sich Digitalisierung auf die erforderlichen Leistungsvoraussetzungen der Fach- und Führungskräfte bei der Bewältigung informatisierter Tätigkeiten auswirken könnte. Zu gering ist noch die Kenntnis und der Umsetzungsstand, um konkrete Auswirkungen IT-gestützter Technologien in cyber-physischen Systemen auf die Arbeitsorganisation und Kompetenzen der Erwerbstätigen abschätzen zu können.

So gibt es über die technischen Automatisierungseffekte des digitalen Wandels unterschiedliche Auffassungen. Frey und Osborne (2013) gehen in ihrer auf die USA bezogenen Befragung von Robotik-Experten davon aus, dass 47 % der Beschäftigten in Berufen arbeiten, die in den nächsten 10 bis 20 Jahren mit einer Wahrscheinlichkeit von über 70 % automatisiert werden. Übertragen auf Deutschland entspräche dies nach Berechnungen des Zentrums für Europäische Wirtschaftsforschung (ZEW; vgl. Bonin, Gregory & Zierahn, 2015) ca. 42 %. Nach einem von den Wirtschaftsforschern referierten alternativen Berechnungsmodell mit Tätigkeitsbereichen (und nicht Berufen wie in der US-amerikanischen Studie) kommen Bonin und Kollegen zu Veränderungsquoten von 12 % der Arbeitsplätze (USA: 9 %), deren Tätigkeiten eine relativ hohe Automatisierungswahrscheinlichkeit aufweisen. Für Geringqualifizierte und Geringverdiener fällt die Automatisierungsquote allerdings hoch aus. Bonin et al. (2015) weisen darauf hin, dass diese Ergebnisse nicht mit möglichen Beschäftigungseffekten gleichzusetzen sind, da Maschinen Arbeitsplätze verändern können, ohne sie zu ersetzen. „Die Beschäftigten können die gewonnenen Freiräume nutzen, um andere, schwer automatisierbare Aufgaben auszuüben. Selbst wenn Automatisierung unmittelbar zu Arbeitsplatzverlusten führt, entstehen durch den Wandel zugleich neue Arbeitsplätze, beispielsweise bei der Herstellung der neuen Technologien oder aber durch höhere Produktivität und höhere Gewinne der Unternehmen, die automatisieren" (Bonin et al., 2015, S. ii). Die Autoren kommen zu dem Schluss, dass die Gesamtbeschäftigung somit nicht zwangsläufig gefährdet sei, in der Tendenz gar anspruchsvollere Arbeitsplätze durch die Automatisierung entstehen können. Dementsprechend plädieren die Autoren für verstärkte Förderung in den Bereichen Weiterbildung und Umschulung sowie für eine Forcierung lebenslangen Lernens.

Auch um die Beschäftigung älterer Mitarbeiter in der digitalen Transformation nicht zu „gefährden", sehen Personalvorstände im lebenslangen Lernen einen zentralen Stellhebel – so eine jüngste Veröffentlichung und das Resümee der Deutschen Akademie der Technikwissenschaften (acatech) aus Interviews zur Zukunft der Arbeit, die mit Personalvorständen geführt wurden (acatech, 2016, S. 12). Des Weiteren werden flexibilitäts- und kreativitätsfördernde Arbeitsorganisationen und eine entsprechende Führungskultur genannt, die diesen digitalen Transformationsprozess zum Erfolg führen sollen. Erstaunlicherweise werden Aspekte der Förderung und Erhaltung von Gesundheit, mentale und körperliche Fitness von den interviewten Vorständen *nicht* als zentrales Themenfeld für den erfolgreichen Transformationsprozess genannt.

In Diskussionspapieren von Arbeitsforschern und Industriesoziologen (vgl. etwa Schröder, 2016; Hirsch-Kreinsen, Ittermann & Niehaus, 2015) verdichten sich die Einschätzungen zu Veränderungen durch Digitalisierung in der Arbeitswelt für Fach- und Führungskräfte zu einem Szenario, das eine Aufwertung von Tätigkeiten rund um die Produktionsprozesse vorsieht. Begründet liegt das vor allem in der Zunahme von Echtzeitdaten und indirekten Stellen, während einfachere manuelle Tätigkeiten automatisiert werden. Bisherige Tätigkeiten des Produktionsarbeiters würden so aufgewertet (Hirsch-Kreinsen, 2015). Das Erfahrungswissen von Produktionsmitarbeitern und deren Reflexions- und Anpassungsfähigkeiten gepaart mit maschineller Präzision und Geschwindigkeit lassen die Industrie 4.0 effizient werden – so ein Arbeitsforscher (vgl. Brödner, 2015). Das Aufgabenspektrum des zukünftigen Fabrikarbeiters wird sich somit wandeln und im Wesentlichen in Vorgaben, Überwachung und Sicherstellen von Produktionsstrategien bestehen (vgl. Gorecky, Schmitt & Loskyll, 2014). Empfohlen wird bereits bei der Entwicklung von Industrie 4.0-Technologien benutzerfreundliche Lösungen anzustreben und deshalb die betroffenen Fachkräfte in den Entwicklungsprozess vernetzter technischer Anlagen mit einzubeziehen, damit der anschließende Implementierungsprozess aktiv von ihnen begleitet werden kann.

Mit den dargestellten Entwicklungen kommen so erhebliche Herausforderungen auf das HR- und Gesundheitsmanagement zu. Dies legen auch die Ausführungen des Grünbuchs „Arbeiten 4.0" des Bundesministeriums für Arbeit und Soziales (BMAS) nahe, in dem Handlungsfelder der modernen Arbeitswelt diskutiert werden: „Bei älter werdenden Belegschaften gewinnt der Erhalt der Arbeits- und Beschäftigungsfähigkeit weiter an Bedeutung. Zentrale Ziele für eine alters- und alternsgerechte Arbeit sind die Gestaltung guter und motivierender Arbeitsbedingungen, eine verstärkte Weiterbildungskultur sowie der Schutz und die Förderung der Gesundheit der Beschäftigten" (BMAS, 2015, S. 26).

Ähnliche Entwicklungen zeigt der globale Wettbewerb in der Produktionstechnik unter Nutzung des Internets auch in den USA mit Förderprogrammen zum „advanced manufacturing".

Auch auf europäischer Ebene wird die organisatorische Realisierung IT-gestützter innovativer Produktions- und Dienstleistungssysteme in sog. „high performance work organization (HPWO)" zukünftig als ein wichtiger Faktor gesehen. In diesem Sinne soll Europa zu einer wettbewerbsfähigen, dynamischen, wissensbasierten Wirtschaft ausgebaut werden: „A company using the HPWO model invests in its human resources and supports employees' technical and innovative skills, which contribute to employability" (Eurofound, 2008, S. 38).

Aus Sicht des Arbeitsmarktes und zukünftiger Qualifikationsanforderungen bedeutet dies – so die Prognose des Europäischen Zentrums für die Förderung der Berufsbildung (Cedefop, 2012) – dass sich die Entwicklung hin zu kompetenzintensiven Arbeitsplätzen mit immer weniger Routinetätigkeiten fortsetzt, während zahlreiche klassische manuelle Tätigkeiten weiter an Bedeutung verlieren werden.

Fazit
Zukünftig werden im Hinblick auf innovative, leistungsfähige und flexibel gestaltbare Produktions- und Dienstleistungssysteme ältere Fach- und Führungskräfte von körperlich belastenden und routinisierten Tätigkeiten zwar entlastet und durch intelligente Assistenzsysteme unterstützt. Dafür werden vielfältige zum Teil kognitiv anspruchsvolle Anforderungen bei der Umsetzung entstehen. Es ist vorauszusehen, dass für den Umgang mit diesen Systemen erhebliche Qualifizierungsprogramme auch für ältere Belegschaften erforderlich sein müssen. Auch sind Maßnahmen zur Vermeidung bzw. zur Reduzierung negativer Beanspruchungsfolgen wie Burnout und Stress für die Betroffenen zu empfehlen. Ebenso wie die dringende Revision kritischer Einstellungen und Vorurteile beim Umgang Älterer mit neuen Informations- und Kommunikations-(I & K)-Technologien. Überlegungen sind anzustreben, ob beispielsweise ältere Mitarbeiter bereits bei der Planung und Auslegung neuer Systeme oder der Gestaltung effizienter Arbeitsprozesse aufgrund ihres Erfahrungshintergrundes und Spezialwissens der Abläufe mit einbezogen werden.

3 Leistungsfähigkeit

Angesichts alternder Belegschaften und einer fortschreitenden Dynamisierung menschlicher Arbeit (Digitalisierung, Globalisierung) ist die Frage nach dem Einfluss altersbedingter Veränderungen auf die berufliche – sowohl kognitive als auch physische – Leistungsfähigkeit für Forschung und Praxis essenziell. Insbesondere die ausgeprägten interindividuellen Unterschiede erschweren dabei die Generalisierbarkeit der Befunde.

Im Folgenden werden zunächst Veränderungen in den biologischen und physiologischen Grundfunktionen berichtet. Anschließend werden altersbedingte Entwicklungen verschiedener kognitiver Leistungsbereiche (wie Intelligenz- und Gedächtnisleistungen, Planungs- und Problemlöseleistungen, Expertise, Entscheidungsverhalten und Lernleistungen) ausführlich dargestellt. Der letzte Abschnitt beschäftigt sich mit der Stabilität und Veränderlichkeit von Persönlichkeitsmerkmalen.

3.1 Biologische und physiologische Grundfunktionen

Sich mit der Leistungsfähigkeit älterer Erwerbstätiger zu befassen (hier: 55- bis 70-Jährige), heißt notwendigerweise auch altersbedingte Veränderungen in den biologischen und physiologischen Grundfunktionen zu thematisieren. Es ist unstrittig, dass im Verlauf des Alterns ein Leistungswandel zu verzeichnen ist.

Veränderungen gegenüber jüngeren Erwachsenen zeigen sich aufgrund vielfältiger epidemiologischer, medizinischer, gerontologischer oder neurowissenschaftlicher Studien im physiologischen, sensorischen und motorischen Bereich, aber auch in Bezug auf Gehirnfunktionen und -strukturen sowie neurologische Funktionen:

1. *Physiologischer Bereich* (vgl. bspw. Maertens, Putter, Chen, Diehl & Huang, 2012)
   - Verringerte oder zeitlich verzögerte Wiederherstellung der Homöostase (dies zeigt sich bspw. in längeren Erholungszeiten nach Belastungssituationen) sowie Veränderungen im Hormonhaushalt und Schwächung des Immunsystems.
   - Abnahme der Muskelkraft und Sauerstoffaufnahme (vgl. Kenny, Yardley, Martineaux & Jay, 2008). In Messreihen an Männern und Frauen zeigen Voorbij und Steenbekkers (2001) eindrucksvoll, wie sich Körperkräfte über das Alter abschwächen, so z. B. Dreh- und Druckkraft der rechten und linken Hand. Biomechanische Analysen von Ganzkörperkräften belegen altersbedingte Reduktionen beim Heben und Tragen von Lasten.

- In einer arbeitswissenschaftlichen Studie berichteten Landau et al. (2007), dass arbeitsbedingte Körperhaltungen (wie Überkopfarbeit, kniende, gebückte, verdrehte, liegende Körperhaltungen, Stehen auf Podesten usw.) im Alter (55+) die körperliche Gesundheit und Leistungsfähigkeit teilweise erheblich beeinträchtigen.

2. *Sensorischer und motorischer Bereich* (vgl. bspw. Lindenberger & Ghisletta, 2009)

- Seh- und Höreinbußen (vgl. Tesch-Römer & Wahl, 2012): Altersbedingte Defizite im optischen Wahrnehmungsapparat setzen verstärkt um das 45. Lebensjahr ein (vgl. Verillo & Verillo, 1985). Das betrifft die Geschwindigkeit und Genauigkeit der Akkommodation (Fähigkeit des Auges, unterschiedlich entfernte Gegenstände deutlich abzubilden), ebenso wie die Leistungsfähigkeit beim Tag- und Nachtsehen oder bei Farbunterscheidung (Schieber, 2006).
- Untersuchungen zur Altersabhängigkeit der otoakustischen Emission bestätigen Befunde, dass das Hörvermögen mit zunehmendem Alter eingeschränkt wird (vgl. Hoth & Gudmundsdottir, 2007). Organische Funktionsdefizite des Innenohrs und funktionelle Leistungsverluste der beteiligten Gehirnregionen werden als Begründung genannt. Über eine Beeinträchtigung der Sinneswahrnehmung (Hören und Sehen) bei einer größeren Stichprobe von Berufstätigen (65+) in den USA berichten Davila et al. (2009).
- Sensumotorische Einbußen: Ältere Mitarbeiter benötigen am Beispiel komplexer Montagearbeiten – so eine japanische Studie – mehr Zeit als jüngere, verursacht durch verminderte Bewegungsgeschwindigkeit, begrenztes Blickfeld sowie eingeschränkte Beweglichkeit im Greifraum (vgl. Kawakami, Inoue, Ohkubo & Ueno, 2000). Auch verlangsamen sich mit dem Alter – wie Untersuchungen des Leibniz-Instituts für Arbeitsforschung gezeigt haben – präzise Zielbewegungen (vgl. Hegele & Heuer, 2010).

3. *Bereich der Gehirnfunktionen und -strukturen* (vgl. bspw. Raz & Rodrigue, 2006) *oder bei neurologischen Funktionen*

- Reduzierte Integration von motorischen und sensorischen Informationen bei der Bewegungsausführung; infolgedessen sind vermehrt (Beinahe-)Stürze zu verzeichnen.

Die Studien zu den biologischen und physiologischen Grundfunktionen machen aber auch deutlich, dass

- starke altersdifferenzierte Effekte sich in der Regel erst im höheren Alter zeigen.
- bei den festgestellten Effekten eine wesentlich größere *interindividuelle Varianz* innerhalb der Alterskohorte auftritt, als bei den jüngeren Altersgruppen; d.h. vielfältige Gründe, die in der jeweiligen Person selbst (z.B. Gesundheitsbewusstsein) oder in der Situation (z.B. Zugang zur medizinischen Versorgung) liegen, führen dazu, dass der Status der analysierten Funktionen oft *nicht* mit dem chronologischen Alter korreliert.

- Verlust- und Degenerationsprozesse im Alter *nicht unwiderruflich* sein müssen. Dem Nachlassen physiologischer Grundfunktionen (z. B. maximale Sauerstoffaufnahme) und den altersbedingten Veränderungen des Muskel-Skelett-Apparats lässt sich durch regelmäßiges körperliches Training sowie sportliche Betätigung entgegenwirken (vgl. Hamberg van Reenen, van der Beek, Blatter, van Mechelen & Bongers, 2009; Kenny et al., 2008).
- spezifische Interventionen und Verhaltensmodifikationen (z. B. Training, sportliche Aktivitäten, gesunde Ernährung) gegensteuern und Veränderungen und Verluste kompensiert werden können. Das Kompetenzmodell, also die Kompensation von Veränderungen durch individuelle Ressourcen und persönliche Kompetenzen sowie situative Bedingungen findet seine Evidenz in unterschiedlicher Ausprägung bei älteren Erwerbstätigen (vgl. Jackson, Beard, Wier & Stuteville, 1997; Rife, 1988).
- Maßnahmen der Arbeitsgestaltung, die der altersbedingten Reduktion in den physiologischen, sensorischen und motorischen Bereichen menschlicher Leistungsfähigkeit Rechnung tragen, negative Beanspruchungsfolgen bei den älteren Erwerbstätigen vermeiden können (vgl. Landau et al. 2007; Frieling, Kotzab, Enríquez-Díaz & Sytch, 2012).

3.2 Kognitive (berufliche) Leistungsfähigkeit

Altersbedingte Veränderungen zeigen sich auch in den verschiedenen Bereichen der kognitiven Leistungsfähigkeit, die nachfolgend aufgeführt werden.

3.2.1 Intelligenzleistungen

Umfassendes längsschnittliches Datenmaterial bestätigt eine Leistungsveränderung in der Intelligenzentwicklung im Alter zwischen 50 und 55 Jahren (vgl. die Seattle-Studie von Schaie, 2005 oder Martin & Zimprich, 2005). Dies gilt für induktives Schlussfolgern, verbale Fähigkeiten, Tempo der Informationsverarbeitung, Zahlenfertigkeit. Diese sog. *fluiden* Intelligenzleistungen gehen bereits im Alter zwischen 20 und 30 Jahren zurück, stabilisieren sich jedoch im weiteren Lebensalter.

Dagegen scheinen Leistungen der *kristallinen* Intelligenz (die Fähigkeit Kenntnisse, Fertigkeiten und Erfahrungen zu nutzen, die sich im Laufe des Lebens angesammelt haben) ihren maximalen Stand in den 40er Jahren zu erreichen. Längsschnittstudien zeigen deutlich, dass dieses Niveau bis zum 70. Lebensjahr erhalten bleibt (vgl. zu einer Übersicht Baltes, Freund & Li, 2005).

Auch bei diesen Studien wird deutlich auf das hohe Maß der *interindividuellen Varianz* hingewiesen, insbesondere bei den intellektuellen Leistungen der 60-Jährigen. Die Durchschnittswerte der einzelnen Alterskohorten verstellen in der

Altersgruppe der 50- bis 65-Jährigen den Blick auf die individuellen Potenziale des Leistungserhalts oder gar einer Steigerung. Stärkere, auch die Alltagsleistung beeinträchtigende Verringerungen finden sich deutlich erst in hohem Alter oder sind krankheitsbedingt.

3.2.2 Gedächtnisleistungen

Eine zusammenfassende Darstellung der Forschungsbefunde zu den Gedächtnisleistungen älterer Erwachsener liefern Martin, Zehnder und Zimprich (2008; vgl. Tabelle 5).

Tabelle 5: Gedächtnisprozesse und deren Veränderlichkeit (eigene Darstellung in Anlehnung an Martin et al., 2008)

Relativ stabile Gedächtnisprozesse	Tendenziell eher veränderliche Gedächtnisprozesse
– Wiedererkennen von Informationseinheiten – Allgemeines Faktenwissen (semantisches Gedächtnis) – Autobiografisches Gedächtnis	– Namensgedächtnis (semantisches Gedächtnis) – Erinnerungen an kürzliche Ereignisse (episodisches Gedächtnis) – Erinnerungen an Details (Quellengedächtnis) – Erinnerungen an Absichten (prospektive Gedächtnisleistungen)

Bei den relativ stabilen Gedächtnisprozessen sind Altersveränderungen nicht feststellbar, wohl aber eine alterskorrelierte Verringerung der Wiedergabeleistung in den eher veränderlichen Gedächtnisprozessen (bspw. Erinnerungen an kürzliche Geschehnisse).

Auch für den kognitiven Bereich hat man wirksame Trainingsansätze erprobt. Die Vermittlung entsprechender Lernstrategien (z. B. Mnemotechniken, semantische Hinweise) konnte Defizite bei der Speicherung und beim Abrufen von Informationen bei älteren Menschen teilweise ausgleichen. Von Erfolgen solcher Trainings im realen Lernumfeld berichten Beier und Ackermann (2005).

3.2.3 Planungs- und Problemlöseleistungen

Das Planen von Handlungen zeigt im Alltag in Feldstudien *keine* alterskorrelierten Leistungsunterschiede. Auch im induktiven Schließen wird ein bedeutsamer Abfall erst ab 67 Jahren festgestellt. In einer Metaanalyse von Thornton und Dumke (2005) ergaben sich Unterschiede zwischen älteren Erwachsenen (60+) und zwei jüngeren Alterskohorten beim Problemlösen: die ältere Gruppe schnitt

Tabelle 6: Altersdifferenzierte Effekte in verschiedenen kognitiven Leistungsbereichen (aus Sonntag & Seiferling, 2016, S. 500 f.)

	Vergleich der Produktivität nach Alter		
	−	0	+
Problemlöseleistungen − im Experiment (Thornton & Dumke, 2005)	✓		
− in realen Settings (Jex et al., 2007)		✓	✓
− bei GMA-Aufgaben (Salthouse, 2004) • schnelle Informationsverarbeitung	✓		
• Abrufen der Wissensbasis		✓	
Erfahrungswissen und Expertise − Kompensatorische Effekte (Börsch-Supan & Weiss, 2010; Korniotis & Kumar, 2007; Masunaga & Horn, 2001; Worthy, Gorlick, Pacheco, Schnyer & Maddox, 2011)		✓	✓
− Adaptive Effekte (Molter, Noefer, Stegmaier & Sonntag, 2013)			✓
Voraussetzung: Aufbrechen eingefahrener Routinen			
Innovationsfähigkeit (Stegmaier, Noefer & Sonntag, 2008; Ng & Feldman, 2013a)		✓	✓
Voraussetzung: Freiraum bei der Arbeit, konstruktives und wertschätzendes Feedback			
Entscheidungsverhalten (Frey, Mata & Hertwig, 2015; Mata, Josef, Samanez-Larkin & Hertwig, 2011; Rolison, Hanoch & Wood, 2011) − bei zwei Optionen		✓	✓
− bei mehreren Optionen	✓	✓	
− unter Risiko	✓		
Lernleistung (Callahan, Kiker & Cross, 2003; Sonntag & Stegmaier, 2007b)		✓	✓
Voraussetzung: didaktische Prinzipien wie selbstgestaltete Lernzeit, aktives Einüben, Problemzentriertheit, Einbezug vorhandenen Wissens			

Anmerkungen: − = Produktivität ist im Alter schlechter, 0 = keine Unterschiede, + = Produktivität ist im Alter besser schlechter ab. Es ist allerdings darauf hinzuweisen, dass die Aufgabenstellungen in den Studien dieser Metaanalyse sog. Alltagsprobleme in einem meist simulierten und experimentellen Kontext wiedergeben. In Problemlöseaufgaben, bei denen Erfahrungswissen in *realen* Settings gefordert wird, zeigen ältere Mitarbeiter gleiche bis bessere Leistungen (vgl. Jex, Wang, Zarubin, Shultz & Adams, 2007; Sharit, Hernández, Czaja & Pirolli, 2008; sowie Tabelle 6).

Neuere Forschungen zum komplexen Problemlösen belegen, dass komplexe Aufgaben, die Anforderungen an die Verarbeitungsgeschwindigkeit *und* an das Arbeitsgedächtnis stellen (sog. GMA-intensive Aufgaben; GMA = „General Mental Abilities"), Altersdifferenzen aufzeigen. Gerade in GMA-intensiven Aufgaben, die die schnelle Verarbeitung neuer Informationen erfordern, kann die durchschnittliche Leistungsfähigkeit älterer Mitarbeiter oftmals nicht den mentalen Anforderungen der Aufgabe genügen. In Aufgaben hingegen, die weniger von der zeitlich eng terminierten Informationsverarbeitung als von dem Abrufen aus einer bestehenden Wissensbasis abhängen, zeigen sich wenig bis keine Altersdifferenzen. Nicht selten sind hier sogar höhere Leistungen bei älteren Menschen festzustellen (Salthouse, 2004; sowie Tabelle 6).

Tabelle 6 verdeutlicht zusammenfassend altersdifferenzierte Effekte beim Problemlösen und in verschiedenen weiteren kognitiven Leistungsbereichen, wie Expertise, Innovationsfähigkeit, Entscheidungsverhalten und Lernleistung, die in den folgenden Abschnitten beschrieben werden.

3.2.4 Erfahrungswissen und Expertise

Erfahrungswissen in der Arbeitswelt ist ein vielseitiges Konstrukt, das sowohl *kompensatorische* als auch *adaptiv-innovationsförderliche* Funktionen haben kann.

Wie Befunde zeigen (vgl. Tabelle 6), sind Verluste in Geschwindigkeit und Präzision teilweise durch Erfahrungswerte ausgleichbar. Erfahrungswissen kann so beispielsweise eine effektivere Problemanalyse ermöglichen und zu umsichtigeren Entscheidungen führen (Korniotis & Kumar, 2007), was insgesamt einer Reduktion der Produktivität entgegenwirken kann (Ilmarinen, 2001; Worthy et al., 2011). Ferner wiesen Cavallini, Cornoldi und Vecchi (2009) sowohl für Literaten als auch für Architekten den kompensatorischen Einfluss der Expertise auf die Leistungsfähigkeit in verschiedenen Aufgabenbereichen (visio-spatial/verbal) nach.

Eine umfassende Studie zum Zusammenhang von Erfahrungswissen und Arbeitsproduktivität berichten Börsch-Supan und Weiss (2010). Untersucht wurden Fehlerdaten (Qualitätsdaten) bei ca. 100.000 Beobachtungen in 100 Arbeitsgruppen eines süddeutschen LKW-Montagewerks. Die Ergebnisse dieser Studie sind eindeutig. Es gibt keinen nennenswerten Unterschied in der Arbeitsproduktivität zwischen „älteren" (Durchschnittsalter über 45 Jahre) und „jüngeren Teams" (Durchschnittsalter unter 45 Jahre). Ab einem Durchschnittsalter von 45 Jahren zeigt sich wieder eine fallende Tendenz der Fehlersumme; die Arbeitsproduktivität scheint also nach ca. 45 Jahren eher zu steigen als zu fallen. Die Analysen verdeutlichen, dass Erfahrung mit dem Alter zunimmt und sich positiv auf die Produktivität auswirkt. Die Autoren weisen darauf hin, dass es wichtig ist, erfahrene Mitarbeiter im Betrieb zu belassen und sie nicht durch jüngere Mitarbeiter zu ersetzen, um vermeintliche Produktivitätszuwächse zu erreichen.

Im Zusammenhang mit den im Laufe einer durchschnittlichen Erwerbsbiografie angeeigneten Wissensbeständen, Verknüpfungs- und Integrationsheuristiken sowie dispositiver Kompetenz wirkt Erfahrungswissen *adaptiv-innovationsförderlich.* Es ist aber nur dann innovationsförderlich, wenn Ältere in der Lage sind, bei anstehenden organisationalen Veränderungen eingefahrene Routinen und automatisierte Handlungen und Prozeduren „aufzubrechen" und den Veränderungen anzupassen. Die Ergebnisse einer Studie mit einer relativ großen Stichprobe und Mitarbeitern verschiedener Berufe (vgl. Molter et al., 2013) zeigen, dass die Berufserfahrung Älterer genutzt werden kann und adaptive Leistungen sich erhöhen, wenn die Überzeugung beim Einzelnen vorhanden ist, dass er/sie seine Kompetenzen in der täglichen Arbeit auch entwickeln kann (entwicklungsbezogene Selbstwirksamkeit) (vgl. Tabelle 6). Dies wiederum ist abhängig von einem konstruktiven Feedback des Vorgesetzten und Weiterbildungsmaßnahmen, die über enge, funktionsspezifische Trainings hinausgehen. Im Rahmen der Studie wurden 858 Arbeitnehmer (18 bis 65 Jahre) aus unterschiedlichen Unternehmen und Branchen befragt. Wie postuliert, zeigte sich ein mediierender Effekt von Berufserfahrung auf den Zusammenhang zwischen Alter und entwicklungsbezogener Selbstwirksamkeit. Weiterhin ergaben sich vermittelnde Effekte von entwicklungsbezogener Selbstwirksamkeit auf den Zusammenhang zwischen Berufserfahrung und drei Dimensionen adaptiver Leistung (operationalisiert durch Lernen neuer Technologien, Umgang mit neuen, unvorhersehbaren Situationen, Interpersonelle Anpassung).

3.2.5   Innovationsfähigkeit

Das Innovationspotenzial von Unternehmen hängt entscheidend von der Innovationsfähigkeit ihrer Mitarbeiter ab. Ideen zu generieren und in Innovationen umzusetzen, erfordert deren Wissen und entsprechende Kompetenzen sowie förderliche situative Bedingungen. Zwei von der Deutschen Forschungsgemeinschaft geförderte Studien (Stegmaier, Noefer, Molter & Sonntag, 2006; Stegmaier et al., 2008) berichten *keine Unterschiede* zwischen Älteren und Jüngeren in innovativen und adaptiven Leistungen (altersneutrale Effekte) oder belegen sogar verbesserte Leistungen Älterer (altersdifferenzierte Effekte) (vgl. Tabelle 6).

Die *erste* Studie zeigt, dass bei Älteren vor allem Autonomie bei der Arbeit sowie konstruktives und wertschätzendes Feedback von Vorgesetzten *positiv* mit der Ideengenerierung zusammenhängt. Je stärker ältere Beschäftigte über Bedingungen und Vorgehensweisen ihrer Arbeit mitentscheiden können und je intensiver ihr Vorgesetzter ihnen rückmeldet, inwieweit sie die Ziele und Standards der Arbeit erreichen und wo persönliche Stärken und Schwächen liegen, desto eher entwickeln sie neue Ideen zur Verbesserung von Produkten, Prozessen und sozialen Beziehungen. Sucht man nach Variablen, die geeignet sind, um die Ideenimplementierung vorherzusagen, erweisen sich Autonomie und die Möglichkeit zum Wissenstransfer als positive Prädiktoren. Ältere Beschäftigte engagieren sich umso stärker, neue Ideen und Verbesserungen umzusetzen (z. B. durch Beschaffen von Ressourcen, Überzeugen von Kollegen und Vorgesetzen, Beseitigen von Barrieren), je größer ihre Freiräume bei der Arbeit sind und je mehr Gelegenheit sie haben, neues Wissen (bspw. aus einer Trainingsmaßnahme) auch tatsächlich bei der Arbeit anzuwenden.

Die *zweite* Studie zeigte ebenfalls positive Effekte bei Älteren wiederum bei der Innovationsfähigkeit, aber auch bei Anpassungsleistungen zur Bewältigung neuer Situationen und beim Lernen neuer Technologien und Verfahren: Ältere zeigten gleiche oder bessere Leistungen, wenn abwechslungsreiche und vielfältige Aufgaben vorliegen, Möglichkeiten zum Wissenstransfer vorhanden sind und wertschätzendes, vorurteilsfreies und konstruktives Feedback von Vorgesetzten gegeben wird.

Auch Ng und Feldman (2013a) fanden in einer Metaanalyse ($N = 98$ empirische Studien), dass ältere Mitarbeiter nicht weniger innovatives Verhalten zeigen als jüngere Kollegen ($r_c = .07$)[3]. In Bezug auf die Beschäftigungsdauer zeigte sich sogar ein – wenngleich schwacher – positiver Zusammenhang ($r_c = .17$) zu innovationsbezogenen Verhaltensweisen. Diese Befunde fanden sich auch am oberen Ende des Alters- und Betriebszugehörigkeitskontinuums. Ältere Mitarbeiter von Aufgaben, in deren Zentrum ideengenerierende und -implementierende Anforderungen stehen, „abzuziehen" scheint daher kontraproduktiv.

Einen interessanten Befund liefert eine Studie von Wassmann, Schmicker, Deml, Kramer und Töpperwien (2015): Mit zunehmendem Alter nehmen psychologische Innovationsblockaden (verschlossenes Denken, geistige Starrheit, Dissonanzen in der Wahrnehmung, Mängel in der Motivation) ab. Dieses Ergebnis spiegelt wider, dass mit zunehmendem Lebensalter meist auch eine Zunahme an Handlungs- und Entscheidungsspielräumen einhergeht.

---

3   r_c = nach Stichprobengröße gewichtete korrigierte Korrelationen. Die Interpretation der Korrelationen nahmen die Autoren nach Cohens (1988) Empfehlung vor: schwach: .10–.23; moderat: .24–.37; stark: > .37.

3.2.6 Entscheidungsverhalten

Folgenschwere Entscheidungen in Wirtschaft und Politik werden häufig von Menschen im fortgeschrittenen Alter getroffen. Nimmt man das Forbes-Ranking (Forbes, 2015), dann liegt das Durchschnittsalter der 74 weltweit einflussreichsten Personen 2015 bei 61 Jahren ($N = 74$, $M = 61{,}03$, $SD = 11{,}8$, eigene Berechnung).

Wägen ältere Menschen ihre Entscheidungen gründlicher ab; sind sie weniger risikobereit? Welche kognitiven Fähigkeiten bestimmen das Entscheidungsverhalten? Die Forschungslage ist uneinheitlich. Einige Wissenschaftler argumentieren, dass das Wiedererkennen von Mustern (i. S. von „with age comes wisdom") das Entscheidungsverhalten bei Älteren effektiver macht, andere sehen einen Rückgang in den kognitiven Fähigkeiten des rationalen Auswählens, andere Forscher wiederum konstatieren vergleichbare Leistungen zwischen älteren und jüngeren Entscheidern und dass Ältere manchmal weniger fehlerbehaftete Entscheidungen treffen.

In mehreren Studien verglichen Psychologen der Universität Basel und des Max-Planck-Instituts für Bildungsforschung in Berlin das Verhalten bei „erfahrungsbasierten" Entscheidungen zwischen jüngeren ($M = 21$ Jahre) und älteren ($M = 71$ Jahre) Erwachsenen (vgl. Frey et al., 2015; sowie Tabelle 6). Solche „decisions from experience" liegen dann vor, wenn nicht alle Fakten bekannt sind und explorativ durch Informationssuche und Lernprozesse über mögliche Folgen und Risiken Entscheidungen begründet werden.

Die Teilnehmer des Experiments hatten sich zwischen verschiedenen Lotterien zu entscheiden. Vor den Entscheidungen konnten sie für kurze Zeit Informationen sammeln und lernen, welche Option längerfristig besser sein könnte. Die Ergebnisse der ersten beiden Studien (Studie 1: $N = 121$ Teilnehmer an einem Labor-Computer; Studie 2: $N = 70$ Teilnehmer an einem iPad zu Hause) zeigten, dass ältere Erwachsene etwa gleich viel Aufwand bei der Informationssuche betrieben und gleich oft vorteilhaftere Optionen wählten wie Jüngere, wenn zwischen zwei Alternativen zu entscheiden war. Musste allerdings zwischen mehreren Alternativen entschieden werden (Studie 3: vier und acht Alternativen), zeigte sich ein Rückgang in der Leistung der älteren Erwachsenen – vor allem infolge des Aufwands bei der Informationssuche. Die Forscher führen dies auf reduzierte fluide kognitive Fähigkeiten der älteren Teilnehmergruppe zurück (vgl. Abschnitt 3.2.1).

Die Forschergruppe um Rui Mata untersuchte auch mittels einer Metaanalyse, ob und inwieweit sich jüngere und ältere Menschen in ihrem Entscheidungsverhalten unter Risiken unterscheiden (vgl. Mata et al., 2011). Die 29 einbezogenen internationalen Studien mit 4.093 Teilnehmern zeigen deutliche altersabhängige Differenzen in den Aufgaben zur Risikoabschätzung und -entscheidung, vor allem dann, wenn hohe Anforderungen an Lernen und Gedächtnis gestellt werden. So entscheiden Ältere risikofreudiger als Jüngere, wenn durch Lernen eigentlich ein vorsichtiges Verhalten nahegelegt wird. Ältere vermeiden Risiken, wenn durch Lernen eigentlich ein riskanteres Verhalten angezeigt wäre. Die Ergebnisse liefern Hinweise auf notwendige Unterstützungsleistungen bei risikoreichen Entscheidungen, inwieweit bspw. Entscheidungshilfen und Konsultationen von Experten genutzt werden können, um mögliche Benachteiligungen älterer Menschen bei jenen Risikoentscheidungen zu reduzieren, die hohe Lernanforderungen mit sich bringen.

Nicht nur kognitive Fähigkeiten beeinflussen das Entscheidungsverhalten, sondern auch die aktuelle Stimmungslage. Von Helversen und Mata (2012) zeigten in einer experimentellen Studie mit 64 Teilnehmern, dass sequenzielle Entscheidungen (nacheinander zu treffende Teilentscheidungen), die zu einer Gesamtlösung führen, durch positive Stimmung beeinflusst werden. Je positiver die Stimmung bei Älteren, desto früher entscheiden sie sich für eine Option, anstatt weiter zu suchen. Ein Ergebnis, das in einer zweiten Studie auch bei der jüngeren Stichprobe festgestellt wurde.

3.2.7 Lernleistungen und kognitive Aktivität

Wenn es darum geht, die Potenziale älterer Menschen zu identifizieren und zu nutzen, spielt die *kognitive Plastizität* (vgl. Infobox 1) eine wesentliche Rolle.

Infobox 1: Plastizität

Degenerationsprozesse im Alter und leistungsbezogene Veränderungen sind nicht unwiderruflich. In Abhängigkeit von Umgebungsreizen und Herausforderungen werden lebenslang neue Verbindungen und Netzwerke gebildet. Dies trägt maßgeblich zum Erhalt der Lernfähigkeit älterer Menschen bei und verhindert negative Einflüsse auf die Hirnalterung. Körperliche sowie geistige Aktivitäten haben unterstützende Wirkung auf Veränderungen der Hirnfunktionen und -strukturen (vgl. Voelcker-Rehage, 2012).

Plastizität umfasst das Entwicklungspotenzial, das sich über entsprechende Lernleistungen aktivieren lässt. Die Forschung zu Lernleistungen im Alter zeigt deutlich, dass für das Lernen im Erwachsenenalter Autonomie, intrinsische Motivation, Einbeziehung persönlicher Erfahrungen sowie Problemzentriertheit bedeutsam sind. Auf diesem Verständnis von Lernprozessen älterer Mitarbeiterinnen und Mitarbeiter aufbauend, wurden konkrete Prinzipien für die Gestaltung von Trainings formuliert (Callahan et al., 2003; Sonntag & Stegmaier, 2007b; vgl. auch Abschnitt 7.5).

Demnach sollten Trainings und Qualifizierungsmaßnahmen aus lernpsychologischer Sicht für ältere Arbeitnehmer didaktisch und methodisch entsprechend gestaltet werden (siehe Infobox 2; vgl. Sonntag & Seiferling, 2016, S. 503).

Infobox 2: Didaktisch-methodische Prinzipien der Trainingsgestaltung für ältere Arbeitnehmer

- *Übung und frühe Erfolge ermöglichen:* Trainingsmaßnahmen sollten so aufgebaut sein, dass durch angemessene Übungsphasen frühe Erfolge möglich sind, um so Unsicherheiten älterer Teilnehmer (z. B. in Bezug auf Lernanforderungen) entgegenzuwirken.
- *Vertrautheit herstellen:* Bei der Vermittlung neuen Wissens oder neuer Fähigkeiten sollte möglichst an bereits vorhandenes Wissen bzw. bestehende Erfahrungen angeknüpft werden.
- *Lerninhalte klar strukturieren und sequenzieren:* Da ältere Lernende ihre Aufmerksamkeit nicht mehr so gut auf verschiedene Informationen gleichzeitig verteilen können, sollten neue Themengebiete stets nach dem sinnvollen Abschluss des vorangegangenen Inhaltes begonnen werden.
- *Organisation des Lernens fördern:* Durch die Vermittlung von Lernstrategien im Rahmen des Trainings kann die Enkodierung, das Wiederholen und das Abrufen neuer Informationen erleichtert werden.
- *Ausreichend Lernzeit einplanen:* Da die Informationsverarbeitungsgeschwindigkeit mit dem Alter zurückgeht, benötigen ältere Lernende durchschnittlich mehr Zeit für denselben Lernstoff. Im Training sollte kein Zeitdruck beim Lernen entstehen.

Didaktische Implikationen dieser Art finden sich auch in den Gestaltungsempfehlungen der Weiterbildungsmaßnahmen (66- bis 80-Jähriger) im Rahmen der CiLL-Studie (Competencies in Later Life; Tippelt, Schmidt-Hertha & Friebe, 2014).

Einzelne Trainingsstudien sowie Metaanalysen konnten belegen, dass unter anderem die Designmerkmale „selbstgesteuerte Lernzeit" (individuelles Lerntempo), „Entlastung des Gedächtnisses" sowie „Modellierung und Anwendung von Wissen" und „aktives Einüben" für den Lern- und Transfererfolg älterer Mitarbeiterinnen und Mitarbeiter eine besonders wichtige Rolle spielen (vgl. Griffin & Hesketh, 2008; Kubeck, Delp, Haslett & McDaniel, 1996). Müssen ältere Personen neue Themen lernen, die *keinen* inhaltlichen Bezug zu bisherigen Erfahrungen haben, dauert der Erwerb der neuen Fähigkeiten länger (vgl. Tabelle 6).

Auch *Identifikationsprozesse* mit Verhaltensmodellen des Trainers oder Coaches beeinflussen das Lernen älterer Mitarbeiter (Bausch, Sonntag, Stegmaier & Noefer, 2010). Mithilfe des verhaltensorientierten E-Learning-Programms „ZEUS" wurden Teilnehmern ($N = 285$) unterschiedlichen Alters wesentliche Inhalte zum Zeit- und Selbstmanagement vermittelt. Das computerbasierte Trainingsprogramm bestand aus drei Modulen à 2,5 Stunden mit den Schwerpunkten „Ziele und Prioritäten setzen", „Aufgaben- und Tagesplanung vornehmen" und „Zeitmanagement trotz Störungen konsequent umsetzen". Dabei wurden Gestaltungsprinzipien umgesetzt, die dem Lernstil Älterer in besonderem Maße entgegenkommen (vgl. Infobox 2). Das Programm wurde in drei Bedingungen dargeboten:

mit einem älteren, einem jüngeren und einem mittelalten Verhaltensmodell des
Trainers oder Coaches.

Der Lernerfolg wurde gemessen als Verbesserung des prozeduralen Wissens
sowie des persönlichen Verhaltens im Bereich Zeit- und Selbstmanagement. Die
Ergebnisse zeigten, dass ältere Trainingsteilnehmer einen höheren Lernerfolg
und Transfer bei der Darbietung von Videos mit einem alterskongruenten Verhaltensmodell erzielten. Es ist zu vermuten, dass die stärkere Identifikation mit einem
altersähnlichen Verhaltensmodell (Trainer) die Aufmerksamkeit der Trainingsteilnehmer für das Modellverhalten erhöht.

Am Beispiel des Erlernens der Bedienung eines elektronischen Ticket-Automa-
ten zeigten mehrere experimentelle Studien (Sengpiel, Sönksen & Wandke, 2013),
dass insbesondere ältere Personen von Maßnahmen altersdifferenzierter Trainingsgestaltung profitieren können. Basierend auf verschiedenen Empfehlungen
für die didaktisch-methodische Gestaltung kognitiver und IT-gestützter Trainings
entwickelten die Autoren ein sog. Basistraining und testeten verschiedene Mo-
difikationen des Trainingsprogramms hinsichtlich ihrer Effektivität. Eine deutliche Verbesserung des Basistrainings konte durch die Anwendung von „Guided
Error Training"-Komponenten erzielt werden. Bei diesem Lernen am Verhaltensmodell kommentiert das Modell gemachte Fehler und korrigiert diese, wobei
neben der Vorgehensweise zur Behebung des Fehlers auch erläutert wird, wie
dieser zustande kam. Die Trainingseffekte konnten weiterhin verbessert werden,
indem „wie"- und „warum"-Aspekte in das Vorgehen integriert wurden. Ältere
Teilnehmer lernten besser, wenn sie nachvollziehen konnten, wie einzelne Schritte
miteinander in Verbindung stehen. Unter Einbezug eines User Interfaces (Wi-
zard) verschwanden die Unterschiede zwischen Jung und Alt komplett. Sowohl
ältere als auch jüngere Teilnehmer profitierten in allen Experimenten von den
Trainings und den Design-Verbesserungen. Der Zugewinn für Ältere war über-
proportional größer als bei Jüngeren. In Bezug auf Effizienz und Effektivität (hinsichtlich der Interaktionsschritte) schnitten beide Altersgruppen gleich gut ab.
Allerdings erreichten ältere nicht die Geschwindigkeit jüngerer Nutzer. Die
Autoren zeigten weiterhin, dass der Einfluss des Alters verschwindet, wenn „computer literacy" in die Analysen mit einbezogen wird, d. h. wenn der Einfluss des
vorhandenen Wissens der Teilnehmer über Computer und deren Nutzung heraus-
gerechnet wird.

Die Förderung kognitiver Aktivität älterer Erwachsener hat eine weitere Studie
(die sog. COGITO-Studie) zum Gegenstand – durchgeführt von Bildungsfor-
schern, Informatikern und Entwicklungspsychologen (vgl. Schmiedek, Bauer,
Lövdén & Brose, 2011). Mittels einer innovativen Trainingsumwelt auf der Grundlage einer internetbasierten Testsoftware (mit JAVA-Application) wurden Aufgaben zur Wahrnehmungsgeschwindigkeit, zum episodischen Gedächtnis und
zum Arbeitsgedächtnis trainiert. Mit durchschnittlich 100 täglichen einstündigen

Übungssitzungen bei 101 jüngeren (20- bis 31-Jährigen) und 103 älteren (65- bis 80-Jährigen) Erwachsenen, konnte bei Älteren eine selbstberichtete signifikante Verbesserung in der Gedächtnis- und Aufmerksamkeitsleistung, aber auch in der mentalen Fitness, dem allgemeinen Wohlbefinden und der Lebenszufriedenheit festgestellt werden. Untersuchungen mit objektiven Leistungsmaßen stehen noch aus.

Die Wirksamkeit weiterer kognitiver Trainings, bspw. in Form von spezifischen *Strategie- oder Prozesstrainings* ist bisher vor allem für jüngere Alte (< 70) mit höherem Bildungsniveau nachgewiesen (vgl. Eschen, Zöllig & Martin, 2012). Die Ergebnisse sind aber auf den Arbeitskontext kaum übertragbar, da sie im Wesentlichen für klinische Populationen entwickelt wurden. Die Entwicklung und Erprobung solcher Trainings für ältere Erwerbstätige ist dringend angezeigt, haben sie doch bei jüngeren Instandhaltern (45 bis 55 Jahre) deren Diagnosekompetenz bei der Störungsbehebung erheblich verbessert (vgl. Sonntag & Schaper, 1993, 1997).

3.2.8 Einflussfaktoren auf kognitive Leistungen

Martin et al. (2008) berichten eine Reihe von Studien zum Einfluss förderlicher oder hinderlicher Faktoren auf die *Entwicklung* der kognitiven Leistung über das mittlere Lebensalter hinweg. Mögliche Einflussfaktoren gibt Abbildung 5 wieder.

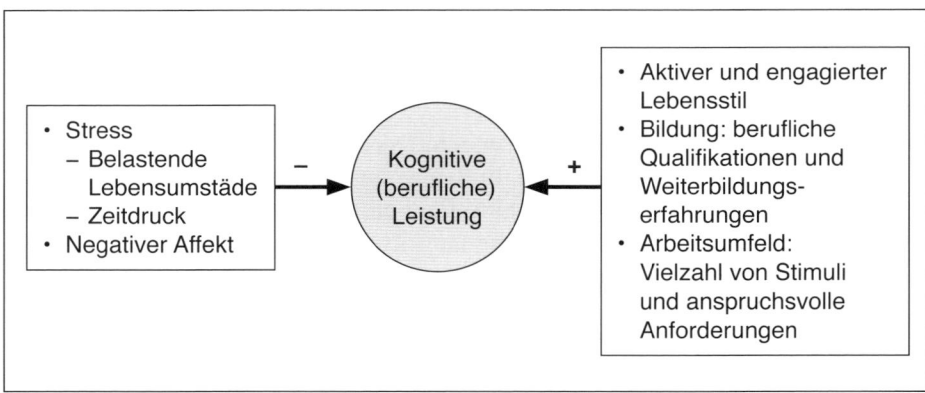

Abbildung 5: Mögliche Einflussfaktoren auf die Entwicklung kognitiver Leistungen über das mittlere Lebensalter hinweg (eigene Darstellung basierend auf Martin et al., 2008).

Als *belastend* wurden Lebensumstände identifiziert, die sich negativ auf die Gefühlslage auswirken und zu Leistungseinbußen im kognitiven Bereich führen können: Negative Gedanken und depressive Verstimmungen, die das Denken beeinflussen, führen zu Gedächtnis- und Aufmerksamkeitsstörungen, verminderter Motivierbarkeit, eingeschränktem Planungs- und Problemlöseverhalten. Auch die zur Verfügung stehende Zeit bei der Aufgabenbewältigung zeigt altersdifferenzierte Effekte: Mit zunehmendem Alter wirken enge Zeitvorgaben belastend. Jex et al. (2007) berichten von Leistungsreduktion bei älteren Erwerbstätigen, wenn unter Zeitdruck „multitasking" betrieben oder komplexe Informationen verarbeitet werden müssen. Teilergebnisse aus der SHARE-Studie (Rijs, Cozijnsen & Deeg, 2012; Sunal, Sunal & Yasin, 2011) belegen, dass der Abbau kognitiver Leistungen auch zusammenhängt mit physischer Inaktivität.

Eine *fördernde* Wirkung auf die Entwicklung kognitiver Leistungen über das mittlere Erwachsenenalter hinaus wird dagegen gesehen in

- einem aktiven Lebensstil mit kognitiv und sozial anspruchsvollen Alltagsaktivitäten,
- in Bildungseffekten; sei es durch vorhandene höhere Formalqualifikationen oder durch weiterführende formale und informale Lernaktivitäten,
- stimulierenden Arbeitsumgebungen. Etliche ältere und neue Längsschnittstudien belegen eindeutig den Zusammenhang von Arbeitscharakteristika und kognitiver Leistung im mittleren und höheren Erwachsenenalter (vgl. bspw. Schaie, 2005). Positive Auswirkungen von Arbeitskomplexität, Entscheidungs- und Kontrollspielraum sorgen für den Erhalt der kognitiven Leistungsfähigkeit. Eine lern- und entwicklungsförderliche Gestaltung der Arbeitsumgebung geht einher mit intellektueller Flexibilität und Kompetenzentwicklung.

Fazit

Auf die Frage, wie sich das Alter auf die berufliche Leistungsfähigkeit auswirkt, gibt es keine einheitliche Antwort, da die vorliegenden Befunde teilweise widersprüchlich sind oder eine Vielzahl von moderierenden Faktoren aufdecken. Exemplarisch genannt sei die Metaanalyse von Waldmann und Avolio (1986), die eine positive Korrelation zwischen Alter und Arbeitsleistung nachwies, und die umfassender konzipierte Metaanalyse von McEvoy und Cascio (1989) ohne Hinweise auf einen systematischen Zusammenhang. Ng und Feldman (2008) berichteten in einer Metaanalyse zu diesem Thema ebenfalls einen Zusammenhang, der gegen Null geht. Daher lässt sich aus einem Nachlassen grundlegender sensorischer, motorischer und kognitiver Funktionen *keine* grundsätzliche *altersbedingte Verschlechterung* der beruflichen Leistung ableiten. Dies gilt vor allem für Tätigkeiten, bei denen die berufliche Leistungsfähigkeit stark von der über die Zeit gesammelten Arbeitserfahrung abhängt (vgl. Ackerman, 2008) oder bei denen eine Fokussierung der Informationsaufnahme und -verarbeitung möglich ist (vgl. Jex et al., 2007).

Vor allem in Berufen, die mit komplexer Informationsverarbeitung und Handeln unter Zeitdruck einhergehen, findet sich eine geringere Leistungsfähigkeit älterer Mitarbeiter. Grund dafür könnte die Abnahme der Kapazität des Arbeitsgedächtnisses und der fluiden Intelligenz sein, wohingegen die kristalline Intelligenz zunimmt oder zumindest stabil bleibt.

Auch bei den kognitiven Leistungen zeigen sich in den vorliegenden Studien *starke interindividuelle Unterschiede* (z. B. in Abhängigkeit von Gesundheitszustand, Bildung, Aktivität) in der Alterskohorte 55+. Lang, Rieckmann und Baltes (2002) belegen, dass *kompensatorische Ressourcen* (z. B. erfahrungsgebundenes Wissen, Fokussierungen, sportliche Aktivitäten) die Auswirkungen altersbedingter Veränderungen reduzieren helfen.

Generell ist bei der Bewertung des Forschungsstands zur Leistungsfähigkeit älterer Mitarbeiter zu beachten, dass viele Studien nicht zwischen den relevanten Altersgruppen ab 55+ differenzieren und die erfasste Leistungsfähigkeit eine fragliche Validität aufweist, da bei den Untersuchungen das reale Setting des betrieblichen Umfeldes oftmals ausgeblendet wird. Dennoch gibt es eine Reihe *eindeutiger* und *stark positiver* Befunde kognitiver beruflicher Leistungsfähigkeit älterer Mitarbeiter. Unter den Bedingungen förderlicher Feedbackkulturen, wertschätzender, vorurteilsfreier Interaktionen zwischen Vorgesetzten und Kollegen, einem stimulierenden Arbeitsumfeld und der Nutzung des Erfahrungswissens ergeben sich positive Effekte auf Innovations-/Anpassungsfähigkeit und die Lernfähigkeit älterer Erwerbstätiger. Die kognitive Plastizität zur Nutzung der Potenziale hängt aber – auch das zeigen die Studien – von einem aktiven, engagierten und verantwortungsbewussten Lebensstil der Einzelnen ab.

3.3 Persönlichkeit

Für das HR-Management in Organisationen ist es von Interesse, welche „überdauernden individuellen Besonderheiten im Erleben und Verhalten" (also Persönlichkeit; vgl. Asendorpf, 2016, S. 126) von Fach- und Führungskräften sich bei der Bewältigung ihrer alltäglichen Aufgaben zeigen oder gefordert werden. Dabei ist insbesondere eine Passung der Persönlichkeit mit der Arbeitsumwelt und den Arbeitsaufgaben für eine erfolgreiche Tätigkeit – auch älterer Erwerbstätiger – von Bedeutung.

Überdauernd bezieht sich der o. g. Definition zufolge auf Zeiträume von wenigen Wochen oder Monaten und schließt längerfristige Veränderungen oder eine Persönlichkeits*entwicklung* nicht aus. Ob und in welchem Maße sich Persönlichkeitsmerkmale über die Lebensspanne hinweg verändern, wird im Folgenden diskutiert.

3.3.1 Stabilität und Veränderung von Persönlichkeitsmerkmalen

Klassische Studien der Persönlichkeitsforschung gingen lange Jahre davon aus, dass Persönlichkeitsmerkmale sich im Sinne der *Struktur- und Stabilitätstheorie der Persönlichkeit* ab dem Erwachsenenalter, also etwa ab einem Alter von 30 Jahren, nicht mehr verändern. Neuere Forschung vertritt eine differenziertere Sichtweise (Roberts, Walton & Viechtbauer, 2006; Wrzus & Lang, 2012), die unterschiedliche Stabilitätsaspekte betrachtet.

Roberts und DelVecchio (2000) unterscheiden *intraindividuelle* und *ipsative Stabilität,* die vor allem individuelle Veränderungen von Persönlichkeitseigenschaften über die Zeit hinweg zum Gegenstand haben. Dieser Ansatz liegt der longitudinalen Mehrebenenanalyse von Jones, Livson und Peskin (2003) zugrunde. Die zwischen dem 33. und 75. Lebensjahr bis zu viermal (mit dem California Psychological Inventory – CPI; Gough, 1987) gemessenen Persönlichkeitsmerkmale zeigten bspw. bei Soziabilität (Gesellikeit) oder Dominanz durchschnittlich konstante Werte. Es ergaben sich jedoch gleichzeitig sehr *unterschiedliche individuelle Verläufe.* Die Korrelationen zwischen Erst- und Letztmessung der 20 Dimensionen des California Psychological Inventory (Zeitdistanz > 42 Jahre) lagen zwischen .36 und .83 (Median = .67).

Im Gegensatz dazu geht es bei der *Mittelwertsstabilität* und *Rangordnungsstabilität (differentielle Stabilität)* um die Veränderung von Persönlichkeit bezogen auf eine Population. Die letztgenannten beiden Formen von Stabilität sind also insbesondere für die generelle Analyse der Veränderlichkeit von Persönlichkeit relevant und werden auch von anderen Autoren hervorgehoben (Asendorpf, 2016; Roberts et al., 2006; Wrzus & Lang, 2012; vgl. Infobox 3).

Infobox 3: Rangordnungsstabilität und Mittelwertsveränderung

Roberts et al. (2006) sprechen von *Stabilität,* wenn sie sich auf die Rangordnungsstabilität beziehen; konkret ist damit die relative Platzierung von Menschen in einer Gesamtpopulation gemeint. Ein Merkmal ist demnach stabil, wenn sich die Rangfolge der untersuchten Personen über die Zeit nicht ändert.

Von *Veränderung* sprechen Roberts et al. (2006), wenn der Verlauf des Mittelwerts über die Zeit betrachtet wird, also wie sich ein Persönlichkeitsmerkmal einer Population im Durschnitt mit wachsendem Alter verändert. Diese Art der Veränderung wird oft mit *normativer Veränderung* gleichgesetzt, d. h. Entwicklungen, die bei allen Mitgliedern einer Population auftreten, die entweder gleich alt sind oder zum gleichen Zeitpunkt geboren wurden. Die Ursache normativer Veränderungen sind meist Phasen biologischer Veränderungen (z. B. Pubertät), gesellschaftlich normierte Übergänge (z. B. Renteneintritt) oder normale soziale Übergangsphasen (z. B. Berufseinstieg) sowie historische Einflüsse.

Nach diesen Definitionen von Veränderungen bzw. Stabilität können Persönlichkeitsmerkmale gleichzeitig stabil und veränderbar sein, also gleichzeitig Rangstabilität und Mittelwertsveränderung aufweisen (Asendorpf, 2016; Roberts &
DelVecchio, 2000; Roberts et al., 2006; Wrzus & Lang, 2012).

3.3.2 Altersdifferenzierte Befunde am Beispiel der „Big Five"

Die wohl bekannteste Klassifikation von Persönlichkeitsmerkmalen liegt mit den
sog. „Big Five" vor, wonach die fünf Dimensionen Extraversion, Neurotizismus,
Offenheit für Erfahrung, Gewissenhaftigkeit und Verträglichkeit erfasst und beschrieben werden können (z. B. mit dem NEO-FFI; Costa & McCrae, 1989; deutsche Version von Borkenau & Ostendorf, 2008). Dimensionen, Skalen und Beispielitems des Big Five Inventory (BFI; Soto & John, 2009) sind in Tabelle 7
wiedergegeben.

Mit den Big Five lassen sich graduelle Ausprägungen in verschiedenen Bereichen alltagsrelevanter Persönlichkeit und Persönlichkeitsunterschiede beschrei-
ben. Auf den Kontext der Arbeit ausgerichtet ist das Bochumer Inventar zur berufsbezogenen Persönlichkeitsbeschreibung (BIP) von Hossiep und Paschen
(2003) mit 14 berufsrelevanten graduell abgestuften Persönlichkeitseigenschaften.

In den letzten Jahren haben vor allem zwei Metaanalysen die Veränderlichkeit
von Persönlichkeitsmerkmalen anhand der Big Five resümiert. Während sich Roberts und DelVecchio (2000) mit der Stabilität der Big Five im Sinne einer Rangordnungsstabilität beschäftigt haben, fassten Roberts et al. (2006) den Forschungsstand in Bezug auf Mittelwertsveränderungen zusammen.

Hinsichtlich der *Rangordnungsstabilität* zeigt sich metaanalytisch ein recht
klares Bild der Big Five-Dimensionen. Die Stabilität der Eigenschaften ist mit
einem Minimalwert von $r = .35$ im Kleinkindalter (3 bis 6 Jahre) generell recht
hoch und nimmt im Laufe des Lebens fast konstant zu. Auffällig ist, dass die
Stabilität im Erwachsenenalter (18 bis 50 Jahre) mit Werten von $r = .51$ bis .62
zwar hoch ist, aber dennoch nicht so hoch, als dass im Erwachsenenalter keine
Veränderungen auftreten würden. Weiterhin zeigt sich im höheren Erwachsenenalter (50 bis 73 Jahre) ein sprunghafter Anstieg der Stabilität, der daraufhin
auf einem Plateau von $r = .72$ bis .75 konstant bleibt (Roberts & DelVecchio,
2000).

Specht, Egloff und Schmukle (2011) fanden längsschnittlich in einer großen deutschen Stichprobe ($N = 14.718$) aus dem sozioökonomischen Panel dasselbe
Muster eines relativ konstanten Anstiegs für die Dimension Gewissenhaftigkeit.
Entgegen den metaanalytischen Befunden von Roberts und DelVecchio (2000)
fanden sie allerdings einen umgekehrt u-förmigen Zusammenhang für die anderen vier Dimensionen der Big Five mit den höchsten Werten zwischen dem

Tabelle 7: Die BFI-Facetten-Skalen: Namen und Beispielitems (eigene Darstellung basierend auf Soto, John, Gosling & Potter, 2011)

Dimensionen	BFI-Facetten-Skala	Beispielitems Ich sehe mich selbst als jemanden, der …
Extraversion	Durchsetzungs-vermögen	1. eine durchsetzungsstarke Persönlichkeit hat. 2. manchmal schüchtern, gehemmt ist.*
	Aktivität	3. voller Energie ist. 4. viel Enthusiasmus entwickelt.
Verträglichkeit	Altruismus	1. hilfsbereit und uneigennützig im Umgang mit anderen ist. 2. umsichtig und freundlich zu fast jedem ist.
	Konformität	3. versöhnlicher Natur ist. 4. Streitigkeiten mit anderen initiiert.*
Gewissen-haftigkeit	Ordentlichkeit	1. dazu tendiert, unordentlich zu sein.* 2. unbedacht sein kann.*
	Selbstdisziplin	3. Aufgaben bis zum Ende verfolgt. 4. leicht abgelenkt ist.*
Neurotizismus	Ängstlichkeit	1. sich viel sorgt. 2. ruhig in angespannten Situationen bleibt.*
	Depression	3. niedergeschlagen, traurig ist. 4. launisch sein kann.
Offenheit für Erfahrung	Offenheit für Ästhetik	1. künstlerische, ästhetische Erfahrungen schätzt. 2. wenig künstlerisches Interesse hat.*
	Offenheit für Ideen	3. es mag zu reflektieren, mit Ideen zu spielen. 4. neugierig auf viele Dinge ist.

Anmerkungen: Die Items wurden von den Autoren ins Deutsche übersetzt. BFI = Big Five Inventory.
* Items sind negativ gepolt.

40. und 60. Lebensjahr und einem anschließenden Rückgang der Rangstabilität. Demnach scheinen Extraversion, Neurotizismus, Offenheit für Erfahrung und Verträglichkeit in diesem Lebensabschnitt am stabilsten zu sein und Veränderungen in diesen Dimensionen werden nach dem 60. Lebensjahr wieder wahrscheinlicher.

Der Verlauf der *Mittelwertsveränderung* ist zwischen den verschiedenen Dimensionen der Big Five (vgl. auch Tabelle 7) deutlich differenzierter zu betrachten:

• *Neurotizismus:* Emotionale Stabilität (der Gegenpol von Neurotizismus) steigt entsprechend der Metaanalyse von Roberts et al. (2006) im Verlauf des Lebens kurvilinear an, mit einem signifikanten Anstieg im Jugend- und jungen Erwachsenenalter (ca. 10 bis 40 Jahre). Entsprechend nimmt zwischen dem Alter von 22 und 40 Jahren Neurotizismus ab (Effektgröße $d=-.46$). Donnellan und Lucas (2008) fanden hingegen in ihrer Querschnittsuntersuchung des sozioökonomischen Panels in Deutschland und des British Household Panel Survey in Großbritannien nur für das britische Panel einen entsprechenden negativen Zusammenhang zwischen Neurotizismus und Alter. Das deutsche Panel wies demgegenüber einen positiven Zusammenhang auf, d. h. eine Abnahme der emotionalen Stabilität mit zunehmendem Alter. Specht et al. (2011) fanden im Längsschnitt ein fast konstantes Muster von Neurotizismus. Interessant sind an dieser Stelle auch die von Soto et al. (2011) gefundenen Geschlechtunterschiede auf Facettenebene der Big Five: Während Frauen ebenfalls den oben beschriebenen negativen Zusammenhang zwischen Neurotizismus und Alter aufwiesen, jedoch mit einem vorangegangenen deutlichen Anstieg bis zum 20. Lebensjahr, welcher nur bei der Facette Depression einen auffälligen Einbruch mit ca. 20 Jahren zeigt, ist bei Männern der Zusammenhang deutlich flacher. Vor allem der Zusammenhang der Facette Ängstlichkeit ist bei der männlichen Stichprobe deutlich schwächer ausgeprägt als der Zusammenhang der Facette Depression mit dem Alter.

• *Extraversion:* Ähnlich wie emotionale Stabilität steigt soziale Dominanz bzw. Durchsetzungsvermögen (eine Facette von Extraversion) der Metaanalyse von Roberts et al. (2006) zufolge mit dem Alter kurvilinear an, wobei sich ein signifikanter Anstieg im Jugend- und jungen Erwachsenenalter (ca. 10 bis 40 Jahre) zeigt. Soziale Vitalität bzw. Aktivität (eine weitere Facette von Extraversion) verzeichnet einen Anstieg im Jugend- und jungen Erwachsenenalter (bis ca. 22 Jahre), gefolgt von einem signifikanten Abfall im Alter zwischen 22 und 30 Jahren (Roberts et al., 2006). Auch Donnellan und Lucas (2008), Soto et al. (2011) und Specht et al. (2011) fanden einen negativen Zusammenhang zwischen Extraversion als Gesamtkonstrukt und dem Lebensalter.

• *Gewissenhaftigkeit:* Konstant ansteigend, aber eher einem linearen oder stufenförmigen Anstieg gleichend, verlaufen Veränderungen der Dimension Gewissenhaftigkeit (Effektstärke $d=.48$) nach den Ergebnissen der Metaanalyse von Roberts et al. (2006). Hier sind besonders im Erwachsenenalter (ca. 22 bis 50 Jahre) und im höheren Erwachsenenalter (60 bis 70 Jahre) signifikante Anstiege zu beobachten. Dieses Muster bestätigt die Längsschnittuntersuchung von Specht et al. (2011). Auch die Untersuchung auf Facettenebene der Big Five von Soto et al. (2011) zeigt einen Anstieg von Gewissenhaftigkeit ab dem Jugendalter (nach einem starken Rückgang in der Kindheit). Donnellan und

Lucas (2008) finden hier eher einen kurvilinearen Verlauf. Zwar steigt Gewissenhaftigkeit bis ins mittlere Erwachsenenalter an, jedoch findet sich im weiteren Verlauf ein leichter Rückgang. Dieser ist in Großbritannien ab einem Alter von ca. 50 Jahren und in Deutschland erst im hohen Erwachsenenalter zu verzeichnen.

- *Verträglichkeit:* Der Verlauf der Dimension Verträglichkeit zeigt in der Metaanalyse von Roberts et al. (2006) ebenfalls eine stufenförmige positive Entwicklung (Effektstärke $d = .23$), wobei der einzige signifikante Anstieg im höheren Erwachsenenalter (ca. 50 bis 60 Jahre) zu verzeichnen ist. Auch Donnellan und Lucas (2008) und Specht et al. (2011) berichten einen positiven Zusammenhang und auch Soto et al. (2011) fanden positive Zusammenhänge – mit Ausnahme des Jugendalters, wo zuerst ein starker Rückgang zu verzeichnen ist.
- *Offenheit für Erfahrung:* Alle Studien zeigen gleichgerichtet einen recht eindeutigen, signifikanten Anstieg der Offenheit für neue Erfahrungen zwischen dem 18. und 22. Lebensjahr. Danach bleibt die Dimension bis zum 60. Lebensjahr relativ konstant, bevor sie anschließend deutlich abfällt (Donnellan & Lucas, 2008; Roberts et al., 2006, Specht et al., 2011).

Abbildung 6 stellt die gerade beschriebenen Verläufe der Dimensionen (bzw. Facetten) der Big Five entsprechend der Metaanalyse von Roberts et al. (2006) grafisch dar.

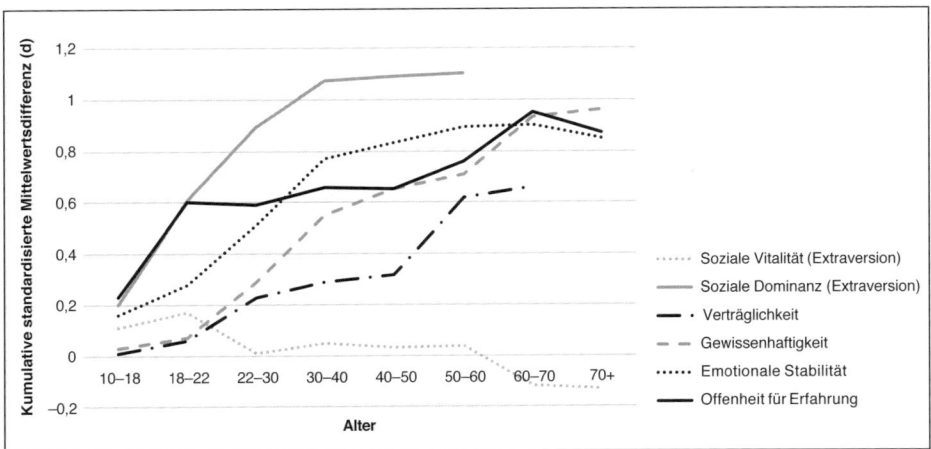

Abbildung 6: Altersspezifische Veränderungen verschiedener Persönlichkeitsdimensionen (eigene Darstellung basierend auf Roberts et al., 2006)

Aus o. g. Untersuchungen lässt sich zur Altersgruppe der 50- bis 70-Jährigen sagen, dass die Befunde in Bezug auf die *Rangstabilität* nicht ganz eindeutig sind. Während die Metaanalyse von Roberts und DelVecchio (2000) eine hohe Rangstabilität für alle fünf Dimensionen der Big Five postuliert, berichten

Specht et al. (2011) in ihrer Längsschnittuntersuchung einen Rückgang der Stabilität ab dem 50. Lebensjahr für alle Dimensionen außer Gewissenhaftigkeit.

In Bezug auf die *mittlere Veränderung* lässt sich für die Dimensionen der Big Five aus o. g. Untersuchungen für die Altersgruppe der 50- bis 70-Jährigen resümieren:

- Emotionale Stabilität (Gegenpol von Neurotizismus): Es gibt kaum Veränderungen mehr im mittleren und hohen Erwachsenenalter.
- Extraversion: Das Gesamtkonstrukt zeigt metaanalytisch kaum Veränderungen im mittleren und hohen Erwachsenenalter. Auf Facettenebene ist die Unterscheidung zwischen sozialer Vitalität bzw. Aktivität und sozialer Dominanz bzw. Durchsetzungsvermögen wichtig. Während soziale Dominanz stabil bleibt, sinkt soziale Vitalität im Alter (ab 60 Jahre) deutlich ab.
- Offenheit für Erfahrung: Steigt im Alter zwischen 50 und 60 Jahren erst an und geht danach signifikant zurück.
- Verträglichkeit: Zuerst gibt es einen starken Anstieg mit 50 bis 60 Jahren, danach sind kaum noch Veränderungen beobachtbar.
- Gewissenhaftigkeit: Metaanalytisch zeigt sich ein signifikanter Anstieg mit 60 bis 70 Jahren, jedoch zeigten sich hier auch länderspezifische Unterschiede.

3.3.3 Maßnahmen zur Passung von Persönlichkeit und (Arbeits-)Umwelt

Für die erfolgreiche Ausübung einer Tätigkeit ist die Passung zwischen Person und Umwelt von Bedeutung (Asendorpf, 2016). Diese Passung auch im späteren Erwerbsleben zu erhalten bzw. zu fördern, kann einerseits durch eine Anpassung der Umwelt (Tätigkeit, Arbeitsumfeld) oder aber auch durch unterstützende Maßnahmen der Persönlichkeitsentwicklung geschehen.

Wie die aktuellen Studien zeigen, können Menschen im Verlauf des Erwerbslebens auch Persönlichkeitsentwicklungen bzw. -veränderungen unterliegen. Andererseits ist die Persönlichkeit bereits ab dem Vorschulalter relativ stabil. Wie lassen sich dennoch eine Passung zwischen Persönlichkeit und Arbeitsumwelt erreichen und erfolgsförderliche Persönlichkeitsmerkmale verstärken?

Ein möglicher Ansatz legt nahe, dass Interventionen, die andere Fähigkeiten trainieren, gleichzeitig auch Persönlichkeitseigenschaften verändern können. So konnten Jackson, Hill, Payne, Roberts und Stine-Morrow (2012) zeigen, dass ein Training von kognitiven Fähigkeiten die Dimension Offenheit für Erfahrung bei älteren Erwachsenen positiv beeinflusst. Mroczek (2014) führt diese Option weiter aus, indem er Parallelen zwischen kognitiven Funktionen und Persönlichkeitseigenschaften aufzeigt, wobei er als Argument insbesondere die moderate Plastizität sowohl kognitiver Fähigkeiten als auch der Persönlichkeit aufzeigt.

Eine weitere Möglichkeit, Persönlichkeitseigenschaften zu verändern, erprobten Hudson und Fraley (2015). Den beiden Autoren zufolge führt allein der Wille zur Veränderung einer eigenen Persönlichkeitseigenschaft dazu, dass sich diese auch ändert. Untermauert mit einer 16-wöchigen Intervention um diesen Willen zu fördern, wurden die Teilnehmer gecoacht, sich kleine Ziele zu setzen und konkrete Wenn-Dann-Pläne auszuarbeiten. Während sich ein erster Durchgang als wirkungslos erwies, war eine weitere Durchführung erfolgreich.

Auch wenn die beschriebenen Ansätze zur Veränderung von Persönlichkeit erste Hinweise auf die Wirksamkeit von Trainings liefern, plädiert Asendorpf (2016) dafür, anstelle von Trainingsinterventionen eher im Arbeitsumfeld solche Bedingungen zu schaffen, die die Persönlichkeit des Mitarbeiters optimal unterstützen und so zu einer besseren Person-Umwelt-Passung beitragen.

Vor dem Hintergrund gesunden und erfolgreichen Alterns argumentiert Mroczek (2014) dagegen offensiv für die Entwicklung von Interventionen zur Persönlichkeitsveränderung („no hesitation to intervene", Mroczek, 2014, S. 1471) und damit für die Beeinflussung der Person-Umwelt-Interaktion auf persönlicher Ebene. So können bspw. Interventionen zur Erhöhung von Gewissenhaftigkeit Menschen dazu befähigen, ein gesünderes Leben zu führen, indem es ihnen dann z. B. leichter fällt mit dem Rauchen aufzuhören oder generell aktiver am Leben teilzunehmen. Allerdings gibt er zu bedenken, dass Interventionsmaßnahmen zur Persönlichkeitsveränderung keinesfalls leicht zu konzipieren sind und aller Wahrscheinlichkeit nach auch anfänglich auf großen Widerstand stoßen werden. Weitere, insbesondere längsschnittliche Studien zur Veränderung von Persönlichkeitseigenschaften sollten deutlich machen, inwieweit eine Plastizität der Persönlichkeit („Personality Plasticity", Mroczek, 2014, S. 1472), ähnlich der kognitiven Plastizität, Veränderungen ermöglichen kann. Hierbei sollten Prinzipien, die sich in der Konzeption von Interventionsmaßnahmen für kognitive Fähigkeiten als wichtig herausgestellt haben, mit einbezogen werden, wie z. B. der Einfluss des (sozialen) Umfelds und des aktuellen Lebensabschnitts bzw. der Entwicklungsphase.

Fazit

Wie neuere Studien der Persönlichkeitsforschung zeigen, bleiben Persönlichkeitsmerkmale zwar ab dem Erwachsenenalter relativ stabil, dennoch zeigen
sich auch Veränderungen mit wachsendem Alter. Entsprechend einer inter-
aktionistischen Sichtweise entwickelt sich die Persönlichkeit als Konsequenz
aus den Anforderungen und Erfahrungen, die bestimmte altersabhängige Rollen mit sich bringen.

Anzustreben ist in jedem Fall eine Passung zwischen der Persönlichkeit des
älteren Erwerbstätigen und seiner Arbeitsumwelt. Einerseits können Arbeitsumfeld und Aufgabe sich verändernden Persönlichkeitsmerkmalen angepasst
werden, andererseits können jedoch auch unterstützende Interventionen der
Persönlichkeitsentwicklung zu einer Passung beitragen.

4 Gesundheit

Grundlegende Voraussetzung für eine verlängerte Erwerbsarbeit und die Produktivität im Alter (hier: 55 bis 70 Jahre) ist der Gesundheitszustand der Beschäftigten; das betrifft die Organisationsmitglieder auf allen Hierarchieebenen.

Allgemein ist festzustellen, dass mit dem Alter aufgrund des individuellen physiologischen und biologischen Status sowie des Gesundheitsverhaltens Veränderungen im Gesundheitszustand einhergehen. So zeigten Berechnungen des Statistischen Bundesamtes (2006) auf Basis des Mikrozensus, dass sich im Alter ab etwa 50 Jahren das Krankheitsrisiko (gemessen als Anteil der Kranken und Unfallverletzten) zunächst beschleunigt, dann zwischen 55 und 69 Jahren stagniert, bevor es in höherem Alter ab 70 wieder deutlicher zunimmt.

Vielfältige Faktoren beeinflussen den individuellen Gesundheitszustand. Die Bedingungen und das Umfeld der täglichen Arbeit, aber auch der individuelle Lebensstil (siehe Infobox 4; vgl. Sonntag & Seiferling, 2016, S. 506) spielen dabei eine wichtige Rolle.

Infobox 4: Individuelles Gesundheitsverhalten

Für die Belastungsbewältigung und Gesundheitsprävention älterer Erwerbstätiger stellt das *individuelle Gesundheitsverhalten* eine zentrale Ressource dar. Auswertungen der zweiten Welle des Alterssurvey (Wurm, 2004) und die Expertise des Robert Koch-Instituts zum 2. Armuts- und Reichtumsbericht der Bundesregierung (vgl. Lampert & Ziese, 2005) weisen bei dieser wichtigen Variable auf die Bedeutung von Einkommen und Bildung hin: Personen aus unteren Sozialschichten treiben weniger Sport, rauchen mehr, haben einen höheren Alkoholkonsum und sind häufiger übergewichtig. Im Gegensatz dazu berichten Personen, die körperlich und sozial im Alter aktiv sind, auch bei den 65-Jährigen und Älteren eine subjektiv als gut oder sogar sehr gut empfundene Gesundheit (DeLong & Associates, 2006; Fone & Lundgren-Lindquist, 2003).

Während zu den gesundheitsförderlichen Arbeitsbedingungen auf umfangreiche Forschungsliteratur zurückgegriffen werden kann, existieren zum individuellen Gesundheitsverhalten aufgrund persönlichkeits- und datenschutzrechtlicher Gründe weniger Studien.

Nachfolgend werden verschiedene Einflussfaktoren auf die Gesundheit älterer Mitarbeiter diskutiert.

4.1 Allgemeiner Gesundheitszustand

In einer aktuellen Metaanalyse (Ng & Feldman, 2013b) fand sich – entgegen weit verbreiteter Annahmen und Vorurteile – kein negativer Zusammenhang zwischen Alter und selbstberichtetem mentalen und physischem Gesundheitszustand der

Befragten. Allerdings zeigte sich eine mäßige Verschlechterung bezüglich verschiedener klinischer Indikatoren physischer Gesundheit, wie z. B. Blutdruck, Cholesterin-Wert und Body-Mass-Index (vgl. Tabelle 8).

Tabelle 8: Metaanalytische Zusammenhänge zwischen Alter und Gesundheit (eigene Darstellung basierend auf Ng & Feldman, 2013b)

Körperliche Gesundheit	N	k	r_c
Blutdruck	8.683	8	.34*
Cholesterin-Wert	3.512	8	.20*
Body-Mass-Index	3.084	16	.21*
Müdigkeit	7.565	8	−.10*
Schlafprobleme	5.191	6	.12*
Muskelschmerzen	1.618	5	.14*
Somatoforme Probleme	39.420	59	.02
Subjektiv wahrgenommene schlechte Gesundheit	16.016	16	.00
Mentale Gesundheit	N	k	r_c
Negative mentale Gesundheit	29.027	40	−.05*
Negative Stimmung	9.072	21	−.10*
Geringe positive Stimmung	9.069	32	−.08*
Depression	41.988	49	−.03
Angst	15.793	27	−.01
Ärger/Wut	6.318	4	−.15*
Reizung	7.820	5	−.09*
Psychosomatische Beschwerden	12.332	16	.03
Gesundheitsbezogenes Verhalten	N	k	r_c
Ungesunde Angewohnheiten (z. B. Alkohol/ Ernährung)	8.590	8	−.04*
Alkoholgenuss	10.164	12	−.08*
Drogenkonsum	5.889	9	−.12*
Rauchen	9.540	12	.08*

Anmerkungen: N = kumulative Stichprobengröße; k = Anzahl kumulierter Studien; r_c = nach Stichprobengröße gewichtete korrigierte Korrelationen (die Interpretation der Korrelationen nahmen die Autoren nach Cohens (1988) Empfehlung vor: schwach: .10–.23; moderat: .24–.37; stark: >.37); * r_c signifikant (95 %-Konfidenzintervall enthält nicht 0).

Bezüglich subjektiver Gesundheitsfaktoren sprechen die analysierten Studien eher für eine Abnahme der Müdigkeit bei älteren Beschäftigten, aber einen Anstieg selbstberichteter Muskel- und Schlafprobleme. Die Autoren fanden außerdem Trends zu verbesserter mentaler Gesundheit, wie z. B. weniger negative Stimmung, Reizung und Ärger und – mit Ausnahme von Rauchen – zur Reduktion gesundheitsschädlicher Verhaltensweisen (z. B. Alkohol, ungesunde Ernährung) im Alter.

Die Ergebnisse der sechsten Welle der Erwerbstätigenbefragung der Bundesanstalt für Arbeitsschutz und Arbeitsmedizin (BAuA) und des Bundesinstituts für Berufsbildung (BIBB) – „Stressreport" genannt – weisen darauf hin, dass die Einschätzung des subjektiven Gesundheitszustands mit den Jahren zunehmend schlechter wird – auch bei den 55- bis 64-Jährigen (Lohmann-Haislah, 2012).

Ein ähnliches Bild zeigt sich auch in dem 2011/2012 durchgeführten European Quality of Life Survey (Eurofound, 2012c). Mit zunehmendem Alter schätzen die Befragten ihren Gesundheitszustand weniger häufig als „sehr gut" oder „gut" ein (vgl. Abbildung 7). In der Europäischen Union tun dies 73 % der 35- bis 49-Jährigen, 54 % der 50- bis 64-Jährigen und 38 % der 65+-Jährigen (in Deutschland: 74 %, 55 % und 39 %).

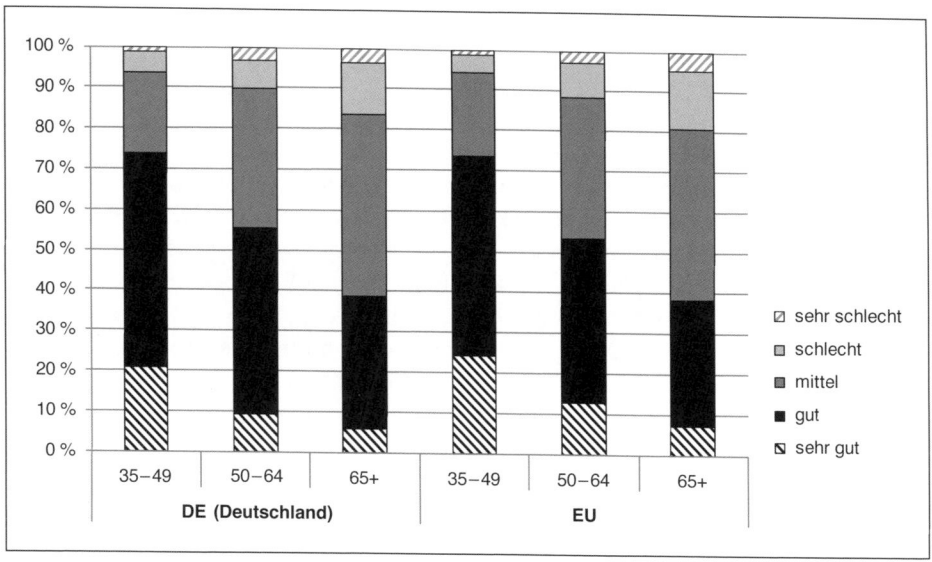

Abbildung 7: Selbsteingeschätzter Gesundheitszustand in Deutschland und der EU nach Altersklassen (eigene Darstellung basierend auf Eurofound, 2012c)

Eine differenzierte Auswertung des Statistischen Bundesamtes (2011) zur Gesundheit älterer Menschen ab 65 Jahren in Deutschland und der EU zeigt wiederum eine überwiegend positive Einschätzung des Gesundheitszustands, die mit zuneh-

mend höherem Alter ab 75 Jahren abnimmt. Immerhin 40 % der Befragten in der
Altersgruppe der 65- bis 74-Jährigen beurteilten laut Bericht ihren Gesundheitszustand als „gut/sehr gut", weitere 41 % als „ausreichend" (vgl. Abbildung 8).

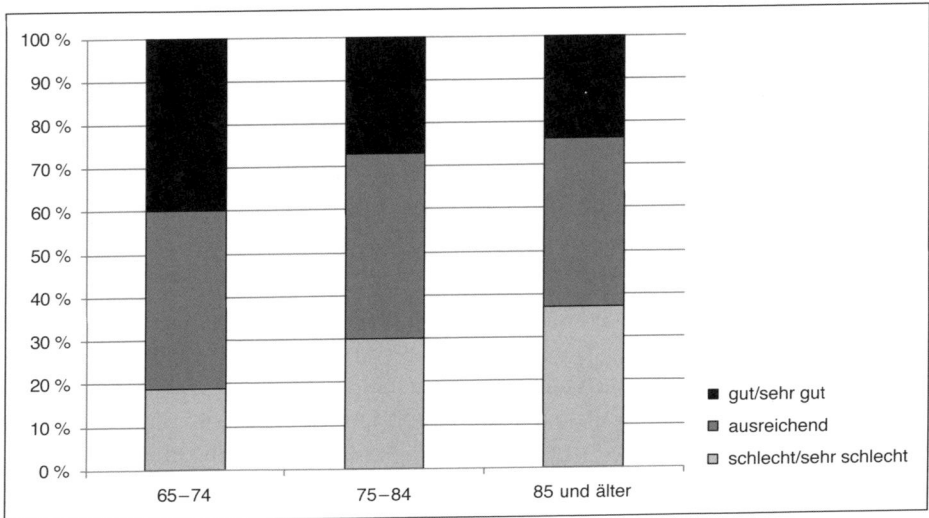

Abbildung 8: Selbsteinschätzung des Gesundheitszustands nach verschiedenen Altersgruppen ab 65 Jahren (EU-27, Stand 2008 in Prozent; eigene Darstellung
basierend auf Statistisches Bundesamt, 2011, S. 80)

Auswertungen auf der Basis des sozioökonomischen Panels SOEP (vgl. Meier
& Schröder, 2007) zeigten, dass nach Einschätzungen von ca. 24.000 Personen
gesundheitliche Restriktionen den Aktivitätsspielraum und das Leistungsvermögen der Älteren einengen. Knapp 30 % der 65+-Jährigen (15 % der 50- bis 64-Jäh-
rigen) sind wegen gesundheitlicher Probleme *körperlicher Art* in ihrem Tätig-
keitsspektrum eingeschränkt oder geben an, dass sie aus diesem Grund weniger
geleistet haben. Dagegen scheinen seelische oder emotionale Probleme den Älteren (50–64 Jahre: 8,7 %; 65+ Jahre: 13,2 %) weniger Schwierigkeiten zu bereiten und schränken sie in ihren sozialen Kontakten kaum ein.

4.2 Krankheitsrisiken durch Arbeitsbedingungen und Arbeitsorganisation

Vor dem Hintergrund der Strategie der Europäischen Union zur Verlängerung des
Erwerbslebens liefert der sechste European Working Conditions Survey (EWCS;
Eurofound, 2015a[4]) eine Reihe interessanter Befunde zum Zusammenhang von

---

4 Aktuelle Informationen und Downloads unter: http://www.eurofound.europa.eu/surveys/
   2015/sixth-european-working-conditions-survey-2015

Gesundheitsrisiken, Arbeitsbedingungen und *Arbeitsorganisation*. Die Befragung fand zwischen Februar und September 2015 statt. Dabei wurde in den 28 EU-Ländern (EU-28), den EU-Beitrittskandidaten (Albanien, Mazedonien, Montenegro, Serbien, Türkei) sowie in Norwegen und der Schweiz eine repräsentative Stichprobe von ca. 43.000 Erwerbstätigen befragt.

4.2.1 Belastungsfaktoren aufgrund von Arbeitsbedingungen

Wie Tabelle 9 verdeutlicht, ist für Deutschland, aber tendenziell auch für die EU (siehe Werte in Klammern) eine *Abnahme* der selbstberichteten Belastungsfaktoren aufgrund der Arbeitsbedingungen mit zunehmendem Alter in dieser Befragung feststellbar. Lediglich im Bereich des Hebens und Transportierens anderer Menschen war in der deutschen Stichprobe ein etwas höherer Belastungswert und damit mögliche Gesundheitsrisiken bei älteren Befragten zu verzeichnen, in der EU-Stichprobe liegt dies bei Tätigkeiten mit niedrigen Temperaturen am Arbeitsplatz vor.

Die Altersgruppe 50+ gibt größtenteils an, weniger belastenden Umgebungsbedingungen, wie Geräuschen, Vibrationen, hohen oder niedrigeren Temperaturen, repetitiven Bewegungen, ungünstigen Arbeitspositionen, schweren Lasten sowie chemischen Stoffen ausgesetzt zu sein als die Altersgruppe der 30- bis 49-Jährigen. Dieser Effekt kann einerseits in einem tatsächlichen Rückgang der Belastungen im höheren Alter (z. B. aufgrund anderer Arbeitsaufgaben oder ergonomisch verbesserter Arbeitsbedingungen) begründet sein, möglicherweise aber auch darin, dass stark beanspruchte ältere Mitarbeiter früher aus dem Berufsleben ausscheiden (sog. „healthy worker effect").

Auffallend ist der hohe EU-Prozentsatz bei einigen der Belastungsfaktoren, die zum Teil erheblich höhere Werte erreichen als die deutsche Stichprobe, beispielsweise im Bereich repetitiver Bewegungen, schwerer Lasten und niedriger Temperaturen. Dies könnte ein Beleg für eine strengere Einhaltung der Arbeits- und Gesundheitsschutzvorschriften in Deutschland sein.

Auch die altersdifferenzierte Auswertung der nationalen Erwerbstätigenbefragung des Bundesinstituts für Berufsbildung und der Bundesanstalt für Arbeitsschutz und Arbeitsmedizin (2006) zeigt tendenziell einen *Rückgang* selbstberichteter, beanspruchender Arbeitsbedingungen (z. B. Beleuchtung, Lasten, Lärm) ab einem Alter von 55+ Jahren. Die Studie macht aber deutlich, dass Krankheitsrisiken vor allem im produzierenden Gewerbe (Umgebungsbedingungen und Arbeitsstruktur), Baugewerbe (Haltungen) sowie Landwirtschafts- und Forstbereich auftreten. Erwähnt werden muss deshalb, dass ein höheres arbeitsbedingtes Erkrankungsrisiko nicht per se alterskorreliert ist, sondern sich vielmehr in sog. „Risikoberufen" wiederfindet (siehe Infobox 5; vgl. Sonntag & Seiferling, 2016, S. 507).

Tabelle 9: Belastungsfaktoren aufgrund von Arbeitsbedingungen nach Altersgruppen in Deutschland und 34 weiteren Ländern (in Prozent; eigene Darstellung basierend auf Eurofound, 2015b)

Belastungsfaktoren und Risiken		Alter		Unterschied (Prozentpunkte) (b)−(a)
		35−49 Jahre (a)	50+ Jahre (b)	
Lasten/ Position	Sich wiederholende Hand- oder Armbewegungen	52.7 (61.7)	49.8 (58.2)	−2.8 (−3.5)
	Ermüdende oder schmerzhafte Positionen	44.2 (44.2)	41.1 (42.8)	−3.1 (−1.4)
	Tragen oder Bewegen schwerer Lasten	28.7 (32.2)	25.5 (29.3)	−3.2 (−2.9)
Arbeitsumgebung	Lärm	29.2 (28.1)	24.6 (25.7)	−4.6 (−2.4)
	Vibrationen (Werkzeug/ Maschinen)	28.3 (21.3)	19.6 (18.7)	−8.7 (−2.6)
	Tabakrauch anderer Menschen	6.6 (8.2)	4.6 (7.2)	−2.0 (−1.0)
	Rauch, Dämpfe, Staub, Pulver u. Ä.	16.4 (15.2)	10.3 (14.7)	−6.1 (−0.5)
	Hohe Temperatur	19.1 (23.8)	18.3 (22.6)	−0.8 (−1.2)
	Niedrige Temperatur	14.1 (21.0)	13.4 (21.7)	−0.7 (0.7)
Biologische/ chemische Faktoren und Strahlung	Kontakt zu chemischen Produkten oder Substanzen	17.0 (16.8)	15.0 (16.5)	−2.0 (−0.3)
	Kontakt zu potenziell ansteckenden Stoffen	13.0 (14.2)	11.0 (12.8)	−2.0 (−1.4)
Heben	Heben oder Bewegen anderer Menschen	8.6 (10.1)	8.8 (9.2)	+0.2 (−0.9)

Anmerkungen: Die Angaben in Klammern beziehen sich auf die Werte für Europa (EU-34). Die Prozentwerte geben an, inwiefern Personen „min. 25 % ihrer Arbeitszeit körperlichen Risiken ausgesetzt" sind (abweichend davon erfragen Item 1 und Item 2, ob die Belastung „(fast) immer" auftritt).

Infobox 5: Befunde zu gesundheitlichen Beeinträchtigungen Älterer in ausgewählten „Risikoberufen"

- Dachdecker: Zunahme muskuloskeletaler Probleme ab 55 Jahren (vgl. Welch, Haile, Boden & Hunting, 2008)
- Bauarbeiter: Rückenprobleme bei 83 % der 61- bis 65-Jährigen (vgl. Deacon, Smallwood & Haupt, 2005)
- Pflegeberufe: Rückenbeschwerden (altersdifferenzierte Befunde) (Nägele, 2007)
- Montagetätigkeiten Automobilindustrie: Zunahme körperlicher Beschwerden (Frieling et al., 2012)
- Produzierendes Gewerbe, Baugewerbe, Landwirtschafts- und Forstbereich: erhöhte Krankheitsrisiken (Bundesinstitut für Berufsbildung & Bundesanstalt für Arbeitschutz und Arbeitsmedizin, 2006)

So berichtet eine Studie aus den USA bei ca. 1.000 Dachdeckern im Baugewerbe von einer deutlichen Zunahme *muskuloskeletaler* Probleme ab 55 Jahren (Welch et al., 2008). Eine japanische Studie zur körperlichen Leistungsfähigkeit von Bauarbeitern (Deacon et al., 2005) verdeutlicht, dass 83 % der 61- bis 65-Jährigen über Rückenprobleme klagen. Nägele (2007) führt außerdem entsprechende altersdifferenzierte Befunde bei Pflegeberufen an. Frieling et al. (2012) berichten von einer Zunahme körperlicher Beschwerden älterer Beschäftigter bei Montagetätigkeiten in der Automobilindustrie.

Generell lässt sich bei sog. „Risikoberufen" folgendes Muster erkennen: Gesundheitsrisiken finden sich vorwiegend bei geringer qualifiziert Beschäftigten mit hohem Anteil an schwerer körperlicher Tätigkeit und geringem Handlungsspielraum. Dagegen weisen Beschäftigte in höher qualifizierten Berufen mit größeren Entscheidungsbefugnissen und Kompetenzbereichen geringere alterstypische Befunde bei Krankheitsrisiken auf.

4.2.2 Belastungsfaktoren durch Arbeitsorganisation

Ergebnisse des sechsten EWCS-Surveys (Eurofound, 2015a) zu gesundheitsrelevanten Indikatoren von *Arbeitsinhalten* und *-strukturen* zeigt Tabelle 10.

Es wird deutlich, dass bei der Beschäftigtengruppe 50+ ein tendenziell höheres Niveau an Autonomie in Deutschland und der EU vorherrscht. Dies entspricht Erkenntnissen aus anderen Studien, die häufig das Bedürfnis Älterer nach einer *stärkeren Autonomie* bei der Gestaltung ihrer Tätigkeit als ein zentrales Motiv für eine längere Erwerbstätigkeit identifizieren.

Tabelle 10: Belastungsfaktoren aufgrund der Arbeitsorganisation nach Altersgruppen in Deutschland und in Europa (EU-35) (in Prozent; eigene Darstellung basierend auf Eurofound, 2015b)

Belastungsfaktoren		Alter		Unterschied (Prozent-punkte) (b)–(a)
		30–49 Jahre (a)	50+ Jahre (b)	
Autonomie	Arbeitstempo/-rhythmus wählen/verändern können[1]	69.1 (71.1)	75.3 (74.8)	+6.2 (+3.7)
	Arbeitsmethoden & Vorgehen wählen/ verändern können[1]	75.7 (69.3)	81.6 (72.9)	+5.9 (+3.6)
	Reihenfolge der Aufgaben wählen/verändern können[1]	61.6 (68.5)	67.4 (71.2)	+5.8 (+2.7)
Intensität	Genügend Zeit haben, um die Aufgaben zu erledigen[3]	70.7 (72.4)	69.6 (74.2)	–1.1 (+1.8)
	Job beinhaltet, sich an straffe Deadlines zu halten[2]	67.9 (66.7)	66.3 (59.2)	–1.6 (–7.5)
	Job beinhaltet eine sehr hohe Geschwindigkeit[2]	63.0 (61.9)	62.0 (53.3)	–1 (–8.6)
Arbeitstempo	abhängig von der Arbeit der Kollegen[1]	29.0 (40.4)	24.3 (33.8)	–4.7 (–6.6)
	abhängig von direkten Anforderungen Dritter (Kunden, Passagiere, Patienten etc.)[1]	67.7 (69.3)	65.6 (62.8)	–2.1 (–6.5)
	abhängig von Produktions- oder Leistungszielen[1]	43.5 (42.8)	44.9 (40.2)	+1.4 (–2.6)
	abhängig von automatischer Geschwindigkeit einer Maschine/eines Produktes[1]	18.8 (18.8)	15.5 (16.2)	–3.3 (–2.6)
	direkt abhängig vom Vorgesetzten[1]	20.4 (35.5)	20.5 (28.1)	+0.1 (–7.4)

Tabelle 10: Fortsetzung

Belastungsfaktoren		Alter		Unterschied (Prozent-punkte) (b)−(a)
		30−49 Jahre (a)	50+ Jahre (b)	
Weiterbildung (im vergangenen Jahr)	Teilnahme, für die der Arbeitgeber aufkam[1]	43.2 (40.5)	35.9 (34.6)	−7.3 (−5.9)
	„on the job"-Training[1]	39.6 (34.2)	27.4 (27.7)	−12.2 (−6.5)
Arbeitsplatz-(un)sicherheit	Möglichkeit, die Arbeit innerhalb der nächsten sechs Monate zu verlieren[1]	9.9 (15.4)	8.6 (14.3)	−1.3 (−1.1)
	Es ist einfach, nach Arbeitsplatzverlust/ Kündigung Arbeit mit ähnlichem Gehalt zu finden[1]	39.1 (36.2)	27.4 (25.9)	−11.7 (−10.3)

Anmerkungen: Die Angaben in Klammern beziehen sich auf die Werte für die Europäische Union. Die Prozentwerte geben an, ob bzw. inwiefern Personen den Aussagen zustimmen ([1] = ja, [2] = min. 25 % ihrer Arbeitszeit; [3] = immer/meistens).

Ferner berichtet die Altersgruppe 50+ im Vergleich zu jüngeren Kollegen eher von einer geringeren Arbeitsintensität (wenn auch ältere Erwerbstätige in Deutschland der Aussage, genügend Zeit zur Aufgabenerledigung zur Verfügung zu haben, etwas weniger zustimmen). Im Gegensatz zu ihren jüngeren Kollegen ist die Gruppe der Älteren in ihrem Arbeitstempo weniger abhängig. Dies betrifft verschiedene Determinanten, wie z. B. die Abhängigkeit von Kollegen, automatisierten Anlagen und Systemen, Produkten, Kunden und Klienten oder auch Vorgesetzten.

Anders als in der deutschen Stichprobe sind in Europa die Unterschiede zwischen den Altersgruppen in Bezug auf die Abhängigkeit des Arbeitstempos von Vorgesetzten, Anforderungen Dritter und Kollegen besonders deutlich. In Deutschland hingegen ist eine etwas höhere Abhängigkeit der Arbeitsgeschwindigkeit Älterer von Vorgesetzten und von Produktions- und Leistungszielen zu verzeichnen als bei jüngeren Erwerbstätigen. Gleichzeitig weisen diese beiden Variablen auch den größten Unterschied zwischen der deutschen und der EU-Stichprobe auf.

In Bezug auf Weiterbildungen zeigen sich insbesondere in der deutschen Stichprobe deutlich geringere Werte für die ältere Gruppe der Befragten, aber auch in der EU nehmen jüngere Erwerbstätige häufiger an Weiterbildungen und Trainings teil.

Hinsichtlich der Arbeitsplatz(un)sicherheit zeigte sich, dass weniger ältere Erwerbstätige der Aussage zustimmen, es könne sein, dass sie innerhalb der nächsten sechs Monate ihre Arbeit verlieren, jedoch gibt diese Gruppe der Befragten
sowohl in der EU als auch in Deutschland seltener an, dass es einfach sei, einen
äquivalent bezahlten Job zu finden, als die jüngere Kohorte. Diese Erkenntnisse
decken sich mit weit verbreiteten Stereotypen (vgl. auch Kapitel 7.2).

Die altersbezogene Auswertung der BIBB-BAuA-Erwerbstätigenbefragung 2011/
2012 bei 17.562 Beschäftigten (Lohmann-Haislah, 2012) zeigt ein ähnliches Bild:
Anforderungen aus der Arbeits*zeit*organisation bewirken bei der Gruppe der 55-
bis 64-Jährigen eine geringere Beanspruchung durch Schichtarbeit, Samstagsar-
beit oder Bereitschaftsdienst als in anderen Altersgruppen. Weiterhin nehmen in
dieser Befragung muskuloskeletale und psychovegetative Beschwerden mit dem
Alter leicht zu, wobei sich die Altersgruppen der 45- bis 54- und 55- bis 64-Jäh-
rigen kaum unterscheiden.

4.2.3 Beanspruchungserleben älterer Erwerbstätiger

Die vierte Erhebungswelle des o. g. EWCS-Surveys im Jahr 2005 (4th European
Working Conditions Survey; Eurofound, 2008) erfasste auch das arbeitsbezogene
Beanspruchungserleben der Erwerbstätigen. Demnach schätzen die 55+-Jähri-
gen ihre gesundheitlichen Probleme aufgrund der Arbeitsbedingungen insgesamt
signifikant *geringer* ein als jüngere Arbeitnehmer. Allerdings werden eine Reihe
von Symptomen genannt, die in dieser Altersgruppe (55+) arbeitsbedingt die Gesundheit beeinflussen, wie z. B. Rückenschmerzen (75 %), Muskelprobleme (70 %),
Müdigkeit (68 %), Stress (58 %), Kopfschmerzen (40 %), Schlafprobleme (28 %).

Insgesamt sind bei der Befragung im Jahr 2005 die älteren Befragten (55+ Jahre)
weniger der Ansicht, dass ihr jetziger Job die Gesundheit beeinflusst als die jüngere Kohorte (< 55 Jahre). Der Anteil derer, die sich wünschen, ihren jetzigen Job
auch noch mit 60 und darüber hinaus auszuführen, wächst laut des EWCS. Diese
positive Einschätzung wird nach Ansicht der Befragten aber beeinflusst durch die
momentanen Arbeitsbedingungen und eine entsprechende Harmonisierung von
Arbeit und Privatleben.

In der fünften Befragungswelle des EWCS im Jahre 2010 (Eurofound, 2012a)
hingegen sind die älteren Befragten (50+) wieder *eher* der Meinung, dass die
Arbeit ihre Gesundheit beeinträchtigt als jüngere Kohorten. Dies gilt sowohl für
die deutsche Stichprobe als auch für den EU-Durchschnitt (vgl. Abbildung 9).
Aufgrund der unterschiedlichen Alterskategorien (50 bzw. 55 Jahre als Grenze)
sind die beiden Zahlen jedoch nur bedingt vergleichbar.

Abhängig vom Geschlecht, Art der Tätigkeit und Qualifikationsniveau nehmen
die Befragten der europäischen Stichprobe den *negativen* Einfluss der Arbeit auf
die Gesundheit unterschiedlich wahr (vgl. Abbildung 10).

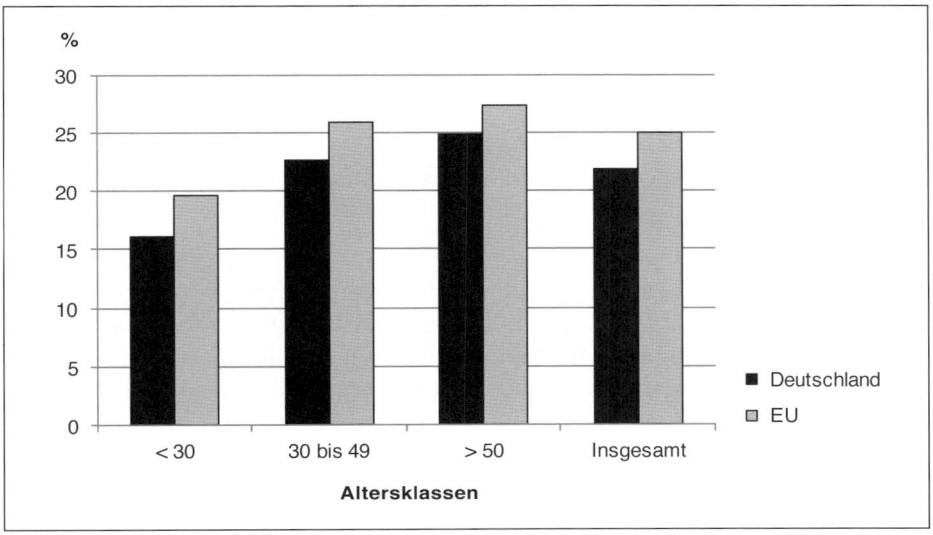

Abbildung 9: Prozentsatz der Zustimmung auf die Frage „Beeinträchtigt Ihre Arbeit Ihre Gesundheit negativ?" nach verschiedenen Altersklassen in Deutschland und der EU (eigene Darstellung basierend auf Eurofound, 2010b; 2012a)

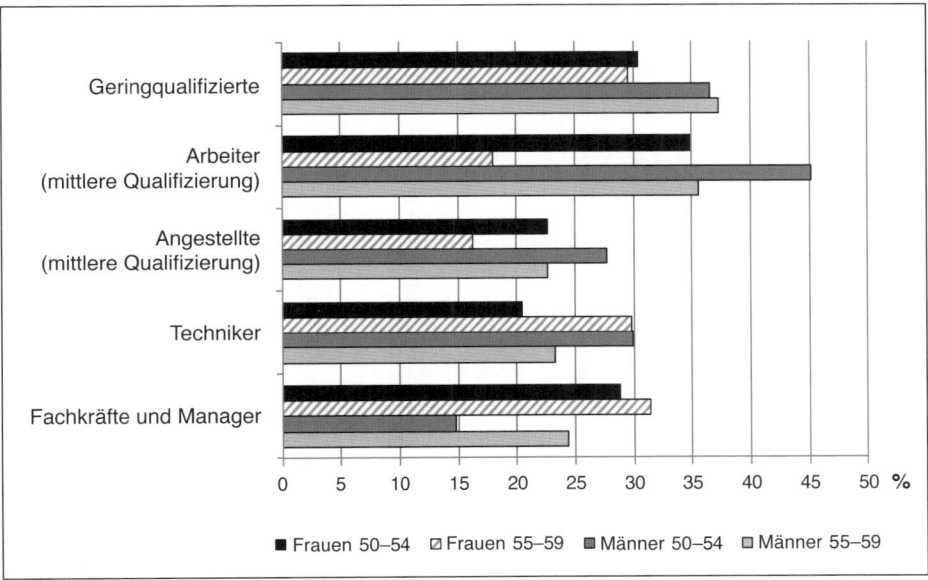

Abbildung 10: Einschätzung des negativen Einflusses der Arbeit auf die Gesundheit nach Art der Tätigkeit, Altersgruppe und Geschlecht (Zustimmung in Prozent; eigene Darstellung basierend auf Eurofound, 2012b, S. 58)

Geringqualifizierte männliche Arbeiter zwischen 50 und 59 Jahren (und zumeist auch Arbeiter mit mittlerer Qualifizierung) sehen demnach am häufigsten einen negativen Effekt ihrer Arbeit auf ihre Gesundheit. Dagegen schätzen ältere männliche Fach- und Führungskräfte (Manager) zwischen 50 und 54 Jahren den negativen Einfluss der Arbeit auf ihre Gesundheit am geringsten ein. Interessanterweise findet sich bei der Gruppe der höherqualifizierten Arbeitnehmer*innen* (55–59 Jahre) die stärkste Ausprägung für negative Beanspruchungsfolgen der Arbeit auf die Gesundheit.

Ähnliches zeigt die Zusammenstellung der letzten drei EWCS-Wellen in Bezug auf wahrgenommene Sicherheits- und Gesundheitsrisiken am Arbeitsplatz. Das Beanspruchungserleben bzw. die Wahrnehmung des Gesundheits- und des Sicherheitsrisikos scheint sich mit dem Alter zu verändern. So stimmten ältere Befragte (50+ Jahre) im EU-Durchschnitt deutlich häufiger der Aussage zu, dass ihre Gesundheit oder Sicherheit durch die Arbeit gefährdet sei (vgl. Abbildung 11) – im Vergleich zur deutschen Stichprobe. Erfreulicherweise ist hier über die letzten drei Befragungszeitpunkte hinweg eine positive Entwicklung zu verzeichnen. Über alle Altersgruppen hinweg nahmen die Befragten 2010 weniger Gesundheits- und Sicherheitsgefährdungen wahr als noch im Jahr 2000.

Auch diese Einschätzung variiert jedoch wiederum in Abhängigkeit von der Art der Tätigkeit der Befragten. Sowohl in der EU als auch in Deutschland schätzen (a) Angestellte das Risiko geringer ein als Arbeiter und (b) Hochqualifizierte ge-

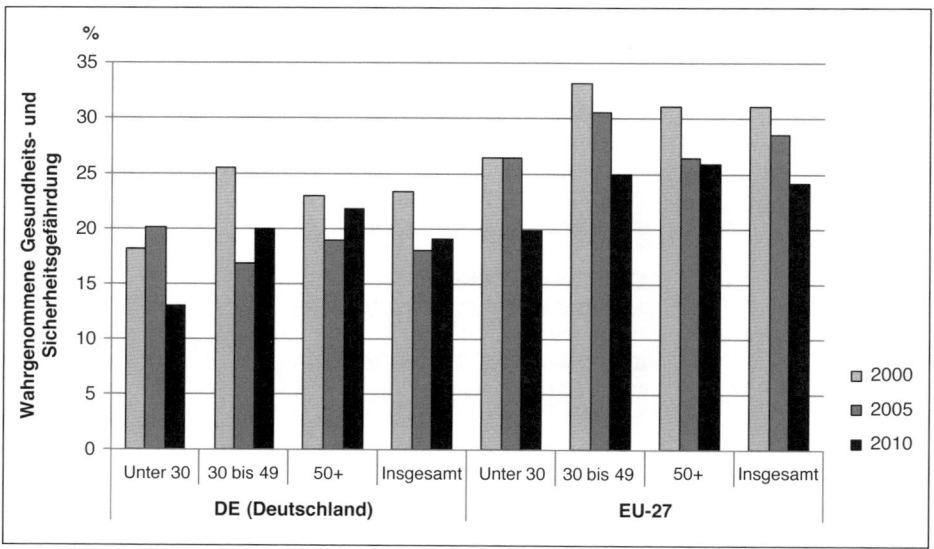

Abbildung 11: Wahrgenommene Gesundheits- und Sicherheitsgefährdung für verschiedene Altersklassen Deutschlands und der EU in den letzten drei EWCS-Wellen in Prozent (eigene Darstellung basierend auf Eurofound, 2010a)

ringer als Geringqualifizierte. Ein Befund, der sich über alle Altersgruppen zeigt (Eurofound, 2010b).

Ferner spielt auch die Branche eine Rolle bei der Einschätzung des Gesundheitsrisikos. So sind die Einschätzungen des Risikos im Industriesektor sowohl in Deutschland als auch in der EU höher als im Dienstleistungsbereich. In Deutschland stimmt dabei ein geringerer Prozentsatz der Befragten der Frage nach der Gesundheits- und Sicherheitsgefährdung durch die Arbeit zu als im EU-Durchschnitt. Dies wird insbesondere im Industriesektor deutlich (Eurofound, 2010b).

Weiterhin wurden die Teilnehmer in der fünften Befragungswelle des EWCS (im Jahr 2010) um eine Einschätzung gebeten, inwiefern sie glaubten, ihren derzeitigen Beruf auch noch mit 60 Jahren ausführen zu können. In den EU-27-Ländern stimmten 71,3 % der über 50-Jährigen dieser Aussage zu. In Deutschland waren sogar 80,6 % dieser Meinung. Im Vergleich zu der Altersgruppe der 30- bis 49-Jährigen (EU: 57,5 %; DE: 73,1 %) gehen ältere Berufstätige (50+ Jahre) somit eher davon aus, ihre Arbeit auch mit 60+ noch ausführen zu können (vgl. Abbildung 12). Ferner nimmt der Anteil derer, die eine Fortführung ihrer Arbeit mit 60 Jahren nicht wollen würden, mit dem Alter ebenfalls ab. Auch in Bezug auf diese Frage stimmen Höherqualifizierte und Angestellte eher zu als Geringqualifizierte und Arbeiter.

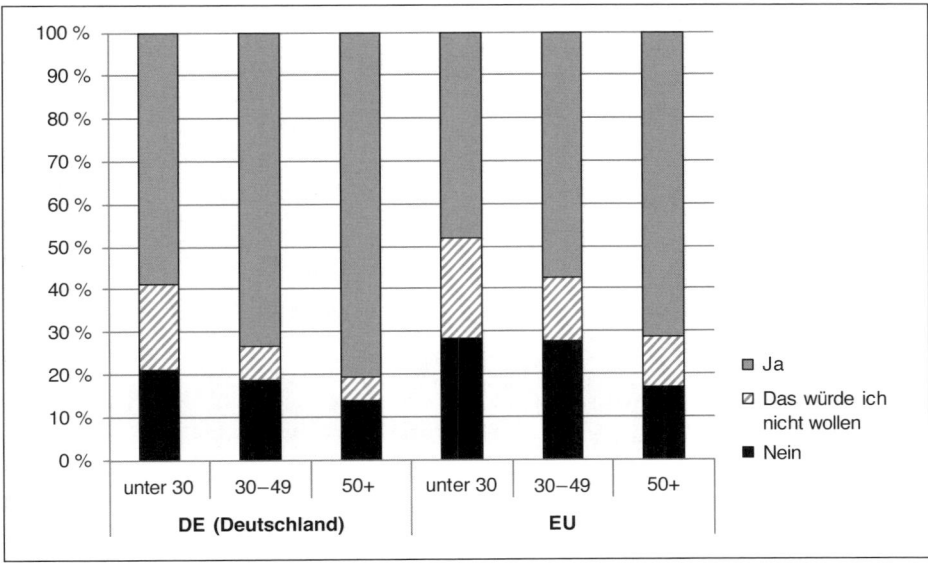

Abbildung 12: Prozentsatz der Antworten auf die Frage „Denken Sie, dass Sie Ihren derzeitigen Beruf auch noch mit 60 Jahren ausüben können?" nach verschiedenen Altersklassen in Deutschland und der EU (eigene Darstellung basierend auf Eurofound, 2010b)

Insgesamt zeigte sich in der Befragung, dass die gesundheitlichen Bedenken aufgrund der Arbeit mit dem Alter zunächst zunehmen, ihren Höhepunkt bei ca. 50 bis 54 Jahren erreichen und danach wieder leicht abfallen (Eurofound, 2012b, S. 57). Weitere Auswertungen im Rahmen dieser Studie machen deutlich, dass auch für diese Einschätzung die Tätigkeitsart und das Qualifikationsniveau sowie die Branche eine wichtige Rolle spielen. So sehen insbesondere geringqualifizierte Arbeiter in der Produktion, Handwerker und Techniker ihre Gesundheit gefährdet (Eurofound, 2012b).

4.3 Fehlzeiten und Krankenstand

Wird in den umfangreichen Befragungen und vorangegangenen Darstellungen eine Abnahme von Krankheitsrisiken, hervorgerufen durch die Reduktion arbeitsbedingter Belastungen bei der Altersgruppe 50+ von den Betroffenen berichtet (vgl. Tabellen 9 und 10), ergeben die Analysen der *Fehlzeiten* ein differenzierteres Bild. Die Dauer des Krankenstands scheint entscheidend vom Alter der Beschäftigten abzuhängen. So berichten die alljährlich veröffentlichten Statistiken und Reports der Krankenkassen (z. B. AOK; Meyer, Böttcher & Glushanok, 2015 oder DAK; IGES Institut, 2015) gleichgerichtet von einer Zunahme der Arbeitsunfähigkeitstage mit steigendem Alter. Diese Zunahme ist allerdings nicht durch die *Anzahl* der Arbeitsunfähigkeitsfälle (AU-Fälle), sondern durch die steigende Dauer der Arbeitsunfähigkeit begründet.

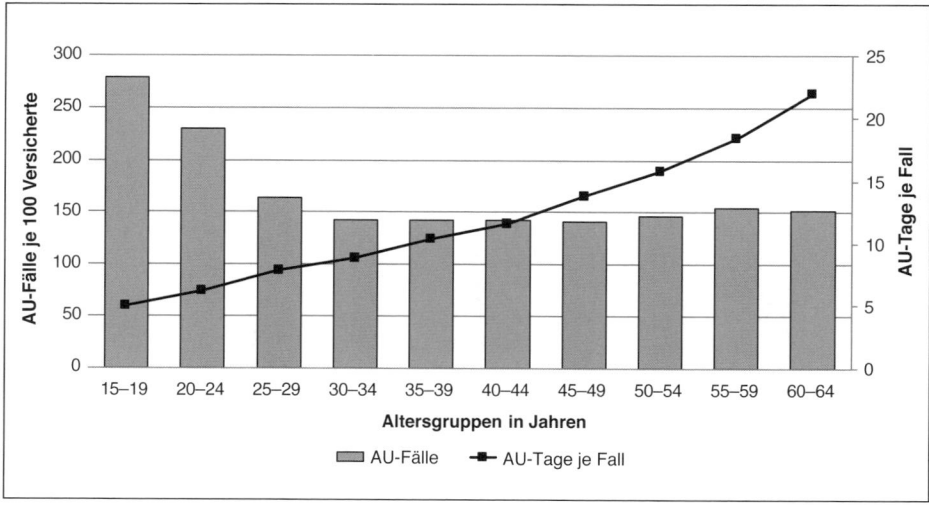

Abbildung 13: Anzahl der Arbeitsunfähigkeitstage der AOK-Mitglieder nach Altersgruppen je 100 Pflichtmitglieder (eigene Darstellung basierend auf dem Fehlzeiten-Report 2015: Meyer et al., 2015, S. 354)

Ab der Altersgruppe der 30- bis 34-Jährigen pendeln sich die AU-*Fälle* auf einem stabilen Niveau von ca. 140 bis 155 Fällen je 100 Versicherte ein. In den Altersgruppen der 50- bis 54- und 55- bis 59-Jährigen ist dabei ein leichter Anstieg festzustellen, der aber in der Gruppe der 60- bis 64-Jährigen wieder leicht rückläufig ist. Dagegen steigt die *Dauer* der Arbeitsunfähigkeitsfälle mit dem Alter kontinuierlich und deutlich an (vgl. Abbildung 13).

Interessant ist in diesem Zusammenhang der Vergleich der Fehlzeitenquoten der Bundesverwaltung mit denen anderer Verwaltungen und der Wirtschaft (vgl. Tabelle 11).

Tabelle 11: Fehlzeitenquoten im Vergleich (basierend auf Kretschmer, 2012)

Vergleich	Fehlzeitenquote (%)
AOK: öffentliche Verwaltung	5,50
AOK: Erwerbstätige gesamt	4,80
Bund (bereinigt)	6,01

Danach liegt der Bund 1,21 Prozentpunkte über dem Krankenstand aller erwerbstätigen AOK-Mitglieder. Dies ist insofern von Interesse, als der Durchschnitt der über 45-Jährigen im Bundesdienst mit fast 60 % laut Statistischem Bundesamt (Mikrozensus) deutlich höher liegt als in der deutschen Erwerbsbevölkerung (43,6 %). Inwieweit diese erhöhte Fehlzeitenquote wirklich alters- und gesundheitsbedingt ist oder durch angestellten- oder beamtenrechtliche Vertragsgestaltung beeinflusst ist, bleibt Spekulation.

Der Anstieg der Falldauer bei den Krankheitstagen Älterer wird z. T. auch als Folge chronischer Erkrankungen und mehrerer Erkrankungen gleichzeitig (Multimorbidität) gesehen. Der Anteil der *Multimorbidität* erhöht sich in der Altersgruppe der 50- bis 69-Jährigen immerhin auf 62 % (bei den 40- bis 54-Jährigen liegt er bei 40 %), so die Auswertung des Alterssurveys von Wurm und Tesch-Römer (2004). Der Kohortenvergleich zeigt aber auch, dass die Multimorbidität zwischen 1996 und 2002 bei den über 60-Jährigen signifikant zurückgegangen ist.

Der Einfluss der demografischen Entwicklung auf den Krankenstand wurde bisher noch gering bis moderat beurteilt (vgl. Busch, 2012). Im Zeitraum von 2007 bis 2010 konnte die Steigerung des Krankenstands nur zu gut 30 % durch die demografische Entwicklung erklärt werden. Das bedeutet, dass das Alter per se Krankheiten (und somit Fehltage) nur zu einem Teil bedingt.

Krankheitsarten

Analysiert man die Fehlzeitenquoten nach Krankheitsarten, so sind alterstypische Steigerungsraten bei muskuloskeletalen Erkrankungen oder Herz-Kreislauferkrankungen festzustellen. Bei den 60- bis 64-Jährigen gehen laut Fehlzeitenreport der AOK (vgl. Meyer et al., 2015) ca. 36% der Ausfalltage auf das Konto dieser beiden Erkrankungsarten. In der Altersgruppe 65+ gehören Krankheiten des Kreislaufsystems, Neubildungen (Krebs), Krankheiten des Muskel-Skelett-Systems und Krankheiten des Verdauungssystems zu den häufigsten Diagnosen (Statistisches Bundesamt, 2011).

In der 5. EWCS-Befragung (Eurofound, 2012b) zeigte sich für Erwerbstätige eine Zunahme von schlecht eingeschätzter Gesundheit, Rückenschmerzen und Schlafproblemen mit steigendem Alter (unabhängig vom Geschlecht). Der Höhepunkt scheint in der Altersgruppe 55 bis 60 Jahre erreicht zu sein, für die Gruppe der über 60-Jährigen fällt der Prozentsatz wieder ab (Eurofound, 2012b, S. 47).

Seit einer Reihe von Jahren nehmen *psychische Erkrankungen* (z. B. depressive Episoden, Anpassungsstörungen) kontinuierlich mit dem Alter zu, wie spezielle Auswertungen der Barmer GEK (vgl. Wieland, 2010), der European Agency for Safety and Health at Work (2005) oder aktuell des BKK Dachverbands (Kliner, Rennert & Richter, 2015) zeigen.

Der Sonderauswertung des BKK Dachverbandes zufolge machen psychische Erkrankungen (vgl. Infobox 6) einen Anteil von 15% aller AU-Tage aus, wobei psychische Erkrankungen mit ca. 40 AU-Tagen je Fall die längste Krankheitsdauer aufweisen (Kliner et al., 2015).

Infobox 6: Definition psychische Erkrankung/Störung

„Eine psychische Störung ist als Syndrom definiert, welches durch klinisch bedeutsame Störungen in den Kognitionen, der Emotionsregulation oder des Verhaltens einer Person charakterisiert ist. Diese Störungen sind Ausdruck von dysfunktionalen psychologischen, biologischen oder entwicklungsbezogenen Prozessen, die psychischen oder seelischen Funktionen zugrunde liegen. Psychische Störungen sind typischerweise verbunden mit bedeutsamen Leiden oder Behinderung hinsichtlich sozialer oder berufs-/ausbildungsbezogener und anderer wichtiger Aktivitäten." (APA/Falkai et al., 2015, S. 26).

Ein ursächlicher direkter Einfluss der Arbeit und ihrer Bedingungen auf eine psychische Störung oder Erkrankung ist nicht nachgewiesen. Vielmehr liegen Kombinationen und multifaktorielle Bedingungsgefüge vor (Maier & Hauth, 2015; Rau & Buyken, 2015).

Nach Altersgruppen aufgeteilt ist sowohl im Hinblick auf die Erkrankungsfälle als auch auf die -dauer ein kontinuierlicher Anstieg ab 30 Jahren bis zu einem Alter von 59 Jahren zu konstatieren. In der Altersgruppe ab 60 Jahre ist dann ein deutlicher Rückgang der AU-Fälle sowie eine Abnahme der Dauer zu verzeichnen (Kliner et al., 2015). Geschlechtsspezifische Auswertungen zeigen außerdem, dass psychische Erkrankungen bei Frauen in der älteren Kohorte deutlich häufiger auftreten als bei Männern.

In der öffentlichen Wahrnehmung und Diskussion tritt *Burnout* zunehmend in den Vordergrund. Obwohl Burnout (als allgemeines Erschöpfungssyndrom) *nicht* als psychische Erkrankung laut ICD-10 (International Classification of Diseases; WHO/Dilling et al., 2016) aufgeführt ist, können Ärzte Burnout jedoch als Zusatzinformation bei der Diagnosegruppe Z73 „Probleme mit Bezug auf Schwierigkeiten bei der Lebensbewältigung" angeben. Zwischen 2005 und 2014 haben sich die AU-Tage aufgrund dieser Diagnosegruppe je Tausend AOK-Mitglieder von 13,9 auf 100 Tage um das über 7-fache erhöht (vgl. Meyer et al., 2015, S. 388).

Vor allem Angehörige sog. „helfender Berufe" (z. B. therapeutischer, pflegender und erzieherischer Berufe) leiden unter Burnout. Frauen sind am häufigsten zwischen dem 60. und 64. Lebensjahr von Burnout betroffen, wobei sie aufgrund der Diagnose mehr als doppelt so lange krankgeschrieben sind als Männer (Meyer et al., 2015, S. 387). Weiterhin zeigt sich, dass mit zunehmendem Alter das Risiko einer Krankmeldung in diesen Berufen infolge eines Burnouts zunimmt.

4.4   Weitere gesundheitsrelevante Aspekte

4.4.1   Stressempfinden

Das Stressempfinden Älterer (als selbstberichtete negative Beanspruchungsfolgen) wird vor allem durch Faktoren wie hohe Wochenarbeitszeiten, Informationsvielfalt und -dichte, strikte Deadlines, häufige Konfrontation mit komplexeren Problemen und Zeitdruck beeinflusst (vgl. Stressreport; Lohmann-Haislah, 2012). Als ein zunehmendes Ressourcenproblem wird auch eine defizitäre Fokussierung der Aufmerksamkeit und das Abschirmen bzw. Filtern irrelevanter Informationen gesehen. Dies berichten Shultz, Wang, Crimmins und Fisher (2010) in einer europäischen Studie (Eurobarometer), durchgeführt in 15 Ländern mit ca. 16.000 Teilnehmern. Ein deutliches *Absinken* des empfundenen Stresses wird durch Autonomie, Flexibilität im Zeitplan oder Reduktion strikter Zeitvorgaben erreicht. Coping-Strategien zeigen gute Wirkung zur Abpufferung gegenüber Stressoren.

Im Wesentlichen bestätigen diese Befragungen die repräsentative Studie der European Foundation for the Improvement of Living and Working Conditions (Eurofound, 2008), wobei insbesondere hohe Arbeitsintensität, Zeitdruck und wenig Autonomie als Verursacher negativer Beanspruchungsfolgen wie Stress bei Älteren (55+ Jahre) festgestellt wurden.

In Bezug auf Probleme in der Vereinbarkeit von Arbeit und Privatleben als Stressfaktoren zeigte sich in der Befragung des Quality of Life Survey im europäischen

Durchschnitt insgesamt – nach einem leichten Anstieg in der Altersgruppe der 25- bis 34-Jährigen – eine Abnahme an wahrgenommenem Stress mit steigendem Alter (Eurofound, 2012c, vgl. Abbildung 14).

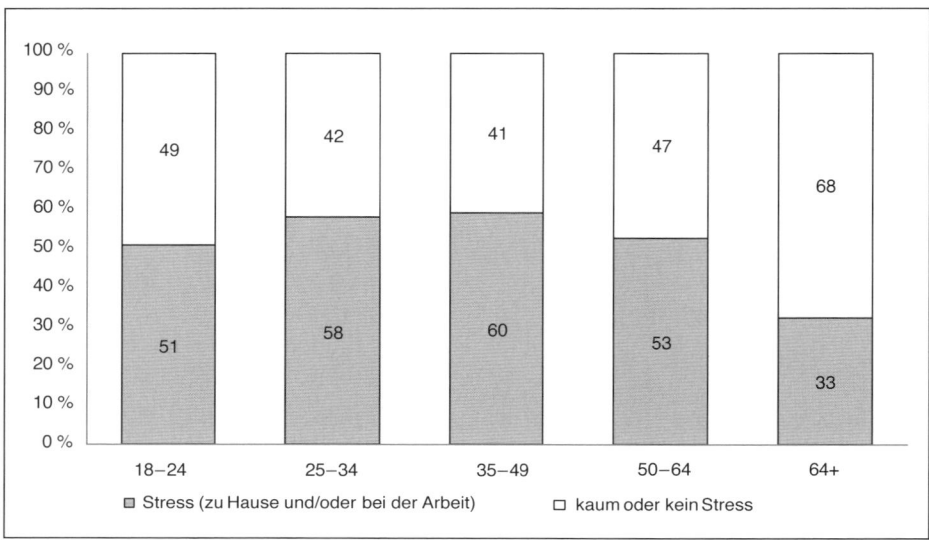

Abbildung 14: Stress aufgrund von Problemen mit der Vereinbarkeit von Arbeit und Privatleben (eigene Darstellung basierend auf Eurofound, 2012c)

Mit zunehmendem Alter (ab 50+ Jahren) ist davon auszugehen, dass das Thema der Harmonisierung von Arbeit und Privatleben im Gegensatz zur frühen Phase der „Rush-Hour des Lebens" für ältere Erwerbstätige eine geringere Rolle für ihr Wohlbefinden spielt.

4.4.2 Arbeitsunfälle

Häufig wird die Ansicht vertreten, dass Ältere ein erhöhtes Unfallrisiko aufweisen. Die analysierten Studien unterstützen diese Sichtweise teilweise: Crawford et al. (2010) fanden in ihrem systematischen Review heraus, dass männliche Arbeiter im Alter 50+ weniger Unfälle erlitten, jedoch aufgetretene Unfälle zu einem längeren Ausfall und häufiger zu Todesfolgen führten. Layne und Pollack (2004) kamen zu den gleichen Ergebnissen und fügen hinzu, dass Ältere vor allem Unfälle in Form von Stürzen erleiden. Dies zeigen auch statistische Auswertungen in anderen Ländern (vgl. bspw. Australian Bureau of Statistics, 2014). Nach einer Erhebung des Robert Koch-Instituts (2013) sind Stürze mit 53,7 % die häufigsten Unfälle älterer Menschen (ab 60 Jahre). Die Sturzinzidenz liegt im Schnitt bei älteren Menschen ab 65 Jahren bei ca. 30 %, bei 85-Jährigen bei 50 % (vgl. Becker & Nicolai, 2012). Zurückzuführen ist dies auf die bereits erwähnte reduzierte Integration motorischer und sensorischer Informationen bei der Bewegungsausführung (vgl. Kapitel 3.1).

Konstantinidis et al. (2011) zeigen auf, dass Ältere weniger, dafür aber gravierendere Unfälle erleiden. In diesem Zusammenhang muss auch bedacht werden, dass ältere Erwerbstätige oft weniger gefahrengeneigte Arbeitsplätze innehaben und daher das Unfallrisiko bereits von Vornherein gesenkt wird.

Arbeitswissenschaftler wie bspw. Ilmarinen (2000) führen an, dass Ältere vor allem dann einem höherem Verletzungsrisiko ausgesetzt sind, wenn sie Berufe ausüben, die hohe Anforderungen an die Informationsverarbeitungsgeschwindigkeit, die Reaktionsgeschwindigkeit sowie an flüssiges und schnelles Mehrfachhandeln stellen.

4.4.3 Beanspruchung durch Schichtarbeit

Schichtarbeit zählt wie auch die Abend-, Nacht- und Wochenendarbeit zu den sogenannten atypischen Arbeitszeitformen, deren Lage von der klassischen Normalarbeitszeit abweicht. Beschäftigte üben ihre Tätigkeit zu unterschiedlichen Zeiten innerhalb eines definierten Zeitraums, z. B. einer Woche oder eines Tages, an den gleichen Arbeitsstellen aus. Aufgrund arbeitswissenschaftlicher Untersuchungen ist seit Langem bekannt, dass diese Arbeitszeitformen ein gesundheitliches Risiko darstellen.

Epidemiologische Studien geben deutliche Hinweise auf eine Beteiligung von Schichtarbeit an der Entstehung von Schlafstörungen, Magen-Darm-Erkrankungen, metabolischem Syndrom oder Herz-Kreislauf-Erkrankungen (vgl. Szosland, 2010).

Ein umfassendes Review über die gesundheitsbeeinträchtigenden und fehlerproduzierenden Wirkungen von Nacht- und Schichtarbeit haben Härmä, Sallinen, Puttonen, Salminen & Hublin (2006) vom Finnish Institute of Occupational Health durchgeführt. Ergebnisse der Erwerbstätigenbefragung des Bundesinstituts für Berufsbildung und der Bundesanstalt für Arbeitsschutz und Arbeitsmedizin (2006) und Studien zu Effekten langer Arbeitszeiten (vgl. Rüters et al., 2008) sprechen deutlich dafür, dass arbeitsbedingte Beschwerden mit der Dauer der Tätigkeit und dem Alter zunehmen und die Nachtarbeit für Ältere eine besondere Beanspruchung darstellt. Ältere Schichtarbeiter haben gegenüber älteren Personen, die in Normalschicht tätig sind, eine höhere krankheitsbedingte Fehlzeitenrate (Cleveland & Lim, 2007). Ebenso benötigen Ältere in Abhängigkeit von der Dauer der Tätigkeit häufigere und längere Erholungszeiten und Pausen.

Nach Analysen aus dem Institut für Arbeitsmarkt- und Berufsforschung (IAB; vgl. Leser, Tisch und Tophoven, 2013) hat sich die Zahl der 50- bis 65-Jährigen in Wechselschicht (vgl. Infobox 7) zwischen 1998 und 2011 mehr als verdoppelt und zwar von 594.000 auf 1,29 Millionen Beschäftigte.

Infobox 7: Arbeit in Wechselschicht

Wechselschicht ist eine besondere Form der Schichtarbeit, in der die Arbeitszeit der Beschäftigten einem Mehrschicht-System folgt (Beispiel: Zweischicht-System: Frühschicht von 6–14 Uhr, Spätschicht von 14–22 Uhr). Auch Aufteilungen in Tag- und Nachtschicht sind üblich. Arbeiten in Wechselschicht finden sich häufig dort, wo eine fortlaufende Produktion gewährleistet werden soll. Wie beispielsweise in der Automobilindustrie, in der chemischen Industrie, in Elektrizitätswerken oder dort wo kontinuierlich eine Versorgung oder Bereitschaftsdienst notwendig sind (vgl. Beermann, 2005).

Nach den Ergebnissen einer Kohortenstudie zu Gesundheit und Älterwerden in der Arbeit (lidA – leben in der Arbeit; Schröder, Kersting, Gilberg & Steinwende, 2013) mit 5.373 sozialversicherungspflichtigen Teilnehmern der Geburtsjahrgänge 1959 und 1965 klagen die befragten Schichtdienstbeschäftigten häufiger über körperliche (Einfluss von Lärm, Kälte, Nässe oder Hitze/schweres Heben) und psychische Beanspruchungen (Arbeitsverdichtung, Verantwortung) als Normalarbeitszeitbeschäftigte. Außerdem erfahren im Schichtdienst Beschäftigte nach ihrer subjektiven Einschätzung weit weniger soziale Unterstützung und Anerkennung durch Vorgesetzte. Die Studienergebnisse zeigen nach Leser, Tisch und Tophoven (2013), dass Schichtdienstbeschäftigte im höheren Erwerbsalter einen schlechteren Gesundheitszustand aufweisen und häufiger unter Schlafstörungen leiden als gleichaltrige Beschäftigte in der Normalarbeitszeit. Hinzu kommt – so die Analysen des IAB – dass die Schichtarbeiter häufiger Übergewicht haben und sich seltener in der Freizeit bewegen. Möglicherweise fällt es in atypischen Arbeitszeiten Tätigen schwerer, sich ausgewogen zu ernähren oder sportlich aktiv zu sein.

In einer breit angelegten Studie mit 5.451 gewerblich tätigen Mitarbeitern (3.253 Wechselschicht; 2.198 Normalschicht) in einem Großunternehmen der chemischen Industrie (vgl. Oberlinner, Halbgewachs & Yong, 2016) zeigten Selbsteinschätzungen mit dem Work Ability Index (WAI) ein kontinuierliches Sinken des Arbeitsbewältigungsindexes mit dem Alter an. In der Altersgruppe der 25- bis 29-Jährigen gaben 91% in der Tagschichtgruppe bzw. 87,4% in der Wechselschichtgruppe einen „sehr guten" oder „guten" Wert an. In der Altersgruppe der über 50-Jährigen traf dies noch auf 48,7% (Tagschicht) bzw. 52,6% (Wechselschicht) der Mitarbeiter zu. Zwar wurde nach den Berechnungen der Autoren generell ein altersspezifisches Absinken der Indexwerte zur Arbeitsfähigkeit festgestellt, signifikante Unterschiede zwischen Normal- und Wechselschichtmitarbeitern wurden allerdings nicht gefunden. Als mögliche Erklärung wurde der „healthy shift worker effect" diskutiert, wonach über die Beschäftigungszeit hinweg diejenigen Mitarbeiter, die gesundheitliche Einschränkungen hatten, aus dem Schichtdienst in die reine Tagarbeit wechselten. Um die Arbeitsfähigkeit älter werdender Mitarbeiter über die Zeit zu erhalten, empfehlen die Autoren eine konsequente betriebliche Gesundheitsförderung, intensive arbeitsmedizinische Betreuung der Schichtarbeiter und entsprechend gestaltete Schichtsysteme und Arbeitsbedingungen.

Die umfangreichen Studien von Knauth (2007) belegen, dass ergonomisch gestaltete Schichtsysteme zu einem höheren Wohlbefinden in der Arbeit und einem weniger beeinträchtigten Sozial- und Familienleben beitragen. Mit zunehmendem Alter der Belegschaft sind belastungsbezogene Differenzierungen, individuelle Beanspruchungssteuerung und eine Lebensphasenorientierung von besonderer Bedeutung bei der Schichtplangestaltung (vgl. auch Kapitel 7.3).

Die Analysen des EWCS scheinen den Umsetzungserfolg solcher Gestaltungsprinzipien widerzuspiegeln. Mit zunehmendem Alter zeigt sich auf europäischer Ebene eine Abnahme der Prävalenzrate von Schicht- und Nachtarbeit – ausgenommen Nachtarbeit von Frauen (Eurofound, 2012b; vgl. Abbildung 15).

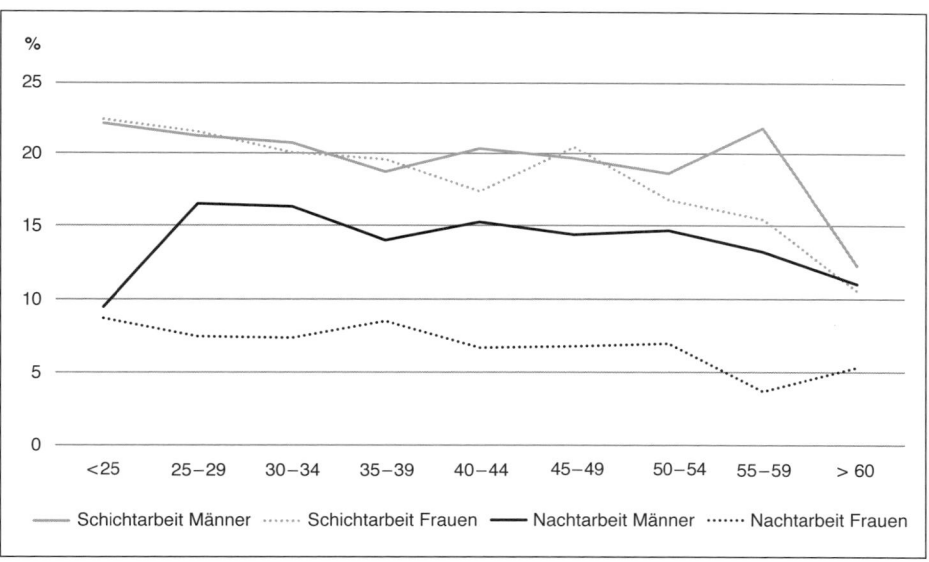

Abbildung 15: Prävalenz (in Prozent) von Schicht- und Nachtarbeit nach Altersgruppen und Geschlecht (eigene Darstellung basierend auf Eurofound, 2012b, S. 27)

Verantwortlich hierfür kann die mit dem Alter sinkende Toleranz für Nachtarbeit sein, die z. B. Schlafstörungen, Müdigkeit, Gesundheitsbeschwerden zur Folge haben kann und dazu führt, dass ältere Arbeitnehmer versuchen, in andere Arbeitszeitmodelle umzusteigen. In manchen Ländern und (Tarif-)vertraglichen Vereinbarungen führt Nachtarbeit auch zu dem Recht auf früheren Eintritt in die Nacherwerbsphase.

Fazit

Die Gesundheit der Erwerbstätigen ist elementare Voraussetzung für eine verlängerte Lebensarbeitszeit. Insgesamt kann festgestellt werden, dass die Befundlage *kein* einheitliches Bild abgibt. Sicher ist nur, dass ontogenetisch die physiologischen und psychologischen Grundfunktionen sowie das individuelle Gesundheitsverhalten ebenso den jeweils aktuellen Gesundheitszustand beeinflussen wie die Bedingungen und Gestaltung der Arbeit und des Privatlebens.

Krankheitsrisiken durch Arbeitsbedingungen und Arbeitsorganisation scheinen in der Altersgruppe 55+ *generell abzunehmen*. Dennoch werden eine Reihe von Symptomen genannt, die das Gesundheitsempfinden beeinflussen, wie bspw. Rückenschmerzen, Muskelprobleme, Müdigkeit, Stress, Kopfschmerzen und Schlafprobleme. Andere Analysen berichten von gesundheitlichen Restriktionen, die Aktivitäten und Leistungsvermögen beeinträchtigen.

Verfolgt man die jährlichen Reports der Krankenkassen, so ist eine Tendenz bei den Arbeitsunfähigkeitstagen erkennbar: Ältere Mitarbeiter sind zwar seltener als jüngere Beschäftigte, aber dafür länger krank. Alterstypische Steigerungsraten sind etwa bei Muskel-Skelett-Erkrankungen oder Herz-Kreislauferkrankungen festzustellen.

Seit einer Reihe von Jahren nehmen psychische Erkrankungen (Depressionen, Anpassungsstörungen) kontinuierlich mit dem Alter zu. Diese Entwicklung muss bedenklich stimmen. In welchem Ausmaß dies auf Einflussfaktoren der Arbeit zurückzuführen ist, ist noch weitgehend unerforscht. Allenfalls lassen sich Vermutungen aufstellen, dass die Zunahme psychischer Belastungen am Arbeitsplatz in Verbindung mit einer Disposition für bestimmte klinische Störungsbilder oder Erkrankungen verantwortlich sein könnte (Rau & Buyken, 2015). Umso dringender ist der Einsatz verfeinerter Analyseinstrumente zur *objektiven* Erfassung psychischer Belastungen am Arbeitsplatz erforderlich, um gezielt im Sinne eines präventiven Vorgehens gesunderhaltende Arbeitsbedingungen für (ältere) Mitarbeiter zu identifizieren und negative Beanspruchungsfolgen zu vermeiden.

Eine wichtige Ressource zur Belastungsbewältigung und Gesundheitsprävention für ältere Erwerbstätige stellt das individuelle *Gesundheitsverhalten* dar. Auswertungen der zweiten Welle des Alterssurvey (Wurm, 2004) und die Expertise des Robert Koch-Instituts zum zweiten Armuts- und Reichtumsbericht der Bundesregierung (vgl. Lampert & Ziese, 2005) weisen beim Gesundheitsverhalten auf die Bedeutung von Einkommen und Bildung hin: Personen aus unteren Sozialschichten treiben weniger Sport, rauchen mehr, haben einen höheren Alkoholkonsum und sind häufiger übergewichtig. Im Gegensatz dazu berichten Personen, die körperlich und sozial im Alter aktiv sind, auch bei den 65-Jährigen und Älteren eine subjektiv als gut oder sogar sehr gut empfundene Gesundheit (Kiefer & Briner, 1998; Kiyonaga, 2004).

5 Voraussetzungen und Motive für eine längere Erwerbstätigkeit

Menschen haben unterschiedliche Motive und Ziele für ihr Tun und Handeln – das gilt auch für den Arbeitskontext. Mit Blick auf die relativ hohe Zahl an Frühverrentungen in Deutschland in den letzten Jahr(zehnt)en könnte vermutet werden, Ältere würden gerne weniger arbeiten bzw. früher aus dem Erwerbsleben aussteigen. Entgegen dieser Annahme zeigten die Ergebnisse der dritten Erhebungswelle des European Quality of Life Survey (Eurofound, 2012d) jedoch, dass mit dem Alter (bis zu 64 Jahren) der Prozentsatz derer sinkt, die angeben, weniger arbeiten zu wollen, wohingegen der Wunsch, gleich viel zu arbeiten zunimmt. Erst ab einem Alter von 64 Jahren steigt der Prozentsatz derer, die gerne weniger arbeiten würden, leicht an (vgl. Abbildung 16).

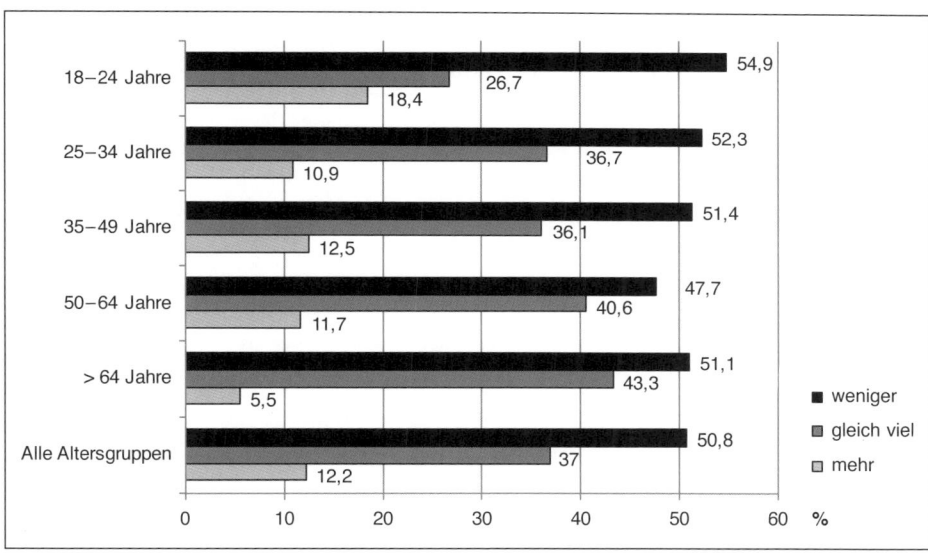

Abbildung 16: Wunsch, mehr oder weniger zu arbeiten (in Prozent) nach verschiedenen Altersklassen in Deutschland (eigene Darstellung basierend auf Eurofound, 2012d)

Bei der Frage nach dem Wunsch weniger zu arbeiten, dürfen die Art der Tätigkeit und das Qualifikationsniveau nicht außer Acht gelassen werden. Wie weitere Detailauswertungen dieser Studie zeigen, nimmt der Wunsch nach weniger Arbeit zwischen der Altersgruppe der 50- bis 54-Jährigen und der Altersgruppe der 55- bis 59-Jährigen am deutlichsten bei geringqualifizierten Mitarbeitern zu. Im Gegensatz dazu gaben in der Gruppe der Manager und Professionals weniger ältere Befragte an, weniger arbeiten zu wollen, als in der jüngeren Gruppe. Im

Bereich Service nimmt das Bedürfnis, weniger zu arbeiten, mit dem Alter ebenfalls ab (Eurofound, 2012b, S. 60).

Eine aktuelle Studie im Rahmen des internationalen längsschnittlichen „Survey of Health, Ageing and Retirement in Europe" (SHARE) zeigte außerdem den Einfluss der Arbeitsbedingungen auf den Wunsch, so früh wie möglich in Rente zu gehen (Dal Bianco, Trevisan & Weber, 2015). Insbesondere erhöhte körperliche Anforderungen, arbeitsbezogener Stress, geringe Weiterentwicklung von Fähigkeiten und mangelnde Anerkennung beeinflussten den Wunsch nach frühzeitigem Renteneintritt.

5.1 Erwerbstätigkeit Älterer

Diese Entwicklung spiegelt sich auch in den Erwerbstätigenquoten der letzten Jahre wider. Der wachsende Anteil Älterer in der Bevölkerung hat Konsequenzen für den Arbeitsmarkt. Der Anteil der Organisationen, die ältere Mitarbeiter (über 50-Jährige) beschäftigen, hat von 59 % im Jahre 2002 auf etwa 75 % im Jahre 2011 zugenommen (vgl. Leber, Stegmaier & Tisch, 2013).

2012 waren in Deutschland ca. 74 % der 55- bis 60-Jährigen und ca. 46 % der 60- bis 65-Jährigen erwerbstätig (Statistisches Bundesamt, 2013). Der Anteil der erwerbstätigen Bevölkerung über 65 Jahren ist mit ca. 5 % deutlich geringer, aber

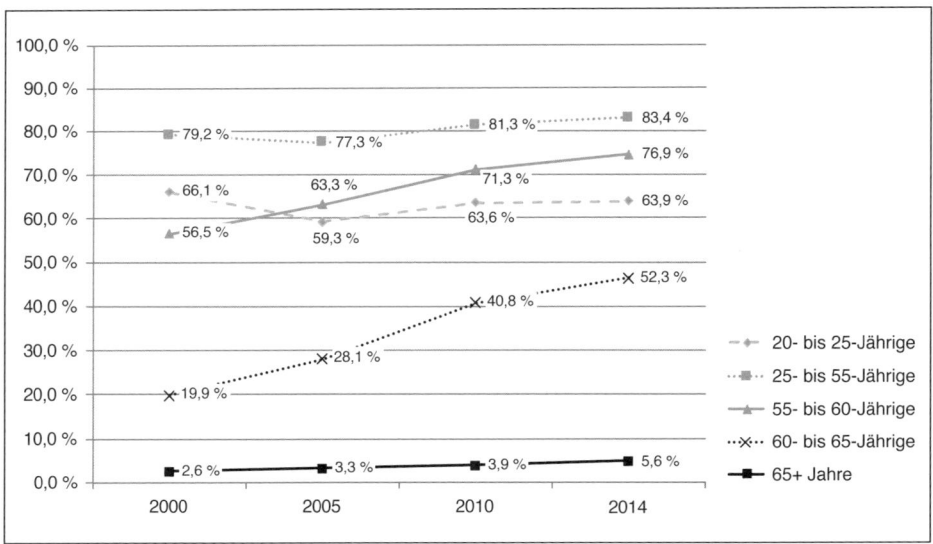

Abbildung 17: Entwicklung der Erwerbstätigenquoten nach Altersgruppen in Deutschland (eigene Darstellung basierend auf Statistisches Bundesamt, 2015c, S. 353)

mit steigender Tendenz; 2010 betrug der Anteil in dieser Altersgruppe noch lediglich 3,9 % (Statistisches Bundesamt, 2013; vgl. Abbildung 17).

Sowohl die aktuellen Daten des Statistischen Bundesamtes (2015c, S. 353) als auch von Eurostat (2016) zeigen für 2014 und 2015 einen weiteren deutlichen Anstieg der Erwerbstätigenquote in den Altersgruppen 60–65 und 65+.

Dabei unterscheiden sich die Arten der Beschäftigungsverhältnisse älterer Erwerbstätiger kaum von der Gesamtheit der Erwerbstätigen: Die Mehrheit steht in einem Angestelltenverhältnis (85 %), wobei Personen dieser Altersgruppe etwas häufiger selbstständig tätig sind (Statistisches Bundesamt, 2011). Auch die Zahl der Teilzeitbeschäftigungen (28 %) liegt nur geringfügig über dem Durchschnitt (26 %). In der Gruppe der Erwerbstätigen ab 65 Jahren ändert sich dies: Sie sind deutlich häufiger geringfügig oder kurzfristig beschäftigt bzw. in Teilzeit tätig. Auffällig ist außerdem, dass ein großer Prozentsatz dieser Altersgruppe selbstständig tätig ist. Abbildung 18 zeigt eine Übersicht über die verschiedenen Beschäftigungsverhältnisse nach Altersklassen.

Verantwortlich für den Anstieg im Anteil der selbstständigen Tätigkeit dürften einerseits Veränderungen der gesetzlichen Rahmenbedingungen, die Frühverrentungen betreffen, aber auch das kontinuierlich gestiegene Bildungsniveau der Altersgruppe, das häufig mit einer längeren Teilnahme am Erwerbsleben einhergeht, sein. Höherqualifizierte Ältere sind demnach deutlich häufiger beschäftigt als ge-

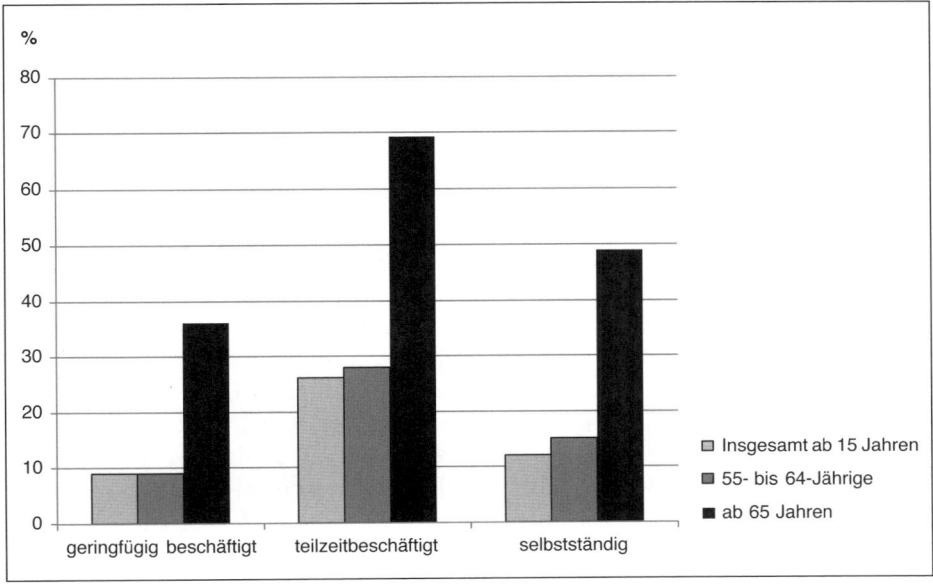

Abbildung 18: Ausgewählte Beschäftigungsverhältnisse von Erwerbstätigen 2009 in Prozent (eigene Darstellung basierend auf Statistisches Bundesamt, 2011)

ringer qualifizierte (Mümken & Brussig, 2012). Dies kann nicht nur auf eine weniger ausgeprägte Erwerbsorientierung der geringer Qualifizierten zurückzuführen sein, sondern ist auch bedingt durch schlechtere Beschäftigungschancen und
ggf. frühzeitige Einschränkungen der Arbeitsfähigkeit aufgrund hoher (körperlicher) Beanspruchungen (vgl. Hagen, Himmelreicher & Kemptner, 2011; Trischler & Kistler, 2010). Auch im Bereich der geringer Qualifizierten hat der Trend
zur Weiterarbeit jedoch zugenommen, wobei das Motiv hierfür meist im finanziellen Zuverdienst durch die Tätigkeit liegt (Sattler, 2015). Obwohl in Deutschland Frauen zwischen 55 und 64 Jahren noch immer seltener erwerbstätig sind
als Männer, hat sich auch der Frauenanteil in den letzten Jahren nennenswert erhöht. 2009 waren 46 % der 55- bis 64-jährigen Frauen erwerbstätig (2000: 29 %),
bei den Männern 64 % (2000: 46 %) (Statistisches Bundesamt, 2011).

Erwerbslosigkeit und Neueinstellungen Älterer

Zu den Hauptgründen für die Beendigung der letzten Erwerbstätigkeit bei 55- bis
64-Jährigen zählen Entlassungen, Ruhestand (aus gesundheitlichen Gründen oder
Altersgründen), vorzeitiger Ruhestand, Betreuung und Pflege oder sonstige Verpflichtungen sowie Auslaufen eines befristeten Vertrages (Statistisches Bundesamt,
2011). Nicht immer erfolgt der Austritt aus dem Erwerbsleben dabei freiwillig.

Dies zeigt sich auch in der Zahl nicht erwerbsaktiver Rentenempfänger, die gerne
noch erwerbstätig geblieben wären (Eurostat, 2014b). Innerhalb der verschiedenen europäischen Mitgliedsstaaten (+ Schweiz, Island und Norwegen) variieren
die Zahlen teilweise stark. Spitzenreiter sind hier Rentenempfänger zwischen 50
und 69 Jahren in Portugal (58,7 %), Estland (55 %) und Island (46,2 %). Deutschland liegt mit 23,8 % im Mittelfeld, der EU-Durchschnitt (28 Länder) bei 28 %.
Die geringsten Anteile an Rentenempfängern, die gerne noch erwerbstätig geblieben wären, haben Länder wie Polen (7,4 %), Slowenien (9,2 %) und Norwegen (9,7 %).

Der Anteil der Erwerbslosen in der Altersgruppe der 55- bis 64-Jährigen liegt
zwar nicht deutlich über dem anderer Altersgruppen, jedoch scheint es für ältere
Personen schwieriger zu sein, eine neue Beschäftigung zu finden als für jüngere
(Statistisches Bundesamt, 2011). Neueinstellungen sind mit zunehmendem Alter
immer seltener, insbesondere bei Personen mit geringerer Qualifikation (Brussig, 2011). Der wichtigste Grund für diese Altersselektivität wird darin gesehen,
dass in vielen Organisationen eine wenig auf den demografischen Wandel ange-
passte Personalpolitik vorherrscht, die ältere Bewerber bei der Rekrutierung
kaum berücksichtigt. Um das Potenzial zur Ausweitung der Lebensarbeitszeit
und des Arbeitskräftepotenzials zu nutzen, müssen sich Betriebe aktiv durch Arbeitsplatzgestaltung, Rekrutierung und Weiterbildung auf die Alterung ihres Be-
triebs und ihrer Mitarbeiter einstellen (Brussig, 2011). Konkrete Maßnahmen
und Handlungsempfehlungen hierzu finden sich in Kapitel 7 dieses Buches.

Eine weitere Ursache könnte aber auch im Umgang mit älteren Arbeitslosengeld II-Empfängern liegen. Brussig und Knuth (2010) untersuchten die Aktivierung älterer Arbeitsloser (ab 50 Jahren) durch Mitarbeiter der Agentur für Arbeit in den Jobcentern. Den Ergebnissen zufolge erlebten ältere Erwerbslose deutlich weniger Aktivierung (z. B. Beratungsgespräche, Eingliederungsvereinbarungen, Jobangebote) und diese ging seltener mit der Aufnahme einer Beschäftigung einher als bei jüngeren.

5.2 Motivlage für die Weiterbeschäftigung

Mit dem Alter verändern sich arbeitsbezogene Einstellungen und Quellen der Arbeitsmotivation. Kanfer und Ackerman (2004) arbeiteten heraus, dass ältere Arbeitnehmer vor allem durch eine positive Grundstimmung, ein positives Selbstkonzept und Identitätsbildung motiviert werden. Ältere erleben berufliche Tätigkeit dann als motivierend, wenn Sie ihr Wissen und ihre Erfahrung einsetzen und mit anderen teilen können.

In ihrem Literaturreview betrachten Thrasher, Zabel, Wynne und Baltes (2016) die Entwicklung dreier zentraler Motive über die Lebensspanne: Weiterentwicklung/Wachstum, soziale Motive (Wunsch nach Interaktion und Anerkennung) und Sicherheit (Einkommen, Autonomie, sicherer Arbeitsplatz, Ausgleich). Ältere sind demnach eher motiviert für Organisationen oder in Berufen zu arbeiten, die ihre Bedürfnisse nach Autonomie und Leistung befriedigen.

Was sind die handlungsleitenden Motive für den Wunsch länger erwerbstätig zu sein? Auf der Basis einer Befragung des Bundesinstituts für Bevölkerungsforschung bei 1.500 Personen im Alter von 55 bis 64 Jahren zeigten Büsch, Dittrich und Lieberum (2010), dass der Weiterbeschäftigungswunsch bei Älteren wesentlich bestimmt wird durch *Arbeitsmotivation* und selbstempfundene *Leistungsfähigkeit*. Wichtige Einflussfaktoren auf die Arbeitsmotivation dieser Altersgruppe sind vor allem Autonomie, Arbeitsklima, Anerkennung, Wertschätzung und Spaß bei der Arbeit. Eine besondere Bedeutung kommt dabei der *Sinnhaftigkeit* der Tätigkeit zu, die sie gerade ausführen.

Die Ergebnisse einer, im Auftrag der Bertelsmann Stiftung durchgeführten, repräsentativen Umfrage unter 1.001 Erwerbstätigen im Alter von 35 bis 55 Jahren nennen eine Reihe konkreter Motive und Voraussetzungen für die Weiterbeschäftigung (vgl. Prager & Schleiter, 2006). Eine Mehrheit der Befragten (61 %) war der Meinung, jeder Einzelne solle seinen persönlichen Renteneintritt (im Alter zwischen 60 und 67 Jahren) frei wählen können. Fast 80 % möchten bis zum Renteneintrittsalter beruflich aktiv bleiben. Als Voraussetzungen und konkrete Bedingungen um bis zum 65. Lebensjahr arbeiten zu können, nennen 75 % der Befragten bessere Möglichkeiten zur Vereinbarkeit von beruflichen und privaten

Verpflichtungen. 70 % wünschen sich mehr Anerkennung ihrer Arbeitsleistung. Ebenfalls 70 % ist die Möglichkeit zur Reduzierung der wöchentlichen Arbeitszeit ab einem bestimmten Lebensalter wichtig. Als Gründe für eine Weiterarbeit im Ruhestandsalter nannten 81 % der Befragten den Kontakt mit anderen Menschen. Geistige Anregungen durch die Tätigkeit sind für 74 % der Befragten eine Motivation zur Weiterarbeit und je 71 % empfinden die Weiterarbeit als Möglichkeit, etwas Sinnvolles oder Nützliches aus ihrer Zeit zu machen bzw. sehen die Notwendigkeit, auch in der Nacherwerbsphase etwas dazu zu verdienen.

Bemerkenswert an dieser Studie ist die *hohe Motivation* und *Eigenverantwortung* der Beschäftigten bei der Sicherung der Arbeitsfähigkeit für die längere Erwerbsarbeit. Fast alle Befragten (94 %) sehen vor allem sich selbst in der Verantwortung, wenn es um den Erhalt der eigenen Beschäftigungsfähigkeit geht, an zweiter und dritter Stelle wurden der Vorgesetzte (67 %) und die Unternehmensleitung (62 %) genannt (Prager & Schleiter, 2006, S. 11). Dabei sind die Befragten insbesondere in hohem Maße bereit, sich kontinuierlich weiterzubilden, mehr für ihre körperliche und geistige Fitness zu tun und in anderen Abteilungen des Unternehmens zu arbeiten (vgl. Abbildung 19).

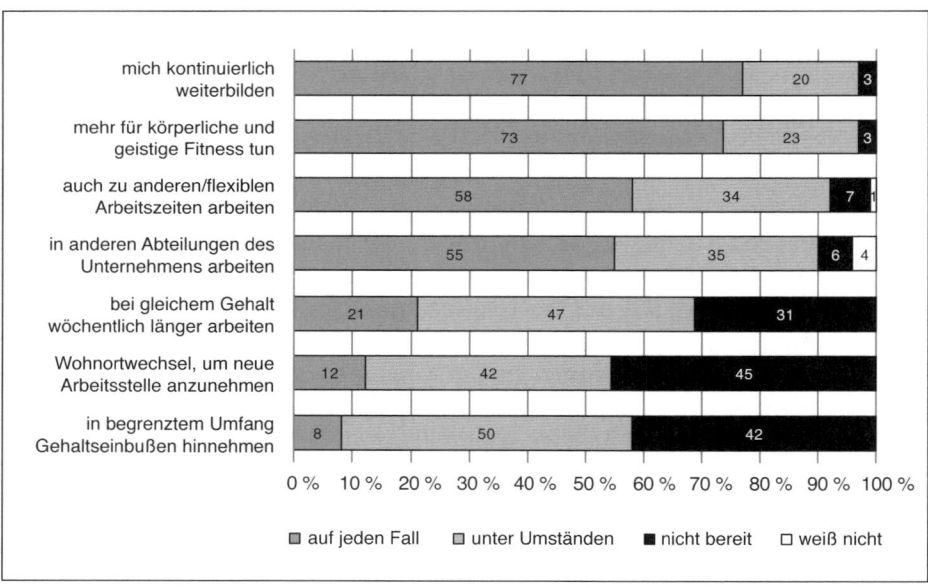

Abbildung 19: Persönliche Bereitschaft zur Sicherung der eigenen Beschäftigungsfähigkeit (eigene Darstellung basierend auf Prager & Schleiter, 2006, S. 12)

All dies ist aus Sicht der Befragten aber nur dann möglich, wenn die notwendige Unterstützung durch den Arbeitgeber und Vorgesetzten erfolgt: Dies beinhaltet vonseiten des Arbeitgebers u. a. herausfordernde und anspruchsvolle Aufgaben anzubieten, eine umfassende Informationspolitik zu betreiben, persönliche Beratung durch den Vorgesetzten zu ermöglichen, Freistellungen für Weiterbildungen sowie flexible Arbeitszeitgestaltung anzubieten. Des Weiteren soll das betriebliche Gesundheitsmanagement durch geeignete Maßnahmen den Erhalt der Gesundheit mit fördern (Prager & Schleiter, S. 13).

Im Rahmen einer kanadischen Studie wurden 402 Manager (50+ Jahre) nach den Voraussetzungen weiterzuarbeiten oder in den Ruhestand zu gehen, befragt (vgl. Saba & Guerin, 2005). Als Erwartungen an eine Weiterarbeit werden (nach Wichtigkeit) genannt: angenehme Arbeitsatmosphäre, das Gefühl, gebraucht zu werden, die Vereinbarkeit von Arbeit und Privatleben, Selbstverwirklichung, klare Vision, Anerkennung der Anstrengungen, soziale Kontakte, herausfordernde Aufgaben. Wenn diese Erwartungen nicht erfüllt werden, steigt die Wahrscheinlichkeit für den Wunsch nach frühzeitigem Renteneintritt.

Einem vorzeitigem Eintritt in die Nacherwerbsphase steht nach dieser Studie entgegen, wenn in der aktuellen Tätigkeit neue Kompetenzen erlernt werden können, ein Wissenstransfer möglich ist und wenn Zufriedenheit mit interpersonellen Beziehungen und sozialen Kontakten besteht. Vorzeitiger Renteneintritt wird vor allem dann angestrebt, wenn Familie und Arbeit schwer vereinbar sind, die Arbeitsbelastung zu stark ist und Unzufriedenheit mit der Arbeitsumgebung besteht. Auf individueller Ebene bestimmen Faktoren wie die eigene Gesundheit, die zugeschriebene Wichtigkeit der Arbeit, die Höhe der Rentenzahlung und das Renteneintrittsalter des Ehepartners den Wunsch nach Rente bzw. Weiterarbeit.

Kooij, De Lange, Jansen und Dikkers (2008) beleuchteten in einem Literatur-Review außerdem den Einfluss verschiedener Alterskonzepte (z. B. chronologisches Alter, organisationales Alter, funktionales Alter) auf die Motivation älterer Mitarbeiter zur Weiterarbeit. Anhand der Studien identifizierten sie sechs Faktoren, die die Motivation weiterzuarbeiten negativ beeinflussen: chronologisches Alter, gesundheitliche Einbußen, (negative) subjektive Wahrnehmung des eigenen Alters, soziale Wahrnehmung (z. B. Altersnormen, Stereotype), Überalterung der Fähigkeiten, Lebens- und Familienstatus.

Bei der Betrachtung der Beschäftigungsfähigkeit *(Employability)* älterer Mitarbeiter werden meist persönliche Eigenschaften und Fähigkeiten der Arbeitnehmer betrachtet, die die Arbeitsfähigkeit bzw. den Verbleib im Erwerbsleben beeinflussen, wobei andere Faktoren wie z. B. Organisationsattribute (z. B. Betriebsgröße, Branche) außer Acht gelassen werden. In ihrer Studie untersuchte Tisch (2015) daher anhand längsschnittlicher Daten des Instituts für Arbeitsmarkt- und Berufsforschung, welche organisationalen Faktoren Einfluss auf die Beschäftigungsfähigkeit – operationalisiert durch den Verbleib Älterer (55+ Jahre) in ihrem Beruf – hatten. In dem Befragungszeitraum von 10 Jahren schieden vor allem im Landwirtschafts- und Produktionssektor im Vergleich zu den Bereichen Service,

Handel und Finanzen ältere Mitarbeiter aus. Dieser Effekt kann auf den relativ hohen Anteil körperlicher Tätigkeit zurückgeführt werden. Weiterhin scheint auch die Betriebsgröße eine Rolle für ein früheres Ausscheiden aus dem Betrieb zu spielen – zumindest für das männliche Geschlecht. Männer in kleinen Firmen weisen eine längere Beschäftigungsfähigkeit auf als Männer in mittleren oder großen Unternehmen. Dies kann in besonders attraktiven Angeboten zum frühen Berufsausstieg großer Firmen begründet sein oder aber darin, dass dort eher eine Personalpolitik betrieben wird, die jüngere Mitarbeiter bevorzugt.

5.3 Lebenssituation, Alltagsgestaltung und berufliche Aktivitäten im Ruhestand

Um verlässliche Aussagen über Leistungsfähigkeit, Potenziale und Motive älterer Beschäftigter (65+ Jahre) für eine längere Erwerbsarbeit treffen zu können, sind auch die Aktivitäten von Personen, die sich bereits in der *Nacherwerbsphase* befinden, hinsichtlich ihrer Alltagsgestaltung von Interesse. Immerhin kann durch die steigende Lebenserwartung mit 20 bis 25 Jahren Ruhestand gerechnet werden; ca. einem Viertel der Lebenszeit. Die Frage nach einer sinnvollen und erfüllenden Gestaltung der nachberuflichen Lebensphase stellt sich demzufolge zwangsläufig für jeden Einzelnen (vgl. auch Kapitel 8).

So verwundert es nicht, dass bei einer Online-Befragung von 556 Personen im Auftrag des Bundesministerium für Familie, Senioren, Frauen und Jugend (BMFSFJ, 2011) durch die Roland Berger Strategy Consultants bei 61 % der befragten Rentner ein starker Wunsch nach *aktiver Gestaltung* besteht, allerdings dies erst von gut der Hälfte praktiziert wird: mehrheitlich im bürgerschaftlichen Engagement, in geringerem Maß in der Erwerbstätigkeit. Als gemeinsame Motive für die aktive Gestaltung des Ruhestands werden genannt: sich einzubringen, etwas zu tun zu haben, das Spaß macht und der Kontakt zu anderen Menschen.

Auch eine explorative Studie von Deller und Maxin (2009) bestätigt weitgehend die genannten Motive. Für eine verlängerte Erwerbsarbeit spielt, insbesondere bei geringeren Rentenzahlungen, auch das finanzielle Motiv im Sinne eines Zuverdienstes eine nicht unwesentliche Rolle. Dieses Ergebnis korrespondiert mit einer Analyse von Experten des Instituts für Arbeitsmarkt- und Berufsforschung (vgl. Hochfellner & Burkert, 2013), wonach berufliche Aktivitäten im Ruhestand hauptsächlich von Altersrentnern zwischen 60 und 67 Jahren unternommen werden, die einen Zuverdienst zur Rente benötigen (genannt werden 20 % von 25.304 Personen, die 2007 eine Altersrente bezogen).

Als *hemmend* für eine weitere Erwerbstätigkeit im Ruhestand werden in der Studie mangelnde qualifizierte Angebote seitens des Unternehmens, wenig flexible Arbeitszeitmodelle und eine insgesamt defizitäre Informationspolitik genannt.

Allgemein wird darauf hingewiesen, dass durch negative Altersbilder und Vorurteile gegenüber älteren Erwerbstätigen (vgl. Abschnitt 7.2.1) sowie die bis heute praktizierte Möglichkeit des vorgezogenen Ruhestands das Verhalten von Arbeitgebern noch sehr beeinflusst ist.

In einer Studie über die Motive zur Weiterarbeit im Ruhestand befragten Deller und Wöhrmann (2012) 146 aktive Ruheständler (60 bis 85 Jahre) zu ihren ehrenamtlichen oder entgeltlichen Tätigkeiten. Für den Großteil der Befragten war die Weiterarbeit im Ruhestand nicht aus finanziellen Gründen notwendig. Als entscheidenden Faktor und wichtigen Vorteil, der den Unterschied zwischen früherer Arbeit und aktueller Tätigkeit ausmacht, wurde am häufigsten die *größere Freiheit* und *freie Zeiteinteilung* genannt. Ferner zeigte sich, dass die Anforderungen der sog. „Silver-Work"-Aufgaben von den Befragten als geringer eingeschätzt wurden als frühere Tätigkeiten und sie sich tendenziell höhere Arbeitsanforderungen wünschten. Als weiteren Kritikpunkt brachten die befragten älteren Beschäftigten ein, dass ihre neue Tätigkeit häufig mit weniger Kontakt zu Kollegen verbunden sei, den sie nun vermissten. Als Gründe für die Weiterarbeit im Ruhestand nannten die Studienteilnehmer vor allem den Wunsch nach aktiver Beschäftigung sowie Interesse an der Arbeit, aber auch Weiterbildung, Erhalt der mentalen und physischen Fitness, Wissensweitergabe, Wertschätzung und soziale Kontakte (Deller & Wöhrmann, 2012).

Auch das Erleben des Alterns beeinflusst die Entscheidung, nach dem Ruhestand weiterzuarbeiten. Erkenntnisse des Deutschen Alterssurveys (DEAS) zeigen, dass Ruheständler, die das Älterwerden als sozialen Verlust oder persönliche Weiterentwicklung sehen, 10 Jahre nach der Verrentung eher arbeiteten als solche, die das Älterwerden als Zunahme von Selbsterkenntnis empfinden (Fasbender, Deller, Wang & Wiernik, 2014). Die Autoren begründen diese Erkenntnisse durch Alternserfahrungen und damit einhergehende Annäherungs- und Vermeidungsmechanismen. So kann die Weiterarbeit im Ruhestand das Erleben des Alterns als „sozialer Verlust" durch die Aufrechterhaltung sozialer Kontakte im Arbeitsleben und damit einhergehender sozialer Unterstützung abfedern. Wird das Altern hingegen als persönliche Weiterentwicklung gesehen, spielt eher der Aspekt der zukünftigen Aneignung von Wissen, Erfahrung und Fähigkeiten im Berufskontext eine treibende Rolle. Durch wachsende Selbsterkenntnis werden auch eigene Grenzen und Schwächen bewusst, sodass sich die Betreffenden eher Aktivitäten suchen, bei denen diese Grenzen keine Rolle spielen. Weiterhin bieten außerberufliche Aktivitäten evtl. mehr Gelegenheiten dazu, sich selbst kennenzulernen.

Einen interessanten Einblick in berufliche Aktivitäten im Ruhestand in den USA liefert eine Studie des Loan Center on Ageing and Work in Boston zusammen mit dem Families and Work Institute in New York (Brown, Aumann, Pitt-Catsouphes, Galinsky & Bond, 2010). Auf der Basis von 1.382 Teilnehmern mit einem

Durchschnittsalter von 63 Jahren ergab sich folgendes Bild: 20 % der Befragten *arbeiten* im Ruhestand und begründen dies vor allem mit folgenden Argumenten (in dieser Reihenfolge):
1. sich finanziell abzusichern,
2. sich nicht zu langweilen,
3. nützlich zu sein und sich gebraucht fühlen,
4. Spaß an der Arbeit,
5. um sich mit anderen Menschen auszutauschen,
6. um sich geistig und körperlich fit zu halten.

30 % der Befragten attestieren sich außerdem eine exzellente, 53 % eine gute Gesundheit. Auch die Zufriedenheit mit ihrer gegenwärtigen Lebens- und Arbeitssituation ist ähnlich hoch ausgeprägt. Die meisten betrachten sich als sehr engagiert und möchten ihren Job so gut wie möglich erfüllen. Positive Effekte der Arbeit auf das Privatleben und die Familie werden berichtet.

In ihrer Studie haben die Wissenschaftler sechs Kriterien und Indikatoren identifiziert, wonach berufliche Tätigkeiten und Arbeitsplätze im Ruhestand zu bewerten waren:
• Herausforderung und Lernmöglichkeiten,
• Unterstützung durch den Vorgesetzten,
• Autonomie,
• Respekt- und Vertrauenskultur,
• Work-Life-Passung,
• Ökonomische Sicherheit.

Die Unterstützung durch den Vorgesetzten hat die stärkste Vorhersagekraft für die Arbeitszufriedenheit der Älteren, Herausforderungen und Lernmöglichkeiten sind die besten Prädiktoren für Engagement, und ökonomische Sicherheit sagt das Kündigungsverhalten voraus.

Ein *positives* Gesamtbild, das die Lebenssituation und Alltagsgestaltung der *heutigen Rentner* betrifft, liefert die Generali Altersstudie (Generali Zukunftsfonds & Institut für Demoskopie Allensbach, 2013). Durchgeführt wurden vom Institut für Demoskopie Allensbach 4.197 Interviews mit Personen im Alter von 65 bis 85 Jahren. Die Befunde dieser Studie bestätigten im Wesentlichen die Ergebnisse vorangegangener Studien, dass die heute älteren Menschen im Vergleich zu früheren Kohorten über deutlich mehr materielle und immaterielle Ressourcen verfügen sowie *gesünder* und *leistungsfähiger* älter werden. Die Ergebnisse sind altersdifferenziert und betrachten auch die Gruppen der 65- bis 69-Jährigen und der 70- bis 74-Jährigen. Deutlich *positive* und *aktive* Lebenseinstellungen sind bei diesen Alterskohorten festzustellen. Als Vorzüge dieses Lebensabschnitts werden ein Zugewinn an Ruhe sowie eine Verringerung von Stress, Verpflichtungen und Druck genannt. Auch die Altersklugheit mit ihrem Erfahrungswissen wird von vielen der Befragten als ein Vorzug genannt.

Im Vergleich zu dem Referenzjahr 1985 hat sich die subjektive Gesundheitsbilanz in den letzten 30 Jahren verbessert. Über die Hälfte der 65- bis 69-Jährigen stuften ihren *Gesundheitszustand* als gut (46 %) oder sehr gut (7 %) ein. 42 % berichten von einer Verschlechterung ihres Gesundheitszustands. Ein wichtiger Einflussfaktor ist hier die frühere berufliche Position. (Ehemalige) Arbeiter berichten über einen deutlich schlechteren Gesundheitszustand als Angestellte oder Beamte. Trotz weitestgehend guter physischer und psychischer Konstitution klagen 15 % der 65- bis 69-Jährigen häufig über Antriebslosigkeit und 11 % über Niedergeschlagenheit. Mit dem Alter steigen diese Prozentsätze leicht an.

Zur Aufrechterhaltung der Gesundheit gehen Ältere zu regelmäßigen Vorsorgeuntersuchungen, suchen sich körperliche und geistige Aktivitäten und ernähren sich gesund. Ruheständler aus unteren sozialen Schichten legen dabei weniger Wert auf eine gesunde Ernährung, ihr Gewicht und sportliche Aktivitäten.

Die Befragung zeigt außerdem, dass von den 65- bis 69-Jährigen immerhin jeder Fünfte (20 %) einer Berufstätigkeit nachgeht; im Schnitt werden hier 15 Stunden pro Woche gearbeitet (Selbstständige arbeiten durchschnittlich 21 Stunden). In der Regel handelt es sich um Teilzeitbeschäftigungen auf 450-Euro-Basis. Als Gründe für die Erwerbstätigkeit werden genannt: finanzieller Zuverdienst, das Gefühl, gebraucht zu werden, etwas Sinnvolles zu tun, persönliche Bestätigung sowie soziale Anerkennung und Kontakte zu anderen. Die Aktivität und das Potenzial Älterer zeigen sich nicht nur in der relativ hohen Erwerbsquote, sondern auch im bürgerschaftlichen Engagement.

Mentale und körperliche Gesundheit beim Übergang in den Ruhestand

Betrachtet man die mentale Gesundheit und das Wohlbefinden der Erwerbstätigen beim Übergang in die Rente, so greift die Formel „Arbeit macht krank" nicht. Sie pauschalisiert und vermittelt eine Pseudokausalität. Zutreffender dürfte im Zusammenhang mit älteren Erwerbstätigen beim Übergang in den Ruhestand eher die inverse Sichtweise sein: „Nichtarbeit macht krank". Es ist der bereits in den frühen Arbeiten von Jahoda, Lazarsfeld und Zeisel (1980) zur Deprivation von Arbeit festgestellte empfundene Verlust von zentralen Merkmalen des Beschäftigtseins: Aktivität, Zeitstruktur, sozialer Kontakt, Status, kollektive Zweckerfüllung. Dieser Verlust kann potenzielle Risiken für die mentale Gesundheit und das Wohlbefinden nicht erwerbstätiger Personen darstellen und dürfte daher auch für die hier vorliegende Zielgruppe – zumindest in der ersten Phase nach der Berentung – Relevanz besitzen.

Einige Studien machen entsprechend einen negativen Einfluss der Verrentung auf die Gesundheit deutlich. Behncke (2012) zufolge führt der Eintritt in den Ruhestand insgesamt eher zu schlechterer Gesundheit. Allerdings weist die Autorin auch darauf hin, dass schlechte Gesundheit ebenfalls den Eintritt in den Ruhestand bedingen kann. Weitere Studien berichten negative Auswirkungen der

Verrentung auf kognitive Funktionen (Bonsang, Adam & Perelman, 2012) und kognitive Leistungsfähigkeit (Rohwedder & Willis, 2010). Auch Dave, Rashad und Spasojevic (2008) zeigen einen negativen Zusammenhang zwischen Renteneintritt und körperlicher und mentaler Gesundheit auf.

Die Befundlage ist jedoch uneinheitlich. Einer Längsschnittstudie mit ca. 14.000 Personen (7 Jahre vor der Rente und 7 Jahre danach) zufolge, reduziert sich das Risiko von mentaler und körperlicher Erschöpfung sowie depressiven Symptomen nach dem Übergang in den Ruhestand (Westerlund et al., 2010). Coe und Zamarro (2011) berichten einen positiven Effekt des Eintritts in den Ruhestand auf körperliche Gesundheit. Basierend auf Daten des Survey of Health, Ageing and Retirement in Europe (SHARE) gab es signifikante Hinweise darauf, dass der Ruhestand einen positiven Effekt auf die allgemeine Gesundheit hat. Keine Hinweise auf kausale Zusammenhänge zwischen Arbeitsstatus und Depression oder kognitiven Funktionen fanden Coe, von Gaudecker, Lindeboom und Maurer (2012) in ihrer Untersuchung. Dies gilt zumindest für sog. „White-Collar-Jobs", für sog. „Blue-Collar-Jobs" zeigte sich sogar ein positiver Effekt des Eintritts in den Ruhestand auf die körperliche Gesundheit.

Eine Überblicksarbeit verschiedener Studien aus den USA, Australien und Japan zu den Auswirkungen der Beschäftigung über das Rentenalter hinaus findet keinerlei negative Effekte von Weiterbeschäftigung auf die mentale Gesundheit; teilweise wird ein signifikant positiver Zusammenhang von mentaler Gesundheit und Arbeiten im Rentenalter berichtet (Maimaris, Hogan & Lock, 2010). Dagegen zeigen sich in Vergleichsgruppen negative Effekte auf die mentale Gesundheit, hervorgerufen durch Verlust von Verantwortung, Rollenidentität und sozialen Kontakten.

Fazit

Für die Diskussion einer längeren Erwerbstätigkeit spielt das Verhalten der Akteure vor und nach dem Renteneintritt eine wichtige Rolle. Die Motivlage für eine Weiterbeschäftigung ist vielfältig, gleicht sich aber in ihrem Grundmuster: finanzieller Zuverdienst, das Gefühl, gebraucht zu werden, etwas Sinnvolles zu tun, persönliche Bestätigung sowie soziale Anerkennung und Kontakte zu anderen.

Befunde der Rentenversicherung (vgl. Himmelreicher, Hagen & Clemens, 2009) verweisen darauf, dass mit zunehmender Qualifikation das Rentenzugangsalter tendenziell ansteigt: Hochqualifizierte gehen im Durchschnitt ein Jahr später in den Ruhestand. Allerdings nutzen auch viele der Höherqualifizierten frühe Möglichkeiten des Übergangs in den Ruhestand, selbst wenn diese mit Abschlägen belegt sind. Postmaterialistische Motive (wie eine selbstbestimmte Lebensführung) sowie eine finanzielle Absicherung (auch wenn teilweise Abschläge in Kauf genommen werden) sind Beweggründe für einen früheren Eintritt in den Ruhestand. Andererseits zeigen Berechnungen des Instituts für Arbeitsmarkt- und Berufsforschung (vgl. Hochfellner & Burkert, 2013), dass 20 % der *Altersrentner* (im Alter von 60 bis 67 Jahren) erwerbstätig und noch beruflich aktiv sind – meist als geringfügig Beschäftigte, weil ein Zuverdienst erforderlich ist.

Insgesamt zeigen die Studien, dass ältere Mitarbeiter sich beim Übergang in den Ruhestand und danach als gesünder und leistungsfähiger einschätzen als Ältere in früheren Untersuchungen. Sie verfügen über Potenziale und Ressourcen, die für eine verlängerte Erwerbsarbeit sprechen: Sie sind *motiviert* und wollen *eigenverantwortlich* ihre Arbeitstätigkeit gestalten. Dafür erwarten (nicht nur) die älteren Mitarbeiter Unterstützung, eine vorurteilsfreie Respekt- und Vertrauenskultur von den Vorgesetzten und der Organisation, in der sie arbeiten. Sie fordern Autonomie und Mitsprache bei der zeitlichen und inhaltlichen Gestaltung ihrer Arbeit. Aber auch hier gilt eine *differenzielle Sichtweise*, die den einzelnen älteren Erwerbstätigen in seiner bisherigen Berufsbiografie und Individualität berücksichtigt.

6 Konzepte der Potenzialerhaltung und Ressourcenentwicklung

6.1 Konsequenzen aus der Befundlage

Wirtschaft und Gesellschaft sind gefordert, sich mit den Folgen des demografischen Wandels („Schrumpfung und Alterung" der Erwerbsbevölkerung (vgl. Abschnitt 2.1) auseinanderzusetzen – und dies *wirkungsvoll* und *nachhaltig*.

Mehr ältere Erwerbstätige werden zukünftig veränderten Anforderungen einer dynamisierten Arbeitswelt mit innovativen und informatisierten Produktions- und Dienstleistungskonzepten gegenüberstehen (vgl. Abschnitt 2.2): Kognitiv und sozial anspruchsvollere Tätigkeitsanteile nehmen zu, körperlich beanspruchende eher ab. Erfahrungswissen ist ebenso gefragt wie eigenverantwortliches, verantwortungsbewusstes und zielgerichtetes Handeln der Mitarbeiter, ihrer Kollegen und Führungskräfte sowie deren Vorgesetzten.

Organisationen sind auf eine *längerfristige* Einbindung älterer Erwerbstätiger angewiesen. Deren Expertise und Persönlichkeit stellen eine unverzichtbare Ressource für den Erfolg und die Innovationsfähigkeit der Unternehmen dar. Die wertvollen Ressourcen, die im Laufe eines Erwerbslebens aufgebaut werden, zu erhalten und weiter zu fördern, muss Ziel einer verantwortungsvollen und vorausschauenden Unternehmenspolitik sein.

Die vorangegangene umfangreiche Aufarbeitung des aktuellen Forschungsstands lässt die Schlussfolgerung zu, dass berufliche Leistungsfähigkeit (vgl. Kapitel 3), Gesundheit (vgl. Kapitel 4) und Motivation der Beschäftigten (vgl. Kapitel 5) einer Erwerbstätigkeit auch über das 67. Lebensjahr hinaus grundsätzlich *nicht* entgegenstehen. Aber: Eine gewollte zeitliche Ausdehnung der Erwerbstätigkeit verpflichtet auch! Rahmenbedingungen und Voraussetzungen müssen geschaffen werden, damit Potenziale sich entwickeln und langfristig genutzt werden können.

Eine Reihe grundlegender Potenziale und individueller Ressourcen, die deutlich für eine längere Erwerbstätigkeit der Beschäftigten sprechen, lassen sich aufgrund der Befundlage zusammentragen (vgl. Infobox 8).

Verlust- und Degenerationsprozesse im Alter müssen nicht unwiderruflich sein, sondern können durch Plastizität und kompensatorische Ressourcen ausgeglichen werden. Zu nennen sind u. a. Erfahrungswissen (Pragmatik des Lebens), mentales Training, sportliche Aktivitäten und Gesundheitsbewusstsein. Kompensatorische Ressourcen werden – so die Forschung – aber auch in einem stimulierenden (Arbeits-)Umfeld gesehen. Eindeutig belegt ist, dass eine lern- und entwicklungsförderliche Gestaltung der Arbeit und ihrer Umgebung einhergeht mit intellektueller Flexibilität, Kompetenzentwicklung und gesundheitlichem Wohlbefinden (vgl. Sonntag & Stegmaier, 2007a).

Infobox 8: Potenziale älterer Beschäftigter und deren Nutzung (Sonntag, 2014)

- Plastizität (als generelles Entwicklungspotenzial)
- Erfahrungswissen und Expertise (als kompensatorisches und innovationsförderliches Potenzial)
- Eigenverantwortung und Motivation für den Erhalt der Arbeitsfähigkeit
- Gesundheitsbewusstsein und -verhalten
- Aktiver und engagierter Lebensstil
- Persönlichkeitsmerkmale (Zuverlässigkeit, Loyalität)
- Vereinbarkeit von Arbeit und Privatleben

Natürlich ist bei der hier relevanten Altersgruppe (55 bis 70 Jahre) auch das Nachlassen sensorischer, motorischer und kognitiver Funktionen zu thematisieren (vgl. Abschnitt 3.1 und 3.2). Daraus lässt sich aber *keine generelle altersbedingte Verschlechterung* der beruflichen Leistung ableiten, vielmehr sind starke intra- und interindividuelle Unterschiede feststellbar. Dieser differenzielle Aspekt muss bei der Beurteilung der beruflichen Leistungsfähigkeit älterer Mitarbeiter immer mit berücksichtigt werden!

Im Folgenden werden drei zentrale Konzepte vorgestellt, die die Potenzialerhaltung und -nutzung älterer Erwerbstätiger zum Gegenstand haben: ein mehr grundlagenbezogenes Modell der Entwicklungspsychologie und zwei anwendungsbezogene Rahmenkonzepte aus der Arbeitspsychologie, die auf das HR- und Gesundheitsmanagement fokussieren.

6.2 Entwicklungspsychologisches Konzept der Selektion, Optimierung und Kompensation (SOK-Modell)

Ein wichtiges Konzept der Ressourcenerhaltung und optimalen Nutzung von Ressourcen stellt das Lebensspannenmodell der *Selektion, Optimierung und Kompensation* (kurz SOK-Modell; Baltes & Baltes, 1990; Baltes & Rudolph, 2013) dar. Dem ressourcenorientierten Modell legen Baltes und Baltes (1990) die beiden Konzepte der „interindividuellen Variabilität" und der „intraindividuellen Plastizität des Alterns" zugrunde und betonen, dass Alter „nicht nur negativ, sondern als Potenzial" gesehen werden sollte (Clavairoly, 2014; S. 42). *Erfolgreiches Altern* ist im Sinne von Baltes und Baltes (1990) durch erfolgreiche Anpassung an Veränderungsprozesse konzeptualisiert, wobei Strategien im Vordergrund stehen, die helfen, entwicklungsbezogenen Veränderungen und Verlusten entgegenzuwirken. Infobox 9 beschreibt die drei Strategien der Selektion, Optimierung und Kompensation (aus Sonntag & Seiferling, 2016, S. 514).

Infobox 9: Strategien des SOK-Modells (nach Baltes & Baltes, 1990; Freund, Wahl, Landis & Martin, 2014)

- *Selektion:* Konzentration auf (Lebens-)Bereiche von hoher Priorität und Auswahl der subjektiv wichtigsten Ziele
- *Optimierung:* Strategien, durch die Entwicklungsreserven und Fähigkeiten gestärkt und verbessert werden (z. B. Übung, Erwerb neuer Fähigkeiten oder Ressourcen, Modelllernen, effektive Zeitnutzung)
- *Kompensation:* Nutzung pragmatischer Strategien (z. B. neu erworbene oder zuvor ungenutzte Ressourcen), externale (z. B. Hilfe durch andere Personen) oder technologische Hilfen (z. B. Hörgerät) zum Ausgleich entwicklungsbezogener Verluste

Als *Beispiel* wird der Pianist Arthur Rubinstein im Alter von 80 Jahren angeführt, der auf die Frage hin, wie er es schaffe, in seinem Alter noch solch großartige Konzerte zu spielen, drei Strategien genannt haben soll: Er spiele weniger, ausgewählte Stücke (Selektion), übe diese häufiger und intensiver (Optimierung) und verlangsame das Tempo vor schnelleren Passagen um Kontraste zu schaffen (Kompensation) (Baltes & Baltes, 1990).

Das entwicklungspsychologische Modell bietet nicht nur einen Erklärungsansatz für die – entgegen vieler Vorurteile nachweislichen – (individuellen) Stabilität der Arbeitsleistung bis ins Alter, sondern stellt durch die Übertragung kompensatorischer Strategien in der Erwerbswelt auch einen vielversprechenden Ansatz für den Erhalt von Ressourcen und Leistungsfähigkeit dar.

Das SOK-Modell wurde in der Forschung bereits in vielfältigen Studien angewandt. So untersuchten Abraham und Hansson (1995) an einer Stichprobe von 224 Erwerbstätigen im Alter von 40 bis 69 Jahren den Zusammenhang von SOK-Strategien mit verschiedenen Arbeitsvariablen. Ältere Arbeitnehmer (49+ Jahre), die häufig SOK-Strategien anwendeten, berichteten von einer höheren Arbeitskompetenz. Dabei gaben ältere Mitarbeiter zwar nicht an, häufiger Selektion, Optimierung und Kompensation einzusetzen als ihre jüngeren Kollegen, allerdings zeigte sich eine Zunahme des Zusammenhangs zwischen eingesetzten Strategien der Selektion und Aufrechterhaltung der Arbeitsleistung mit dem Alter sowie ein Zusammenhang zwischen Optimierungs- bzw. Kompensationsstrategien und der Zielerreichung.

Im Bereich der Pflegeberufe untersuchten Müller und Kollegen (Müller, Weigl, Heiden, Herbig, Glaser & Angerer, 2013; Müller, Heiden, Weigl, Glaser & Angerer, 2013) den Einsatz von SOK-Strategien mithilfe halbstrukturierter Interviews ($N = 17$, > 45 Jahre) und einer querschnittlichen schriftlichen Befragung ($N = 438$; 21–63 Jahre). Die Interviews zeigten, dass die befragten Pflegekräfte häufig SOK-Strategien einsetzen. Dabei wurden das „Setzen von Prioritäten" (88 %) und „Akzeptieren persönlicher Grenzen" (52 %) als häufigste Selektionsstrategien genannt. Als Strategien der Optimierung gaben 76 % bzw. 70 % der Befragten an „Verbesserungsvorschläge für die Arbeit" zu machen bzw. zu „trainieren um die körperlichen Anforderungen erfüllen zu können". In der Kategorie Kompensation wurden „Bitten um Hilfe bei der Ausübung schwerer körperlicher Aufgaben" (52 %) sowie die „Inanspruchnahme von Therapien (z. B. Physiotherapie)" (35 %) am häufigsten genannt. Die schriftliche Befragung ergab außerdem einen positiven Zusammenhang zwischen der Arbeitsfähigkeit (erfasst mit dem Work Ability Index; WAI, Hasselhorn & Freude, 2007, Tuomi et al., 1997) und den Strategien Selektion ($r = .15$, $p = .002$), Optimierung ($r = .19$, $p = .001$) und Kompensation ($r = .13$, $p = .008$). Dieser Zusammenhang war für ältere Pflegebeschäftigte stärker.

In einer Tagebuchstudie untersuchte Clavairoly (2014) den Zusammenhang zwischen dem Einsatz von SOK-Strategien und verschiedenen arbeitsbezogenen Variablen an einer Stichprobe von Architekten ($N = 64$), deren Alter zwischen 32 und 84 Jahren lag. Dabei zeigten sich positive Zusammenhänge der Strategien Selektion und Optimierung mit den Variablen Arbeitsleistung, arbeitsbezogenes Wohlbefinden und Arbeitsmotivation. Altersdifferenzierte Effekte für die Nutzung von SOK-Strategien waren allerdings nicht feststellbar, was darauf schließen lässt, dass der Einsatz von SOK-Strategien für Architekten verschiedener Altersgruppen gleich wichtig ist.

6.3 Arbeitspsychologische Referenzmodelle zur Potenzialnutzung

6.3.1 Das Konzept Potenzialnutzung durch Risikominimierung

Im Rahmen der gerontologischen Forschung (vgl. Kruse, 2009) werden drei Risikoarten für Handlungskonzepte bei alternden Beschäftigten genannt, die es bei der Ableitung von Gestaltungs- und Trainingsmaßnahmen für Ältere zu berücksichtigen gilt: Das Krankheits-, Qualifikations- und das Motivationsrisiko. Diese Risiken durch Maßnahmen auf individueller und organisationaler Ebene zu minimieren, ist Gegenstand eines Präventionskonzepts im HR-Management.

Krankheitsrisiko

Betrachtet man die Ergebnisse der Fehlzeiten-Statistiken, kann ein *Krankheitsrisiko* bei älteren Erwerbstätigen nicht abgesprochen werden – trotz der heute verbesserten Resilienz, Vitalität und Lebenserwartung im Alter. Das Risiko zeigt sich in alterstypischen Steigerungsraten akuter Erkrankungen (bspw. bei Muskel-Skelett-Erkrankungen, Herz-Kreislaufstörungen oder Neubildungen/Krebs), in chronischen Erkrankungen oder in Mehrfacherkrankungen und damit bedingten längeren Ausfallzeiten (vgl. Kapitel 4).

Die Häufigkeit psychischer Erkrankungen ist auffällig. Berichtet wird ebenfalls ein Anstieg bei Burnout-bedingten Fehlzeiten und Stressempfinden. Auch wenn die Befundlage zu der Art und dem Ausmaß der Krankheitsrisiken teilweise widersprüchlich ist und einige Studien eine Abnahme selbstberichteter Krankheitsrisiken feststellen oder ältere Befragte ihre gesundheitlichen Probleme geringer einstufen als jüngere, sind die Entwicklungen dieser Krankheitsarten und Beanspruchungsfolgen *ernst* zu nehmen.

Es gibt zahlreiche gesicherte arbeitswissenschaftliche Befunde über die Reduktion des Krankheitsrisikos bei älteren Mitarbeitern durch Verbesserung der Arbeitsbedingungen, -inhalte und -strukturen: Hohe Arbeitsintensität in Verbindung mit Zeitdruck und geringer Autonomie sind Verursacher negativer Beanspruchungsfolgen wie Stress und beeinflussen eindeutig die Leistungsfähigkeit älterer Erwerbstätiger (55+ Jahre). Derlei Befunde, die auf eine suboptimale Nutzung der Potenziale und Verschwendung von Ressourcen Erwerbstätiger hinweisen, finden sich in unterschiedlichen Berufsgruppen und Hierarchiestufen.

Qualifikationsrisiko

Ältere Berufstätige haben grundsätzlich ein *Qualifikationsrisiko*, wenn es nicht gelingt, die altersspezifischen Besonderheiten von Lernprozessen zu berücksichtigen: Individuelles Lerntempo, Problemzentriertheit, Entlastung des Gedächtnisses, aktives Einüben, Einbezug von Vorwissen und persönlicher Erfahrung sind inzwischen erprobte Prinzipien für den Lern- und Transfererfolg im Unternehmen (vgl. Sonntag & Stegmaier, 2007a und Abschnitt 3.2).

Negative Stereotype hinsichtlich der Lernfähigkeit beim Umgang mit neuen I & K-Technologien, die Älteren zugeschrieben werden, bergen die Gefahr einer mangelnden Bereitschaft und Motivation, angebotene Maßnahmen der Personalentwicklung wahrzunehmen. Solche Vorurteile dürften inzwischen obsolet geworden sein, da ältere Erwerbstätige aktuell wesentlich mehr I & K-Technologien verwenden als frühere Kohorten.

Auch zeigen Evaluationsstudien, dass bspw. Online-Training-Tools oder webbasierte Trainings bei entsprechender didaktischer Aufbereitung keine schlechtere Lernleistung bei Älteren gegenüber Jüngeren (die erfahrener und sicherer im Umgang mit Social Media sein dürften) zur Folge haben (vgl. Moskaliuk, Moeller, Sassenberg & Hesse, 2016; Sonntag & Schaper, 2016). Es ist also auch hier möglich, durch die Entwicklung und Erprobung zielgruppenspezifischer Trainings und PE-Maßnahmen das Risiko im Bereich der Qualifizierung und Kompetenzentwicklung zu reduzieren und die Potenziale älterer Mitarbeiter für ihre berufliche Leistungsfähigkeit zu nutzen.

Motivationsrisiko

Ein *Motivationsrisiko,* als älterer Mitarbeiter weniger engagiert und beruflich aktiv zu sein, ist nach Befundlage dann gering bzw. nicht gegeben, wenn
- die „neuen" Aufgaben individuell herausfordernd, beanspruchungsoptimal und lernförderlich sind,
- die Mitarbeiter von der Führungskraft vorurteilsfrei unterstützt und gefördert werden und
- sie in einer Organisation arbeiten, das von einer Vertrauens- und Respektkultur älteren Mitarbeitern gegenüber gekennzeichnet ist, das die Vereinbarkeit von Privatleben und Arbeit ermöglicht sowie ökonomische Sicherheit bietet (vgl. Kapitel 5).

Risiken sind kalkulierbar und beherrschbar, wenn sie erkannt und geeignete Handlungsoptionen zu ihrer Minimierung realisiert werden. Die Reduktion der Risiken bei längerer Erwerbstätigkeit bedeutet zugleich die Nutzung der Potenziale älterer Mitarbeiter.

Auf der Grundlage der vorangegangenen Analyse des aktuellen Forschungsstands verdeutlicht Tabelle 12, welcher Einfluss den Akteuren und Bereichen (Unterstützer/Treiber) innerhalb einer Organisation zugeschrieben werden kann. Dadurch ist es möglich, die drei genannten Risikogruppen zu minimieren. Durch entsprechende HR-Maßnahmen der Analyse und Intervention lassen sich die Potenziale der beruflichen Leistungsfähigkeit und -bereitschaft älterer Erwerbstätiger nutzen.

Die Tabelle bietet einen modellhaften Orientierungsrahmen für die Verantwortlichen im HR-Bereich einer Organisation, der mit konkreten einzelnen Maßnahmen ausgefüllt werden kann:

Eine entsprechende *demografiesensible Unternehmenskultur* artikuliert offen und proaktiv das vitale Interesse des Unternehmens an den Potenzialen und der Leistungsfähigkeit älterer Mitarbeiter. Die Abkehr von negativen, stigmatisierenden Vorurteilen ist angezeigt. Die Unternehmensphilosophie wird getragen von positiv besetzten Altersbildern, die sich durchgängig in Leitbildern, normativen Vorgaben, strategischen Entscheidungen und operativem Tagesgeschäft wiederfinden müssen. Einstellungen, Werte und Verhaltensweisen der Organisationsmitglieder älteren Kolleginnen und Kollegen gegenüber sind Ausdruck einer gelebten demografiesensiblen Unternehmenskultur.

Tabelle 12: Einfluss auf die Reduzierung des jeweiligen Risikos bei längerer Erwerbsarbeit durch Unterstützer und Treiber (x: schwächerer Einfluss; xx: stärkerer Einfluss) (nach Sonntag & Seiferling, 2016)

Potenzialnutzung durch ...			
Unterstützer/Treiber	**Reduzierung des**		
	Gesundheits-risikos	**Qualifikations-risikos**	**Motivations-risikos**
Unternehmenskultur *demografiesensibel*	x	x	xx

HR-Management (s. S. 91 ff.)
strategisch, dynamisch
– Gesundheitsmanagement
  ressourcenorientiert,
  präventiv
– HR-Development
  entwicklungsbezogen
	xx
	
	x
		x
		
		xx
			x
			
			x

Führung *vorurteilsfrei, wertschätzend*	xx	x	xx

Arbeitsgestaltung
differenziell, autonomiebetont
– Ergonomie (Hard- und
  Software)
  belastungsarm, beeinträch-
  tigungsfrei, lernförderlich
– Organisation
  flexibel (räumlich, zeitlich),
  Work-Life-Balance
– Inhalte
  individuell herausfordernd,
  beanspruchungsoptimal
	xx
	
	xx
	
	xx
		x
		
		x
		
		xx
			x
			
			xx
			
			xx

Qualifizierung und arbeits- orientiertes Lernen *Handlungskompetenz,* *Selbstregulation*	x	xx	xx
Mitarbeiter *eigenverantwortlich*	xx	xx	xx

Große Bedeutung kommt den *Führungskräften* und Vorgesetzten im Umgang mit
älteren Kollegen oder Mitarbeitern zu. Ihnen *wertschätzend* und *vorurteilsfrei,*
aber auch unterstützend entgegenzutreten, reduziert in hohem Maße das Motivationsrisiko älterer Beschäftigter.

Den wohl stärksten Einfluss auf die Minimierung der jeweiligen Risiken bei längerer Erwerbsarbeit hat die Arbeitsgestaltung. Bei der Behandlung *ergonomischer*, *arbeitsorganisatorischer* und *-inhaltlicher* Gestaltungsaspekte muss eine differenzielle, beteiligungsorientierte Vorgehensweise oberstes Prinzip sein. Bewertungsgrundlage ist die interindividuelle Variabilität, also die Leistungsfähigkeit des einzelnen älteren Beschäftigten. Es ist zu empfehlen, ältere Mitarbeiter bereits bei der Planung und Auslegung neuer Systeme, technischer Anlagen und Maschinen aufgrund ihres Erfahrungshintergrundes und Spezialwissens mit einzubeziehen. Nachträgliche Korrekturen der ergonomischen Systemgestaltung und der zeitlich-inhaltlichen Arbeitsstruktur sind bekanntermaßen kostenintensiv und mit Widerständen verbunden. Sie können durch diese frühzeitige partizipative Vorgehensweise vermieden werden.

Einen wesentlichen Beitrag zur Risikominimierung und Potenzialnutzung leisten des Weiteren Maßnahmen der *Qualifizierung* und des *arbeitsorientierten Lernens*. Sollen die Interventionen eine Wirkung zeigen, sind auch hier auf die individuellen Leistungsvoraussetzungen der älteren Beschäftigten abgestimmte Inhalte und Lernformate Voraussetzung. Zielgröße ist eine berufliche Handlungskompetenz, wie sie in Infobox 11 beschrieben ist. Sie befähigt ältere Mitarbeiter, sich verändernden Aufgabenstellungen weitestgehend selbstorganisierend und -regulierend anzupassen und weiterzuentwickeln. Sämtliche Qualifizierungsmaßnahmen und arbeitsorientierte Lernformen müssen sorgfältig evaluiert und daraufhin überprüft werden, inwieweit das „Gelernte" in den Arbeitsalltag der Teilnehmer transferiert wird.

Auch in einer demografiesensiblen Unternehmensstrategie und Personalpolitik ist der *eigenverantwortliche Mitarbeiter* ein wesentlicher Stellhebel zur Reduktion krankheits- und qualifikationsbezogener Risiken (vgl. Tabelle 12). Der Einzelne muss sich seiner Verantwortung bewusst sein und einen aktiven Lebensstil pflegen, der auf den Erhalt und den Ausbau der eigenen Ressourcen und Kompetenzen ausgerichtet ist. Dies ist eine wesentliche Voraussetzung für eine produktive Leistungsfähigkeit, um als älterer Erwerbstätiger den Herausforderungen der Veränderungen in der Arbeitswelt zu begegnen. Kooij (2015) hat in einem umfassenden Review auf die aktive Rolle von Beschäftigten für ein erfolgreiches Altern in der Arbeit hingewiesen, um die eigenen Stärken und Schwächen zu identifizieren und soziale und personale Ressourcen wie Informationen, Netzwerke, Kollegen und Freunde zu nutzen.

Aktuell wird in dem wissenschaftlichen Begleitvorhaben in der Förderlinie des Bundesministeriums für Bildung und Forschung (BMBF) „Präventive Maßnahmen für die sichere und gesunde Arbeit von morgen" der in Tabelle 12 dargestellte Ansatz zur Potenzialnutzung durch Risikominimierung zugrunde gelegt (vgl. Sonntag, 2016b). Zur Beschreibung des Vorhabens – Projekt MEgA – vgl. Infobox 10. Am Ende des Projektes im Jahr 2019 sollen die in 30 Einzelvorhaben bundesweit zwischen Arbeitsforschern, betrieblicher Praxis, Sozialpartnern und Intermediären entwickelten Methoden und Instrumente in eine Toolbox überführt werden, deren inhaltlich-thematische Struktur sich an Tabelle 12 orientiert. So wird beispielsweise zur (eigenverantwortlichen) Reduzierung des Qualifikationsrisikos für Mitarbeiter ein Training zur Förderung selbstregulativer Fähigkeiten im Umgang mit digitalen Technologien entwickelt, um eine bessere Vereinbarkeit von Arbeit und Privatleben zu erreichen, oder es werden physische Assistenzsysteme für körperlich beanspruchende Tätigkeiten erprobt, um das Gesundheitsrisiko im Sinne einer beeinträchtigungsfreien Arbeitsgestaltung zu reduzieren.

Infobox 10: Das Projekt MEgA (vgl. Sonntag, 2016b)

Ziel des BMBF-Projektes ist es, vor dem Hintergrund des demografischen Wandels ein ganzheitliches Präventionskonzept gesunderhaltender und kompetenzförderlicher Maßnahmen für die zunehmend digitalisierte Arbeitswelt – ausgerichtet an den Bedarfen von KMU-Betrieben – zu erarbeiten. In einem Verbund von 30 Projekten werden in enger Zusammenarbeit mit Forschungsinstituten, betrieblicher Praxis und Intermediären des Arbeits- und Gesundheitsschutzes Tools, Checklisten, Analysen und Trainings für ein demografiesensibles HR-Management entwickelt und erprobt. Über Netzwerke und eine interaktive Kommunikationsplattform (www.gesundearbeit-mega.de) wird ein schneller Ergebnis- und Informationsaustausch sowie -transfer zwischen Wissenschaft, Politik, Wirtschaft und Sozialpartnern gewährleistet. Struktur und Handlungsfelder des Projektes MEgA gibt nachfolgende Abbildung wieder.

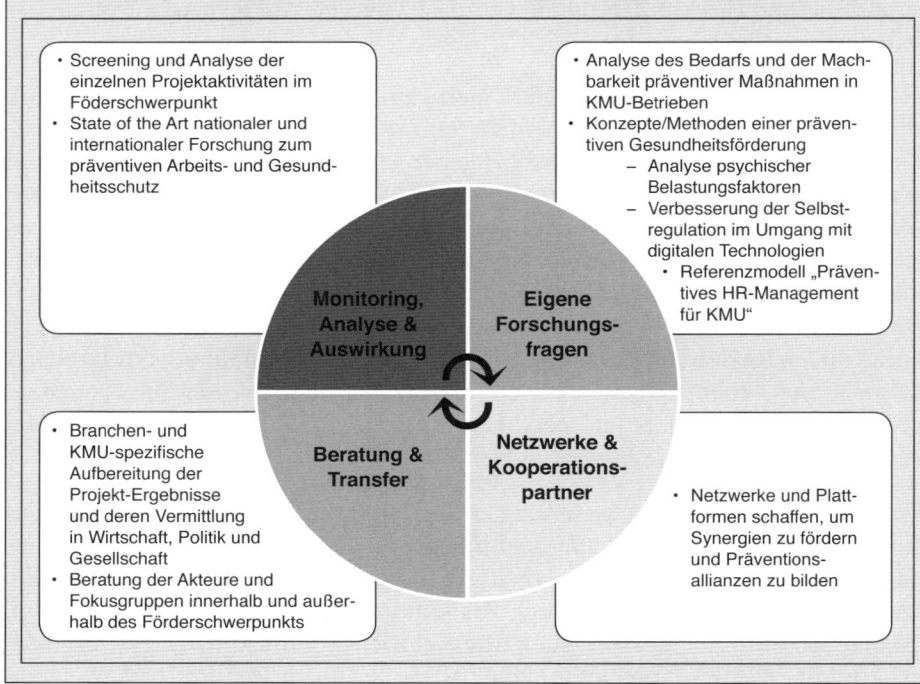

6.3.2 Kompetenzentwicklung und Gesundheitsförderung – ein integrativer und präventiver Ansatz

Die Umsetzung einer potenzialorientierten Sichtweise bei älteren Beschäftigten schlägt sich in den strategischen Entscheidungsprozessen des *HR-Managements* nieder. Entscheidungsprozesse dieser Art bewegen sich in einem dynamischen Umfeld – arbeitsseitig durch sich verändernde Anforderungen, personenseitig durch variable Kompetenzen, unterschiedliche Qualifikationsmuster und einen individuellen psychophysischen Gesundheitsstatus.

Über die sich durch demografische Entwicklungen verlängernde Spanne des Erwerbslebens hinweg, spielen ein nachhaltiges, ressourcenorientiertes Gesundheitsmanagement und eine tragfähige Kompetenzentwicklung der Mitarbeiter eine wichtige Rolle. Abbildung 20 zeigt grafisch die entsprechenden Konzepte, Maßnahmen und Methoden eines „Ressourcenorientierten Gesundheitsmanagements" und einer „Kompetenzentwicklung im Erwerbsleben" entlang der zeitlichen (verlängerten) Dauer der Erwerbstätigkeit.

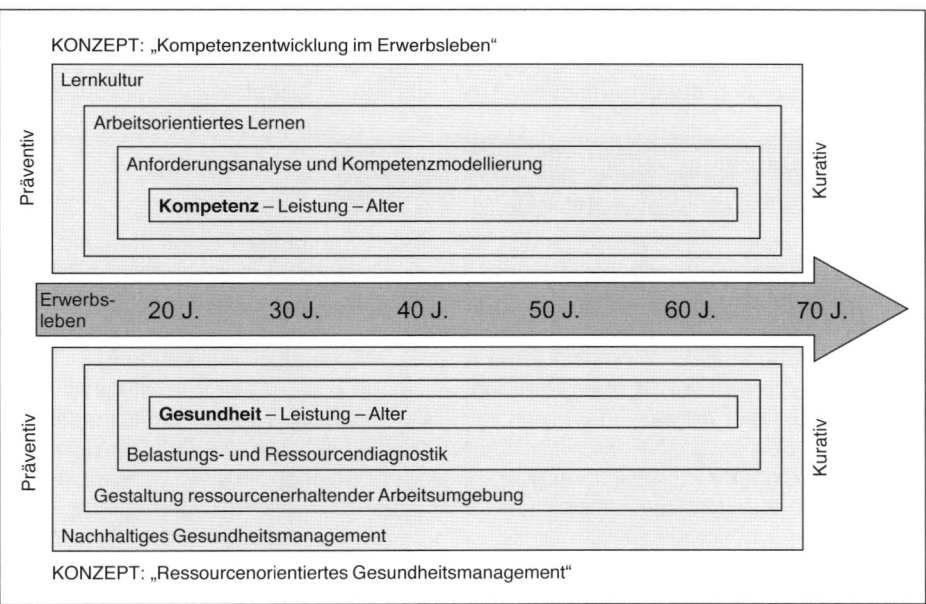

Abbildung 20: Demografiesensibles HR-Management für die Bereiche Kompetenz und Gesundheit entlang der Dauer der Erwerbstätigkeit (vgl. Sonntag, 2014)

Die Verantwortung für die gesundheitliche Förderung liegt in einem *ressourcenorientierten* und *präventiv* ausgerichteten betrieblichen *Gesundheitsmanagement*. Die zweite tragende Säule des HR-Managements im Zusammenhang mit der Potenzialnutzung älterer Mitarbeiter ist die Personalentwicklung *(HR-Develop-*

ment), die versucht, *entwicklungsbezogen* entlang des Erwerbslebens dynamisch jeweils aktuelle Lernbedarfe festzustellen und altersentsprechende Trainings- und PE-Maßnahmen zu entwickeln und zu evaluieren. Dies impliziert nicht nur Maßnahmen innerhalb des bisherigen Berufs und der aktuellen Arbeitstätigkeit, sondern sollte auch berufliche Neuorientierungen und Arbeitswechsel der Beschäftigten ermöglichen.

Beide Teilkonzepte dieses integrativen arbeitspsychologischen Ansatzes zur Kompetenzentwicklung und Gesundheitsförderung entlang des Erwerbslebens werden nachfolgend beschrieben.

Konzept „Kompetenzentwicklung im Erwerbsleben"

Aktionsfeld „Kompetenz – Leistung – Alter". Ausgehend von einer theoretischen und definitorischen Annäherung ist zunächst das Verständnis von Kompetenz für erfolgreiches berufliches Handeln älterer Erwerbstätiger zu explizieren. Für die Kompetenzentwicklung älterer Mitarbeiter stellt insbesondere die berufliche Handlungskompetenz eine wesentliche Zielgröße dar, die sie dazu befähigt, die zunehmende Komplexität der beruflichen Umwelt und der Diffundierung IT-gestützter Anwendungen zu begreifen und durch zielgerichtetes, selbstbewusstes, reflektiertes und verantwortungsbewusstes Handeln zu gestalten (vgl. Infobox 11).

Infobox 11: Definition der Bereiche beruflicher Handlungskompetenz (Sonntag, 2009):

Unter *Fachkompetenz* werden jene spezifischen Kenntnisse, Fertigkeiten und Fähigkeiten verstanden, die zur Bewältigung von Aufgaben einer beruflichen Tätigkeit erforderlich sind. *Methodenkompetenz* bezieht sich auf situationsübergreifende, flexibel einsetzbare kognitive Fähigkeiten (z. B. zur Problemlösung oder Entscheidungsfindung), die eine Person zur selbstständigen Bewältigung befähigen. *Sozialkompetenz* umfasst kommunikative und kooperative Verhaltensweisen oder Fähigkeiten, die das Realisieren von Zielen in sozialen Interaktionssituationen erlauben. *Selbst-* oder *Personalkompetenz* schließlich bezieht sich auf persönlichkeitsbezogene Dispositionen (z. B. Gewissenhaftigkeit), die sich in Einstellungen, Werthaltungen Bedürfnissen und Motiven äußern und vor allem die motivationale und emotionale Steuerung des beruflichen Handelns betreffen.

Anforderungsbezug, Handlungsintention und Selbstorganisation sind leitend für die inhaltliche Gestaltung der Handlungskompetenz, die verschiedene Kompetenzfacetten umfasst. Dadurch werden beruflich kompetent handelnde (ältere) Mitarbeiter in die Lage versetzt, ihre individuellen Leistungsvoraussetzungen angesichts sich verändernder Aufgaben selbstorganisiert anzupassen oder weiterzuentwickeln. Kompetenzen umfassen somit auch die Fähigkeit zu innovativem Lösungsverhalten angesichts neuartiger Aufgaben und Problemstellungen bei modernen Arbeitsstrukturen.

Aktionsfeld „Anforderungsanalyse und Kompetenzmodellierung". Ein zweites Aktionsfeld stellt die methodische Vorgehensweise zur Identifikation und Modellierung von Kompetenzen aus konkreten und geplanten Arbeitstätigkeiten dar. Das bedeutet, neue Aufgabenmuster und Anforderungsprofile zu erfassen, die sich beispielsweise aus der Zusammensetzung altersgemischter Teams oder aus Kollaborationen IT-gestützter Assistenzsysteme und Robotern mit Menschen (Kolleginnen und Kollegen) ergeben. Voraussetzung für die Beschreibung dieser neuen Anforderungen ist der Einsatz arbeitsanalytischer Techniken. Erst auf dieser Grundlage lassen sich valide und aussagekräftige Kompetenzmodelle formulieren. Verfahren der Arbeitsanalyse und ihre Anwendung zur Modellierung von Kompetenzen sind ausführlich bei Sonntag (2016a) beschrieben.

Solche Kompetenzmodelle ermöglichen eine inhaltsvalide Abbildung der psychischen und physischen Leistungsvoraussetzungen (Fertigkeiten, Kenntnisse, Fähigkeiten) einer Arbeitstätigkeit und leisten eine optimale Abstimmung zwischen jeweils aktuellen Anforderungen und vorhandenen Kompetenzen der (älteren) Beschäftigten. Kompetenzen dienen als Orientierungsrahmen und Referenzgröße für das dritte Aktionsfeld.

Aktionsfeld „Arbeitsorientiertes Lernen". Grundlage dieses innovativen psychologischen Ansatzes beruflichen Lernens ist die empirisch gut belegte Annahme, dass bei entsprechender struktureller und instruktionaler Gestaltung Entwicklungspotenziale von Kompetenzen in der Arbeitstätigkeit selbst oder in arbeitsbezogenen Lernumgebungen liegen. Eine Vielzahl unterschiedlicher wissens- und verhaltensbasierter Verfahren ist ausführlich dargestellt und diskutiert bei Sonntag und Schaper (2016) oder Senderek, Mühlbradt und Buschmeyer (2015). Besonders für die Zielgruppe der älteren Mitarbeiter empfiehlt sich anwendungsbezogenes Lernen. Durch das Lernen in realen beruflichen Kontexten werden neben den Anwendungsbedingungen des Wissens auch die Fähigkeiten zur flexiblen Nutzung, zur Reflexivität und zum Transfer gelernt. Allerdings sind eine Reihe didaktisch-methodischer Prinzipien zur Gestaltung lernförderlicher Maßnahmen für ältere Teilnehmer zu beachten, um entsprechende Lernleistungen bewirken zu können (vgl. Abschnitt 3.2.7 „Lernleistungen und kognitive Aktivität" sowie Infobox 2). In besonderem Maße ist dabei auf die vorangegangenen Bildungs-, Erwerbs- und Lernerfahrungen bei der Entwicklung und Durchführung von Weiterbildungs- und Qualifizierungsmaßnahmen zu achten. Schulabschlüsse, Mediennutzung, Lebenssituation und kulturelle Teilhabe sowie die Sozialisation durch das berufliche Umfeld werden als wesentliche Faktoren für das Lern- und Weiterbildungsverhalten der über 65-Jährigen festgestellt (vgl. Tippelt et al., 2014).

Aktionsfeld „Lernkultur". Dieses Aktionsfeld beschäftigt sich mit den organisationalen (strukturellen und kulturellen) Rahmenbedingungen und Voraussetzungen einer nachhaltigen Kompetenzentwicklung, die die älteren Mitarbeiter explizit mit einbezieht. Als evaluative Komponente gibt die Lernkultur darüber Auskunft, ob und in welcher Intensität und Qualität Lernen und die Weiterentwicklung älterer Mitarbeiter in Organisationen auf einer normativen, strategischen und operativen Ebene von den Verantwortlichen gewollt, gelebt und gefördert wird. Eine ausführliche Beschreibung und Operationalisierung von Lernkultur findet sich bei Sonntag, Stegmaier und Schaper (2016). Auf der *normativen* Ebene findet Lernkultur ihren (schriftlichen) Ausdruck in gemeinsamen Werten, Normen, Regelwerken und Leitbildern. Ein positives Altersbild prägt die Unternehmensphilosophie, die in verbindliche Führungsgrundsätze und Leitbilder diffundiert. Auf der *strategischen* Ebene manifestiert sich Lernkultur in Governance-Strukturen, die die Verantwortung für Lernen und Entwicklung der (älteren) Mitarbeiter aufbauorganisatorisch etablieren (z. B. Einrichtung einer Stabsstelle, die sich mit den Auswirkungen des demografischen Wandels für das HR-Management befasst). *Operativ* betrachtet, drückt sich Lernkultur in den vielfältigen Formen des individuellen und gruppenbezogenen Lernens aus.

Konzept: „Präventives, ressourcenorientiertes Gesundheitsmanagement"

Flexibilisierung und Digitalisierung der Arbeitswelt erfordern ein präventives Gestalten humaner Arbeitsbedingungen, um die Gesundheit und Leistungsfähigkeit des im Laufe seines Erwerbslebens alternden Menschen in der modernen Arbeitswelt zu erhalten. Präventive Gestaltungskonzepte in diesem Sinne sind nicht nur ein Merkmal intelligenter und vorausschauender Unternehmensführung, sie sind vor allem zum Ressourcenaufbau sowie zur Erhaltung der Gesundheit und somit auch einer nachhaltigen Beschäftigungsfähigkeit für bestimmte Berufsgruppen mit hohen psychischen und physischen Gesundheitsrisiken (z. B. Pflegeberufe, Baubranche) angezeigt.

Im Folgenden werden vier Aktionsfelder für ein präventiv ausgerichtetes, ressourcenorientiertes Gesundheitsmanagement dargestellt.

Aktionsfeld „Gesundheit – Leistung – Alter". Wie bereits erwähnt, ist grundlegende Voraussetzung für eine verlängerte Erwerbsarbeit und Produktivität (Leistungsbereitschaft und -fähigkeit) im Alter die Gesundheit der Beschäftigten. In Anlehnung an die Luxemburger Deklaration zur betrieblichen Gesundheitsförderung in der Europäischen Union[5] (Europäisches Netzwerk für Betriebliche Gesundheitsförderung, 2007) liegen einer konkreten Umsetzung von Gesundheitsförderung vier Prämissen zugrunde: (1) Partizipation der Mitarbeiter am Prozess

5 Diese Deklaration wurde von allen Mitgliedern des Europäischen Netzwerkes für Betriebliche Gesundheitsförderung anlässlich ihres Treffens vom 27.–28. November 1997 in Luxemburg verabschiedet und im Juni 2005 sowie im Januar 2007 aktualisiert.

der betrieblichen Gesundheitsförderung, (2) Integration des betrieblichen Gesundheitsmanagements in die Unternehmensstrategie, (3) systematisches Projektmanagement zur Entwicklung und Umsetzung von Maßnahmen sowie eine (4) ganzheitliche Ausrichtung (Verbesserung der Arbeitsbedingungen und -organisation sowie Stärkung persönlicher Ressourcen und Verhaltensweisen).

Auf dieses Aktionsfeld bezogen ist hervorzuheben, dass die gesundheitserhaltenden Maßnahmen und aktualisierten Kompetenzen immer in einem systematischen und regelmäßigen Abgleich mit den individuellen Bedarfen und Entwicklungsstadien des (älteren) Mitarbeiters zu sehen sind. Ein solcher regelmäßiger Abgleich ist erforderlich, da die Veränderungspotenziale dynamischer und flexibler Arbeitsstrukturen in räumlicher und zeitlicher Hinsicht emergent sind. Durch den *präventiven* Charakter ist gewährleistet, dass die Risikofaktoren reduziert werden können und so die berufliche Leistungsfähigkeit auch in der Spätphase des Erwerbslebens erhalten bleibt.

Aktionsfeld „Belastungs- und Ressourcendiagnostik". Hierfür ist es wichtig, regelmäßig eine systematische Belastungs- und Ressourcendiagnostik durchzuführen. Eine in Zusammenarbeit mit der betrieblichen Praxis entwickelte ressourcenorientierte Wirkungsanalyse auf Gesundheit, Motivation und Leistungsfähigkeit (Sonntag, 2015) erfasst nicht nur potenziell belastende Einflussfaktoren (Stressoren), sondern auch die gesunderhaltenden wie personale Ressourcen (Kompetenzen, Bewältigungsstrategien, Selbstkonzept), organisationale Ressourcen (Anforderungsvielfalt, Handlungs- und Zeitspielraum) oder Ressourcen, die sich aus dem sozialen Umfeld ergeben (z. B. Unterstützung durch Vorgesetzte, Kollegen, Lebenspartner). Als Ressourcen gelten im Allgemeinen Faktoren, die es dem Menschen ermöglichen, sich mit Situationen aktiv auseinanderzusetzen, sie zu beeinflussen und dadurch letztlich Stress verursachende Einflüsse zu verhindern bzw. abzumildern. Abbildung 21 verdeutlicht dies an einem allgemeinen Rahmenmodell.

Für die differenzierte Erfassung psychischer Belastungen am Arbeitsplatz wurde aufbauend auf diesem salutogenetischen Ansatz ein praxistaugliches Verfahren entwickelt, das psychische Anforderungen von Arbeitstätigkeiten systematisch erfasst. Die Gefährdungsbeurteilung Psychische Belastungen (GPB) stellt ein objektives und konsensorientiertes Verfahren dar, in dessen Rahmen kritische Kombinationen von 12 verschiedenen Belastungsdimensionen (u. a. Arbeitskomplexität, Arbeitsunterbrechung, Verantwortungsumfang) durch ein Analyseteam (bestehend aus Vertretern der Arbeitssicherheit, Arbeitsmedizin und Mitarbeitervertretung) ermittelt und beurteilt werden. Die Auswertung wird in einer Matrix kritischer Belastungskombinationen anschaulich aufbereitet. Sie ist die Basis für die Ableitung von konkreten arbeitsorganisatorischen Gestaltungsempfehlungen, die von den Betroffenen, den Mitgliedern des Analyseteams sowie Vertretern des HR- und Gesundheitsmanagements in anschließenden Workshops

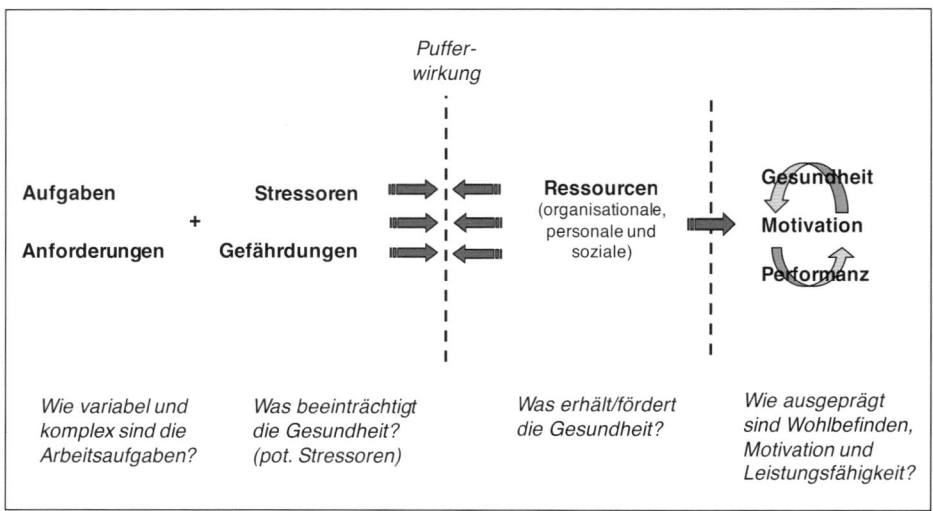

Abbildung 21: Allgemeines Rahmenmodell ressourcenorientierter Gesundheitsförderung (vgl. Sonntag, 2015, S. 246).

erarbeitet werden. Diese Analysekonzeption wird zurzeit stark in der Praxis nach-
gefragt, da normative Setzungen (Gemeinsame Deutsche Arbeitsschutzstrategie,
GDA, 2016; Änderung des § 5 ArbSchG) die Erfassung psychischer Belastungen
ergänzend zur herkömmlichen Gefährdungsbeurteilung physischer und physika-
lischer Arbeitsbedingungen verbindlich vorschreiben. Zur näheren Beschreibung
des Verfahrens sei auf Sonntag, Turgut und Feldmann (2016) verwiesen.

Aktionsfeld „Ressourcenerhaltende Arbeitsumgebung". Vielfältig sind die Möglichkeiten und Maßnahmen Gesundheitsprävention zu betreiben, um Ressourcen der Beschäftigten frühzeitig und kontinuierlich aufbauen und erhalten zu
können (vgl. zu einem Überblick Bamberg & Staar, 2014; Sonntag, Frieling &
Stegmaier, 2012). Klassischerweise wird unterschieden zwischen bedingungs-
bezogenen (Verhältnisprävention) und personenbezogenen (Verhaltenspräven-
tion) Ansätzen. Während erstere sich mit der gesundheitsförderlichen Gestaltung von Arbeitsbedingungen (z. B. arbeitsinhaltliche, -zeitliche und -strukturelle
Optimierungen; ergonomische Verbesserungen) befassen, adressieren perso-
nenorientierte Interventionen die Veränderung des Arbeitsverhaltens und -erle-
bens der Beschäftigten (z. B. Stressbewältigungsseminare, Gesundheitswochen,
Informationsveranstaltungen). Jede Maßnahme, die es (älteren) Beschäftigten
ermöglicht, sich Wissen über das eigene gesundheitsgerechte Verhalten anzu-
eignen oder über Zusammenhänge zwischen stressauslösenden Arbeitsbedingungen und möglichen Gegenmaßnahmen zu reflektieren, dient der Ressour-
censtärkung.

Eine entscheidende Rolle kommt in diesem Kontext Führungskräften zu: Sie sind sowohl *Gestalter* für die Gesundheitsförderung der Mitarbeiter als auch *Betroffene* aufgrund hoher Arbeitsbelastungen mit potenziell negativen Beanspruchungsfolgen (z. B. Burnout), die sie selbst betreffen. Aspekte *gesundheitsförderlicher Führung* sind (1) Vorbildfunktion der Führungskraft bzgl. gesunden Verhaltens, (2) positive Beziehungsgestaltung zu den Mitarbeitern, (3) gesundheitsförderliche Gestaltung der Arbeitsbedingungen (vgl. Sonntag, Turgut & Feldmann, 2016). Die Verantwortung für die Mitarbeitergesundheit ist nicht alleine an die unmittelbare Führungskraft zu delegieren, vielmehr müssen Top-Management und Geschäftsführung dafür Sorge tragen, dass die Arbeitsbedingungen ihrer Führungskräfte so gestaltet sind, dass diese sich auch für die Gesundheitsförderung ihrer Mitarbeiter einsetzen können.

Aktionsfeld „Nachhaltiges Gesundheitsmanagement". Aufgrund der hohen Bedeutsamkeit betrieblicher Gesundheitsförderung für den Erhalt der individuellen Mitarbeitergesundheit und den Organisationserfolg ist es sinnvoll, die Qualität der umgesetzten Maßnahmen zu sichern und die Wirkung der Interventionen zu überprüfen. Dadurch erhalten Unternehmen Gewissheit über die Kosten-Nutzen-Relation und den Sinn (oder Unsinn) der Interventionen. Die Investitionen zahlen sich aus – dafür gibt es genügend empirische Evidenz. Studien und Überblicksarbeiten zeigen deutliche Reduktionen der Fehlzeiten und eine Verbesserung des Gesundheitszustands der Beschäftigten durch Gesundheitszirkel, verhaltensorientierte oder ergonomische Interventionen (vgl. Aust & Ducki, 2004; Bamberg & Staar, 2014). Auch der ökonomische Nutzen betrieblicher Gesundheitsförderung, meist operationalisiert über den Return on Investment (RoI), ist vielfach belegt (vgl. die Überblicksarbeit zu zentralen Befunden des Zusammenhangs zwischen Gesundheitsförderung und finanziellen Outcomes bei Sonntag & Stegmaier, 2015). In einem mehrjährigen vom BMBF geförderten Projekt (Sonntag, Stegmaier & Spellenberg, 2015) konnte nachgewiesen werden, dass eine gesundheitsförderliche Arbeitsumgebung und Führung sich nicht nur positiv auf subjektive Leistungs- und Gesundheitsmaße auswirkt, sondern auch auf objektive Kennzahlen des Krankenstands, der Arbeitsunfallstatistik und der Personalproduktivität.

Fazit

Die Aufarbeitung des aktuellen Forschungsstandes zur beruflichen Leistungsfähigkeit hat eine Reihe grundlegender Potenziale und individueller Ressourcen zusammengetragen, deren Erhalt, Förderung und Nutzung eine längere Erwerbstätigkeit ermöglichen. Theoretisch gestützt wird dies durch das eher entwicklungspsychologisch ausgerichtete und empirisch bereits mehrfach angewandte Modell der Selektion, Optimierung und Kompensation

(SOK-Modell). Zwei arbeitspsychologische Modelle der Potenzialnutzung folgen, mit denen Qualifikations-, Gesundheits- und Motivationsrisiken durch entsprechende Interventionen der Arbeitsgestaltung und Personalentwicklung minimiert bzw. verhindert werden können. Beide Modelle finden ihre Konkretisierung als Präventionsansätze im HR- und Gesundheitsmanagement.

Allgemeine theoretische Modelle zur Beschreibung der Wirkmechanismen erfolgreichen und produktiven Alterns im Arbeitskontext sind erst jüngst veröffentlicht worden. Ausgehend von gerontologischen Modellen und Konzepten der Lebensspannenpsychologie für erfolgreiches Altern arbeitet Zacher (2015) auf der Basis vorhandener arbeits- und organisationspsychologischer Befunde sowohl persönliche (Kompetenzen und Eigenschaften) als auch kontextuale Moderatoren und Mediatoren (Arbeitscharakteristika und Lebensumstände) heraus, die das Verhältnis zwischen intraindividuell altersbezogenen Veränderungen über die Zeit und verschiedenen Outcome-Variablen (Arbeitsmotivation, berufliche Leistungsfähigkeit, Einstellungen, Gesundheit und Wohlbefinden) beeinflussen. Im Sinne einer „Meta-Theorie" von Arbeit und Altern integrieren des Weiteren Zacher, Hacker und Frese (2016) die in der Arbeitspsychologie verbreitete kognitive Handlungsregulationstheorie mit einer entwicklungspsychologischen Perspektive der Lebensspanne zur sogenannten ARAL-Theorie (Action Regulation Across The Adult Lifespan). In einer Vielzahl von Thesen werden aufbauend auf diesem integrativen Ansatz altersbezogene Veränderungen und Plastizität hinsichtlich kognitiver Fähigkeiten, motivationaler Strategien und sozioemotionaler Erfahrungen in Wechselwirkung zu arbeits- und leistungsbezogenen Merkmalen thematisiert. Sowohl individuelle als auch arbeitsgestalterische und organisationale Stellhebel werden von den Autoren für eine altersdifferenzierte und beanspruchungsoptimale Tätigkeit diskutiert. Beide integrativen Konzepte zur Erklärung des Zusammenhangs von Arbeit und Altern warten noch auf ihre empirische Bestätigung im Praxisfeld.

7 Maßnahmen und Initiativen zur Potenzial-erhaltung und Ressourcenentwicklung

7.1 Umsetzungsstand betrieblicher Maßnahmen

Seit ca. 15 Jahren ist das Thema „ältere Erwerbstätige" in der Wirtschaft virulent. Die Auswirkungen des demografischen Wandels sind in verschiedenen betrieblichen Bereichen spürbar und werden in den nächsten Jahren weiter an Bedeutung gewinnen. Wissenschaft und Praxis beschäftigen sich in unterschiedlichen Kooperationsvorhaben mit der Entwicklung, Erprobung und Umsetzung von Maßnahmen zur Gestaltung des demografischen Wandels. Relativ frühzeitig haben vorausschauende Unternehmen, Verbände und Forschergruppen reagiert: So entstanden unter anderem

- altersdifferenzierte betriebliche HR-Programme mit wohlklingenden Namen wie „LIFE", „Silverline", „Midlife Power", „50plus – Die können es!", „Heute für Morgen", „Aging Workforce";
- verschiedene Leitlinien, Checklisten, Analysetools und Handlungshilfen zur Bewältigung des demografischen Wandels in Unternehmen, erstellt von den Sozialpartnern, Berufsgenossenschaften oder Versicherungsträgern;
- Forschungsverbünde und Forschungsprogramme, wie das DFG-Schwerpunktprogramm „Altersdifferenzierte Arbeitssysteme" (vgl. den Sammelband von Schlick, Frieling und Wegge, 2013 mit ausführlichen Informationen zu den einzelnen Projekten) oder das BMBF/ESF-Programm „Innovationsfähigkeit im demografischen Wandel" (vgl. den Sammelband von Jeschke, Richert, Hees und Jooß, 2015 mit ausführlichen Informationen zu den einzelnen Projekten);
- unternehmensspezifische Regelungen, wie die Heraufsetzung der Altersgrenzen für das Top-Management auf 62 Jahre in einem bayrischen Automobilunternehmen oder die Rückholaktion von Ruheständlern (sog. „Senior Experts", vgl. Abschnitt 8.3);
- betriebsübergreifende Regelungen zur Altersteilzeitarbeit für die chemische Industrie oder die Metall- und Elektroindustrie. Ein ausführliches Beispiel der Ausgestaltung eines Tarifvertrags zur „Lebensarbeitszeit und Demografie" durch Arbeitgeber und Gewerkschaften der chemischen Industrie ist in Abschnitt 7.3 (Gestaltung der Arbeitszeit) dargestellt.

Die Vielfalt dieser Initiativen, Instrumente und Aktionen zeigt nicht nur die Relevanz des Themas, sondern auch die vielschichtigen Ansatzpunkte von Unternehmen und Intermediären, um den Herausforderungen des demografischen Wandels zu begegnen. Trotzdem lassen die Ergebnisse von Befragungen darauf schließen, dass viele Führungskräfte und Entscheidungsträger sich noch nicht ausreichend vorbereitet sehen (z. B. Lohmann, Larson & Frank, 2011; Towers Watson, 2014).

Auf Grundlage des Betriebspanels des Instituts für Arbeitsmarkt- und Berufsforschung[6] (IAB) analysierten Leber, Stegmaier und Tisch (2013) den Einsatz altersspezifischer Maßnahmen und welche Unterschiede dabei zwischen Betrieben verschiedener Branchen und Größenklassen bestehen. Die Maßnahmen umfassen
z. B. spezielle Weiterbildungsangebote für Ältere, die Anpassung der Ausstattung
von Arbeitsplätzen, Veränderungen von Arbeitsanforderungen, die Zusammenarbeit in altersgemischten Teams oder Gesundheitsförderung.

Insgesamt 18 % der Betriebe ($N = 16.000$) mit älteren Mitarbeitern bieten Maßnahmen zur Förderung der Beschäftigung Älterer an. Seit 2006 ist eine Zunahme
dieser Aktivitäten zu verzeichnen, wohingegen die „Altersteilzeit", die ein Instrument der Ausgliederung darstellt, eher zurückgeht. Boten noch im Jahr 2006
ca. 10 % der Betriebe Altersteilzeit an, waren es 2011 nur noch ca. 8 %. Währenddessen sind im Hinblick auf Weiterbildung (2006: 6 %, 2011: 9 %), altersgemischte Arbeitsgruppen (2006: 5 %; 2011: 6 %), Anpassung der Anforderungen (2006: 2 %; 2011: 4 %) und Ausstattung der Arbeitsplätze (2006: 1 %; 2011:
2 %) positive Veränderungen zu verzeichnen. Hierbei sind Unterschiede zwischen
verschiedenen Branchen (vgl. Abbildung 22) und in Abhängigkeit von der Betriebsgröße (vgl. Abbildung 23) zu verzeichnen.

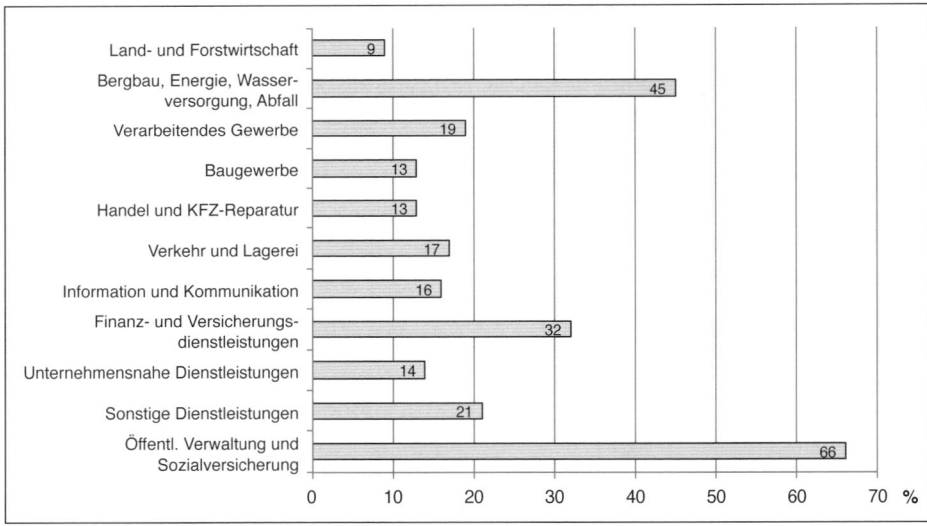

Abbildung 22:   Angebot an altersspezifischen Personalmaßnahmen nach Branchen (in
Prozent; Mehrfachnennungen möglich; eigene Darstellung basierend
auf dem IAB-Betriebspanel; vgl. Leber et al., 2013, S. 3)

---

6 Für weitere Informationen zum IAB-Betriebspanel, das im Auftrag des IAB und durch
   TNS Infratest Sozialforschung erhoben wird, vgl. http://www.iab.de/de/erhebungen/iab-
   betriebspanel.aspx.

Während im Verwaltungssektor die Mehrzahl der Organisationen altersspezifische Maßnahmen anbietet und fast die Hälfte der Betriebe im Bereich Bergbau, Energie, Wasserversorgung und Abfall, sind dies in anderen Branchen meist weniger als ein Fünftel der Betriebe. Insbesondere in der Land- und Forstwirtschaft ist die Prozentzahl sehr gering.

Ferner besteht ein starkes Gefälle hinsichtlich der Betriebsgrößen. Im Gegensatz zu Klein- und Kleinstbetrieben, von denen nur 11 % altersspezifische Personalmaßnahmen anbieten, tun dies fast alle Unternehmen mit mehr als 500 Beschäftigten (vgl. Abbildung 23).

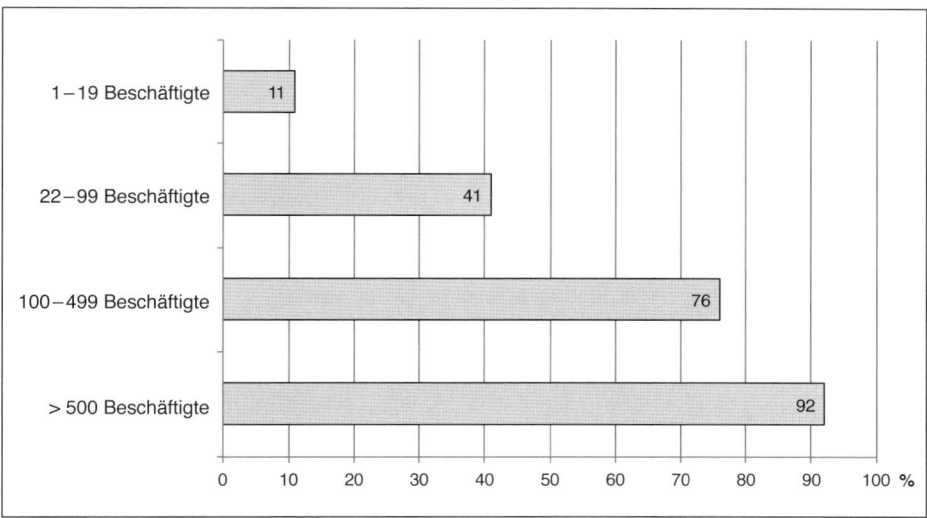

Abbildung 23: Angebot altersspezifischer Personalmaßnahmen nach Betriebsgröße (in Prozent; eigene Darstellung basierend auf dem IAB-Betriebspanel; Leber et al., 2013, S. 3)

Im Rahmen der Studie „Alternsgerechtes Arbeiten" im Auftrag des Ministeriums für Finanzen und Wirtschaft Baden-Württemberg untersuchte das Fraunhofer-Institut für Arbeitswirtschaft und Organisation (IAO), wie gut Unternehmen für den demografischen Wandel gerüstet sind (Fraunhofer-IAO, 2014). Neben einer Bestandsaufnahme war es außerdem Ziel der Studie, Handlungsempfehlungen für Unternehmen, Politik, Sozialpartner und Forschung für ein alternsgerechtes Arbeitsumfeld abzuleiten und Beispiele der guten Praxis zusammenzutragen und darzustellen.

Den Rahmen der Untersuchung bildete das Grundmodell „alternsgerechte Arbeit", das eine Betrachtung des Unternehmenssystems als Ganzes vorsieht. Sieben Gestaltungsfelder, die relevant für eine erfolgreiche Bewältigung der Folgen des demografischen Wandels sind, werden dabei näher betrachtet. Jedem Gestaltungsfeld sind drei Handlungsfelder, die auf altersgerechtes Arbeiten zugeschnitten sind, zugeordnet (vgl. Abbildung 24).

Abbildung 24: Grundmodell „altersgerechte Arbeit" (eigene Darstellung basierend
auf Fraunhofer-IAO, 2014; S. 15)

Insgesamt wurden 82 Unternehmen hinsichtlich der Gestaltungsfelder altersgerechter Arbeit befragt. Dabei kamen verschieden Erhebungsmethoden zur Bestandsaufnahme der Vorbereitung von Unternehmen für den demografischen

Wandel zum Einsatz. Neben einem Online-Fragebogen, den die Unternehmen ausfüllten, wurden auch Telefon-Interviews zur Sammlung von Beispielen guter Praxis ($n = 26$), Fallbesichtigungen für ausgesuchte Fallbeispiele ($n = 3$) und Fachgespräche mit Experten zum Thema Lernen ($n = 9$) durchgeführt.

Die Ergebnisse zeigen, dass viele der befragten Unternehmen bereits aktiv sind, andererseits jedoch auch noch Handlungsbedarf zur Verbesserung bzw. zum weiteren Ausbau der Maßnahmen besteht.

Die Studie macht deutlich, dass zwar eine Reihe von allgemeinen Maßnahmen zur Gesundheitsförderung und Kompetenzentwicklung von den Unternehmen angeboten werden, aber noch erhebliche Bedarfe insbesondere für KMU-Betriebe bestehen, die Gestaltung der Maßnahmen altersdifferenziert auszurichten. Gefordert wird eine verstärkte Sensibilisierung für die systematische Gestaltung altersgerechter Arbeit. So werden einige Handlungsfelder wie z. B. Demografiekonzept und betriebliches Gesundheitsmanagement eher von größeren Unternehmen (ab 2.500 Mitarbeitern) als relevant angesehen, wohingegen Unternehmen mit weniger als 2.500 Mitarbeitern hier selten aktiv sind.

Es wurde deshalb bei den Handlungs- und Gestaltungsempfehlungen darauf geachtet, dass diese auf KMU-Betriebe übertragbar sind (z. B. personell, finanziell), bisher wenig abgedeckte Themen einschließen und insbesondere an relevanten Stellhebeln ansetzen (vgl. Tabelle 13).

Generelle Lösungen werden allerdings nicht zu erwarten sein. Branchen- und betriebsspezifische Lösungen können jedoch als Beispiele für „gute Praxis" hilfreich sein. Im Folgenden werden einige Beispiele von Maßnahmen und Interventionen vorgestellt, die darauf ausgerichtet sind, den Herausforderungen des demografischen Wandels zu begegnen.

Good Practice: Demografiefeste Personalarbeit

Mit einem Kompendium für Betriebspraktiker zur Bewältigung des demografischen Wandels stellt das Institut für angewandte Arbeitswissenschaft e. V. (ifaa, 2015) „eine Orientierungshilfe für Unternehmen und angewandt agierende Institutionen (Arbeitgeberverbände, Gewerkschaften, Forschung)" (Adenauer, 2015a, S. 6) vor, in dem praktikable Methoden und Maßnahmen zur Förderung und Erhaltung der Leistungsfähigkeit (alternder) Belegschaften enthalten sind. Ein systematisches Vorgehensmodell beschreibt die verschiedenen Schritte von der Analyse der Ausgangssituation hin zum betrieblichen Handlungskonzept. Im Rahmen des Kompendiums werden relevante Handlungsfelder einer demografiefesten Personalarbeit aufgezeigt und erläutert sowie Einflussmöglichkeiten auf die Leistungsfähigkeit alternder Belegschaften aufgezeigt, wobei Beispiele betrieblicher Praxis konkrete Lösungsansätze bieten.

Tabelle 13: Handlungsempfehlungen und Anregungen für KMU (eigene Darstellung basierend auf Fraunhofer-IAO, 2014, S. 141 ff.)

Gestaltungsfeld	Handlungsempfehlungen
Strategie & Kultur	– Betriebliches Engagement regelmäßig der demografischen Entwicklung anpassen – Demografie und Altern zum Thema bei Leitungssitzungen erklären – Feedback der Mitarbeitenden zur Mitarbeiterbindung einholen
Führung	– Unterstützung durch die Geschäftsführung für altersgerechtes Führen – Nachfolge für ausscheidende Mitarbeitende frühzeitig regeln – Gute Führungsarbeit bewerten und belohnen
Personalpolitik & Lernen	– Belastungsintensive Aufgaben auf Dauer vermeiden – Freie Positionen als Option zur Qualifizierung und Entwicklung ansehen – Lebenslanges Lernen anleiten und begleiten
Innovation & Wissen	– Wissenstransfer konsequent verfolgen – Für technische Innovation auch soziale und organisationale Innovationen fördern – Raum und Motivation für Neues bieten
Gesundheit	– Betriebliches Gesundheitsmanagement aufsetzen – Gesunde Arbeitsprozesse durch geregelte Rahmenbedingungen – Arbeitsplätze leistungsgerecht und produktiv gestalten
IT-Unterstützung	– Web 2.0-Tools zum Wissens- und Erfahrungsaustausch nutzen – Neue Hard- und Software pilotieren – Multi-Media-Trainings anbieten
Arbeitsbedingungen	– Auf gute Raumgestaltung und angenehmes Ambiente konzentrieren – Auf ausreichend Raum zum Austausch Wert legen – Belastungsquellen an Arbeitsplätzen identifizieren

Die Bestandsaufnahme und Analyse der Ausgangssituation stellt die Grundlage für die Umsetzung eines leistungsförderlichen demografiefesten Konzepts der Personalarbeit dar. In einem „Schnellcheck", der 15 Fragen umfasst, können erste Hinweise auf bestehenden Handlungsbedarf ermittelt werden (vgl. Adenauer, 2015b, S. 65). Weiterhin liefern Altersstrukturanalyse und Qualifikationsbedarfsanalyse detaillierte Erkenntnisse über potenzielle Handlungsfelder für eine demografiefeste Personalarbeit.

Im Anschluss an die Standortbestimmung werden aus den Erkenntnissen Bedarfe abgeleitet und Gestaltungsmaßnahmen entwickelt, um an verschiedenen Handlungsfeldern anzusetzen. Die Effektivität der Maßnahmen wird dabei maßgeblich von Führung und Unternehmenskultur mitbestimmt. Nachfolgend werden die einzelnen Handlungsfelder beschrieben.

Handlungsfeld „Arbeit gestalten". Neben der Gestaltung der Arbeitsumgebungsbedingungen stellen auch inhaltliche Aspekte der Tätigkeit, die Arbeitsorganisation sowie die ergonomische Gestaltung von Arbeitsmitteln und Arbeitsplatz wichtige „Stellschrauben" für dieses Handlungsfeld dar. Ziel ist es, durch angemessene Forderung der physischen und psychischen Leistungspotenziale der Beschäftigten Über- und Unterforderung zu vermeiden, um so die Leistung zu verbessern und das Wohlbefinden der Mitarbeiter zu fördern. Beispiele für Maßnahmen zur Arbeitsgestaltung umfassen unter anderem ergonomische Anpassungen, die Erfassung psychischer Belastung am Arbeitsplatz, Job Rotation sowie Prozessstandardisierung (vgl. Ausilio et al., 2015 für eine ausführliche Darstellung verschiedener Ansatzpunkte und Praxisbeispiele).

Handlungsfeld „Arbeitszeit gestalten". Im Rahmen der Arbeitszeitgestaltung werden kurz-, mittel- und langfristig Dauer, Lage und Verteilung der Arbeitszeit festgelegt, wobei einerseits der Betriebszeitbedarf abgedeckt, aber auch die Belange der Mitarbeiter bestmöglich berücksichtigt werden sollen (Jaeger & Lennings, 2015). Ziel ist es, die Belastung der Mitarbeiter möglichst gering zu halten sowie Änderungen in der Verfügbarkeit der Mitarbeiter oder des Betriebszeitbedarfs schnell zu identifizieren und entsprechende Maßnahmen einzuleiten. Lebenssituationsspezifische Maßnahmen der Arbeitszeitgestaltung können helfen, berufliche und private Aufgaben in Einklang zu bringen und tragen so zur Gewinnung neuer qualifizierter Arbeitskräfte sowie der Bindung bestehender Mitarbeiter ans Unternehmen bei. Die ergonomische und die alternsgerechte Gestaltung der Arbeitszeit wirkt einerseits präventiv und kann andererseits auch einen potenziellen Leistungswandel der Mitarbeiter berücksichtigen (für eine ausführliche Beschreibung verschiedener Beispiele vgl. Jaeger & Lennings, 2015).

Neben betrieblichen Anforderungen und Bedürfnissen der Mitarbeiter spielen hier auch rechtliche Vorgaben eine bedeutsame Rolle (z. B. Arbeitszeitgesetz, Betriebsverfassungsgesetz, Teilzeit- und Befristungsgesetz).

Handlungsfeld „Personalpolitik und Personalstrategie realisieren". Angesichts der im Rahmen des demografischen Wandels zu erwartenden Veränderungen ist es einerseits wichtig, als Arbeitgeber attraktiv für neue Mitarbeiter zu sein, andererseits aber auch, die Beschäftigten im Unternehmen zu halten und eine konsequente Nachfolgeplanung sicherzustellen, um Expertise und Wissen im Unternehmen zu halten. „Stellschrauben" zur Optimierung von Personalpolitik und -strategie sind unter anderem Personalgewinnung, -planung, Nachfolge- und Laufbahnplanung, Arbeitszeitgestaltung, Gestaltung der Vergütung, Qualifizierung, strategische Personalentwicklung sowie Arbeitsgestaltung. Hierbei können verschiedene Instrumente und Maßnahmen zum Einsatz kommen (z. B. Mitarbeiterbefragung, Employer Branding u. a.; für eine ausführliche Darstellung verschiedener Ansatzmöglichkeiten und (Praxis-)Beispiele vgl. Adenauer, Fischer et al., 2015).

Handlungsfeld „Unternehmenskultur und Führung optimieren". Die Unternehmenskultur umfasst gemeinsame Werte und Normen einer Organisation, die den Orientierungsrahmen für ihre Mitglieder bilden und ihr Verhalten, Handeln und Entscheiden prägen (Adenauer, Baszenski et al., 2015). Die Gestaltung von Unternehmensleitlinien trägt dazu bei, die Identität der Organisation zu stärken und Klarheit für alle Mitglieder zu schaffen.

Führungskräften kommt hierbei eine besondere Rolle zu, da sie durch ihr Verhalten die Werte, Leitlinien und Ziele des Unternehmens vermitteln und damit wesentlichen Einfluss auf das Verhalten ihrer Mitarbeiter und deren Altersbild haben (Adenauer, Baszenski et al., 2015). Um eine produktive Zusammenarbeit in heterogenen Teams zu ermöglichen, müssen sie die Potenziale und Fähigkeiten (älterer) Mitarbeiter erkennen, fördern, nutzen und auch anerkennen. Dies kann nur gelingen, wenn Führungskräfte Wissen über altersdifferenzierte Entwicklungen in der Leistungsfähigkeit haben und diese in ihre Führung mit einbringen – insbesondere auch in Change Management-Prozessen und beim Führen altersgemischter Teams. Konkrete Maßnahmen wie z. B. der kontinuierliche Verbesserungsprozess und geführte Gruppenarbeit sowie Praxisbeispiele finden sich bei Adenauer, Baszenski et al. (2015).

Handlungsfeld „Gesundheit aktiv gestalten". Neben dem gesetzlichen Arbeits- und Gesundheitsschutz (geregelt im Arbeitsschutzgesetz; ArbSchG), der einen klaren Präventionsauftrag an die Arbeitgeber erteilt, um die Gesundheit ihrer Beschäftigten zu erhalten, engagieren sich viele Unternehmen darüber hinaus in der Gesundheitsförderung ihrer Mitarbeiter. Ziel ist es, die Eigenverantwortlichkeit der Mitarbeiter für den Erhalt der eigenen Gesundheit zu wecken und zu fördern sowie frühzeitig die Leistungsfähigkeit der (alternden) Beschäftigten zu stärken und zu sichern, um langfristig Fehlzeiten zu vermeiden (Jaeger, Marks, Peck & Sandrock, 2015). Weiterhin kann betriebliche Gesundheitsförderung dazu beitragen, die Arbeitgeberattraktivität zu steigern und Mitarbeiter stärker ans Unternehmen zu binden.

Für die Entwicklung, Einführung und Steuerung eines effektiven und nachhaltigen betrieblichen Gesundheitsmanagements bedarf es einer planvollen Auseinandersetzung mit der Thematik, wobei Standortbestimmung, Altersstrukturana-

lyse und betriebsspezifische Analyse über Krankheitsgründe und krankheitsbedingte Fehlzeiten Ansatzpunkte für geeignete Maßnahmen des betrieblichen
Gesundheitsmanagements liefern können (für eine Darstellung der Kernelemente
zur Ausgestaltung eines betrieblichen Gesundheitsmanagements sowie Praxis-
beispielen vgl. Jaeger et al., 2015).

Handlungsfeld „Wissen sichern und weitergeben". Wissen stellt einen wichtigen
Wettbewerbsfaktor für Unternehmen dar, der immer mehr an Bedeutung gewinnt.
Technische Neuerungen und damit verbundene Wissensaktualisierungen sowie
steigende Vernetzung beschleunigen Prozesse im Unternehmen und erfordern
ein gutes Wissensmanagement um Wissensverluste zu vermeiden.

Vor dem Hintergrund alternder Belegschaften zielen systematische Wissenstransfers insbesondere darauf ab, implizites (d. h. nicht zugänglich dokumentiertes
Wissen) weiterzugeben (Adenauer, 2015c) und zu erhalten. Durch gezielten effektiven Wissenstransfer kann nicht nur ein Übertrag von betriebsspezifischem
Wissen („Erfahrungswissen") älterer Beschäftigter auf jüngere Kollegen erfolgen, sondern auch ein Transfer von aktuellem Know-how („neuem Wissen") der
jüngeren auf ältere Mitarbeiter stattfinden. So wird das Lernen aller Altersgruppen gefördert. Ferner ermöglicht ein gezielter, strukturierter Wissenstransfer auch
die rechtzeitige und bedarfsorientierte Nachfolgeplanung. Gestaltungsmöglich-
keiten liegen z. B. in Maßnahmen der betrieblichen Weiterbildung oder Tandem-
und Mentoring-Modellen (für weitere Beispiele siehe Adenauer, 2015c; vgl. auch
Abschnitt 7.4).

Weitere elaborierte und umfassende Ansätze einer demografiesensiblen Personalarbeit auf der Grundlage angewandter Forschung finden sich bei Gerlmaier,
Gül, Hellert, Kämpf und Latniak (2016) und Nerdinger, Wilke, Stracke und Drews
(2016). Beide Handbücher sind ausgerichtet auf Personalverantwortliche und
enthalten Instrumente und Erfahrungsberichte um Personalpolitik, Arbeitsorganisation, Arbeitsgestaltung und Führungsverhalten demografiegerecht, kompe-
tenz- und gesundheitsförderlich zu gestalten.

7.2 Führung älterer Mitarbeiter und altersgemischte Teams

Im Zuge des fortschreitenden demografischen Wandels wird sich die Altersstruktur vieler Unternehmen in den nächsten Jahren weiter verändern. Dies stellt nicht
nur eine Herausforderung für Organisationen als Ganzes, sondern auch für ihre
Mitglieder dar; das Wissen älterer Mitarbeiter soll im Unternehmen gehalten werden und die Bedürfnisse der Mitarbeiter unterschiedlichen Alters berücksichtigt
werden.

Um die Potenziale altersheterogener Belegschaften und Teams optimal zu nutzen und negative Effekte zu vermeiden, kommt insbesondere den Führungskräften eine wichtige Rolle zu. Die Führung von älteren Mitarbeitern und heterogenen Teams stellt damit eine besondere Herausforderung für Vorgesetzte dar, da
sich die Ansprüche älterer Mitarbeiter an eine Führungskraft von denen jüngerer unterscheiden (vgl. Gerlmaier, Hinrichs & Latniak, 2015). Ein vorurteilsfreier
und wertschätzender Umgang mit Mitarbeitern aller Altersklassen ist dabei ge-
nauso wichtig wie die angemessene Arbeitsplatzgestaltung und eine Kultur des
Austauschs und der Weiterbildung.

7.2.1 Stereotype über ältere Mitarbeiter

Für das Gelingen einer demografiesensiblen Unternehmensstrategie, die ältere
Mitarbeiter mit einbezieht und deren Potenziale fördert und nutzt, stellen Altersstereotype und Vorurteile ein ernstzunehmendes Hindernis dar.

Neben ethnischer Zugehörigkeit und Geschlecht bildet das Merkmal „Alter" eine
basale Kategorie, welche Vorurteile, Stereotypenbildung und Diskriminierung
begünstigen kann. Einer aktuellen Umfrage zufolge stellt das Lebensalter das
häufigste Diskriminierungsmerkmal dar (49 %), wobei die meisten Diskrimine-
rungserfahrungen am Arbeitsplatz auftreten (vgl. Beigang, Fetz, Foroutan, Kalkum & Otto, 2016).

Negative Konsequenzen von Altersstereotypen können sich beispielsweise in der
Benachteiligung älterer Arbeitnehmer in Bezug auf die Personalauswahl und
-beurteilung niederschlagen (vgl. Nübold & Maier, 2012). Aufgrund des Vorurteils, ältere Mitarbeiter seien weniger motiviert, leistungs- und anpassungsfähig,
häufiger krank und weisen weniger Innovations- und Weiterentwicklungspoten-
zial auf, werden bei der Personalauswahl häufig jüngere Bewerber bevorzugt
(vgl. Rothermund & Mayer, 2009).

Weiterhin können vorherrschende Altersstereotype auch einen unmittelbaren
negativen Einfluss auf ältere Mitarbeiter haben. Dies zeigt sich beispielsweise in
dem Phänomen des „Stereotype Threat", d. h. dem Effekt, dass die wahrgenommene psychologische Bedrohung durch das Vorurteil zu einer selbsterfüllenden
Prophezeiung führt: Angst beeinflusst das Verhalten im Sinne des Vorurteils
(Aronson, Wilson & Akert, 2007). Von Hippel, Kalokerinos und Henry (2013)
fanden außerdem, dass negative Stereotype zu geringerer Arbeitszufriedenheit,
geringem Commitment und psychischer Gesundheit führen und so indirekt den
Kündigungswunsch älterer Mitarbeiter erhöhen. In Bezug auf jüngere Mitarbeiter bestehen diese Zusammenhänge nicht, obwohl auch sie sich (z. B. aufgrund
ihrer mangelnden Expertise) Stereotypen ausgesetzt fühlen könnten.

Viele dieser Vorurteile wurden in Einzelstudien oder Metaanalysen bereits eindeutig widerlegt (vgl. Kapitel 3). So fanden Ng und Feldman (2008) in ihrer

Metaanalyse nicht nur, dass kein signifikanter (negativer) Zusammenhang zwischen Leistung und Alter besteht, sondern auch, dass ältere Mitarbeiter entgegen bestehender Vorurteile nicht mehr Fehlzeiten (Absentismus) aufweisen, weniger kontraproduktives Arbeitsverhalten ("counterproductive work behavior") sowie mehr freiwilliges zusätzliches Engagement innerhalb ihrer Organisation ("organizational citizenship behavior") als ihre jüngeren Kollegen zeigen. Des Weiteren korreliert Alter positiv mit dem Sicherheitsverhalten.

Kunze, Böhm und Bruch (2013) zeigen entgegen verbreiteter Stereotype, dass das Alter der Mitarbeiter in negativem Zusammenhang mit Widerständen gegen Veränderungen ("resistance to change") steht. Den Autoren zufolge sinkt die Ausprägung des Widerstands gegenüber Veränderungen mit dem Alter. Eine Erklärung für diesen Effekt könnte darin liegen, dass ältere Mitarbeiter eine höhere emotionale Stabilität aufweisen und daher potenziell besser mit negativen emotionalen Reaktionen bei Veränderungen umgehen können (Gross et al., 1997; Williams et al., 2006). Außerdem weisen die Daten auf einen indirekten Mediatoreffekt der Variable "resistance to change" auf die Beziehung von Alter und Arbeitsleistung hin. Ältere Mitarbeiter weisen demnach – vermittelt durch ihre geringere "resistance to chance" – eine stärkere Ideengenerierung, höhere Zielerreichungswerte und weniger Absentismus auf.

Neben der Entkräftung des Vorurteils, ältere Mitarbeiter seien weniger innovativ und zeigten mehr "resistance to change" (Ng & Feldman, 2013a, vgl. Abschnitt 3.2) analysierten Ng und Feldman (2012) in einer weiteren Metaanalyse 418 empirische Studien mit insgesamt 208.204 Teilnehmern im Hinblick auf weit verbreitete Vorurteile gegenüber älteren Mitarbeitern. Dabei kontrollierten die Autoren auch die Dauer der Betriebszugehörigkeit der Befragten (vgl. Tabelle 14).

Für die meisten Vorurteile, wie z. B. ältere Mitarbeiter hätten eine geringere Arbeitsmotivation, litten unter Gesundheitseinbußen, zeigten geringere Proaktivität, verfügten über eine reduzierte Bereitschaft für Veränderung, hätten weniger soziale Arbeitsbeziehungen und würden durch Konflikte zwischen Arbeit und Familie stärker beansprucht, fand sich *keine* Bestätigung. Teilweise wurden sogar den Stereotypen entgegengesetzte Zusammenhänge mit dem Alter aufgedeckt (z. B. bei Arbeitsmotivation). Lediglich in Bezug auf das Vorurteil, ältere Mitarbeiter seien weniger gewillt, an Trainings-, Weiterbildungs- und Karriere-Entwicklungs-Maßnahmen teilzunehmen, konnte ein (den Hypothesen entsprechender) empirischer Zusammenhang mit dem Alter festgestellt werden.

Ein etwas anderes Bild zum Weiterbildungsverhalten zeichnen Leber et al. (2013). Auf Grundlage der "Studie zur Mentalen Gesundheit bei der Arbeit", bei der 4.500 Erwerbstätige (Erhebung 2011) befragt wurden, und des IAB-Betriebspanels weisen Leber et al. (2013) auf die Relevanz des Qualifikationsniveaus hin. Über alle Altersgruppen hinweg nehmen Beschäftigte mit höherer Qualifikation eher an Weiterbildungen teil. Studien und Maßnahmen zur Fort- und Weiterbildung sollten daher auch das Qualifikationsniveau der (älteren) Teilnehmer berücksichtigen.

Tabelle 14: Metaanalytische Zusammenhänge zwischen Altersstereotypen und dem Alter (Ng & Feldman, 2012, S. 847)

Stereotype	Inhalte	r_c
Motivation	Arbeitsmotivation	*.10**
	Arbeitsengagement	.07*
	Generalisierte Selbstwirksamkeit	.07
	Arbeitsselbstwirksamkeit	.08*
Training & Karriere-entwicklung	Trainingsteilnahme	−.04*
	Lernmotivation	*−.10**
Veränderung und Innovation	Einstellung zu organisationaler Veränderung	.05*
	Innovationsverhalten	.05
Proaktivität	Proaktives Arbeitsverhalten (Fremdrating)	*−.09*
	Rollenbezogene Selbstwirksamkeit	.03
Soziale Beziehungen	Interpersonales Vertrauen	.06*
	Austausch mit Kollegen	−.02
	Führungskraft-Mitarbeiter-Beziehung	.06*
	Geringer zwischenmenschlicher Konflikt	*−.11**
Gesundheit	Depression	*−.12**
	Negative mentale Gesundheitssymptome	−.05
	Somatische Beschwerden	−.05
	Subjektiv schlechte allgemeine Gesundheit	−.06*
Arbeit-Familien-Balance	Familien-Arbeit-Konflikt	−.05
	Arbeit-Familien-Konflikt	−.07*

Anmerkungen: r_c = nach Stichprobengröße gewichtete korrigierte Korrelationen. * = r_c signifikant (95 % Konfidenzintervall enthält nicht 0). Die Interpretation der Korrelationen nahmen die Autoren nach Cohens (1988) Empfehlung vor: sehr schwach: <.09; schwach: .10–.23; moderat: .24–.37; stark: >.37).

Für eine differenzierte Sichtweise des Altersbildes ist auch die Einschätzung Älterer über ihre eigene Altersgruppe von Interesse. Im Rahmen der Studie „Transition and Old Age Potential" (TOP) des Bundesinstituts für Bevölkerungsforschung (BiB) wurden zwischen Januar und März 2013 5.002 zufällig ausgewählte Personen zwischen 55 und 70 Jahren zu ihrem Altersbild befragt (Cihlar, Mergenthaler & Micheel, 2014). Die Ergebnisse zeigen, dass ältere Menschen (55 bis 70 Jahre) ein durchaus positives Altersbild haben (vgl. Abbildung 25).

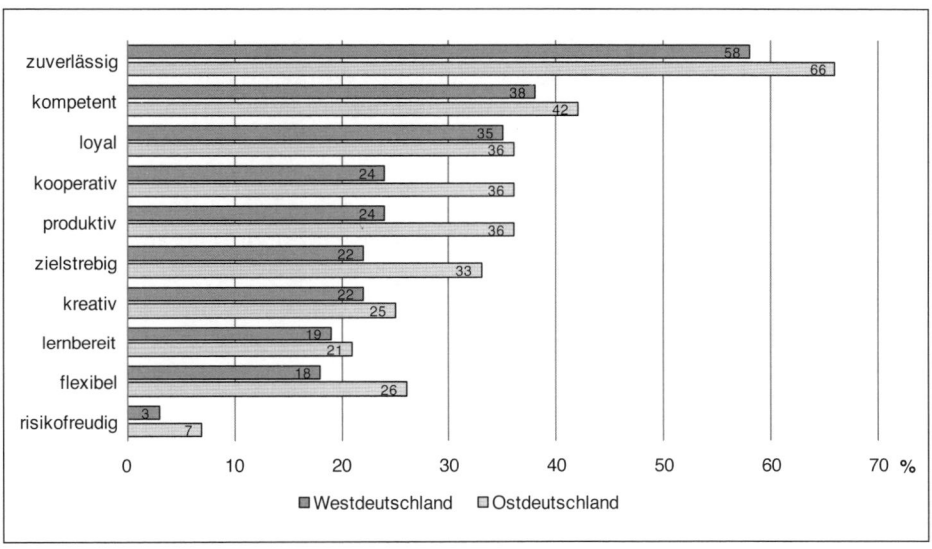

Abbildung 25: Altersbild in Ost- und Westdeutschland (volle Zustimmung in Prozent auf die Aussage „Ältere Menschen sind ..."; eigene Darstellung basierend auf Daten des BiB; vgl. Cihlar et al., 2014, S. 14)

Insgesamt schreiben die Befragten Älteren in besonderem Maße Zuverlässigkeit, Kompetenz und Loyalität zu. Interessanterweise scheinen ältere Menschen in Ostdeutschland ein deutlich positiveres Altersbild zu haben als in Westdeutschland.

7.2.2 Altersgemischte Teams

Neben einer generellen Alterung der Belegschaft wird auch Teamarbeit, als gängige Form beruflicher Zusammenarbeit, zunehmend altersheterogener werden (Bruch, Kunze & Böhm, 2010), wobei insbesondere die Altersspanne im Team im Zuge des demografischen Wandels wächst (Wegge, Schmidt et al., 2012).

Für Führungskräfte ergeben sich daraus neue Potenziale, aber auch Anforderungen: Die Bandbreite an Erfahrungen, Wissen und Einstellungen altersgemischter Teams kann wertvolle Synergieeffekte erzeugen. Die kognitive Diversität kann sich jedoch nur entfalten, wenn Altersstereotype und Konflikte die Kommunikation und Kooperation im Team durch die Bildung altershomogener Subgruppen nicht gefährden (Bruch et al., 2010; Liebermann, Wegge, Jungmann & Schmidt,

2013). Die Forschung beschäftigt sich daher neben der Frage nach der Produktivität und Erfolgsfaktoren altersgemischter Teams auch damit, wie die Führung altersheterogener Arbeitsgruppen gelingen kann.

Bruch und Kollegen (2010) diskutieren verschiedene Chancen und Herausforderungen altersgemischter Teams (vgl. Abbildung 26). Ein wichtiges Potenzial stellt die Zusammenführung und Anreicherung von Wissen, Erfahrungen und der Fähigkeiten der Teammitglieder – in ihrer kognitiven Diversität – dar. So können bei Prozessen der Entscheidungsfindung durch die größere Vielfalt an Perspektiven, Erfahrungen, Wahrnehmungen und Problemlösekompetenzen Vorteile entstehen, indem z. B. potenzielle Probleme schneller identifiziert werden. Auch Kreativität und Innovationsfähigkeit werden durch die gemischte Zusammensetzung von Teams begünstigt, da eine größere Bandbreite an Ideen, Einstellungen, aber auch Praxiserfahrung vorliegt. Weitere Chancen ergeben sich in Bezug auf Kundenverständnis, Wissenstransfer (insbesondere implizites Wissen) und in den Lern- und Entwicklungsmöglichkeiten sowie der gegenseitigen Motivation.

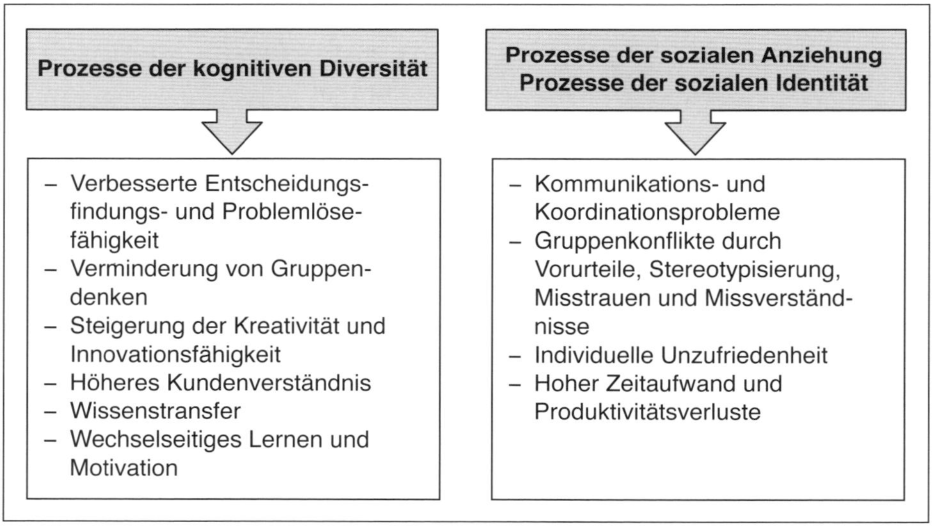

Prozesse der kognitiven Diversität	Prozesse der sozialen Anziehung Prozesse der sozialen Identität
– Verbesserte Entscheidungsfindungs- und Problemlösefähigkeit – Verminderung von Gruppendenken – Steigerung der Kreativität und Innovationsfähigkeit – Höheres Kundenverständnis – Wissenstransfer – Wechselseitiges Lernen und Motivation	– Kommunikations- und Koordinationsprobleme – Gruppenkonflikte durch Vorurteile, Stereotypisierung, Misstrauen und Missverständnisse – Individuelle Unzufriedenheit – Hoher Zeitaufwand und Produktivitätsverluste

Abbildung 26: Chancen und Herausforderungen altersgemischter Teams (eigene Darstellung basierend auf Bruch et al., 2010, S. 143)

Altersgemischte Teamarbeit bringt jedoch auch Herausforderungen mit sich. Prozesse der sozialen Identität und sozialen Anziehung begünstigen die Entstehung von altershomogenen Subgruppen, welche sich gegenseitig (bewusst oder unbewusst) in ihrem Wert zurücksetzen (Bruch et al., 2010). Dies kann die positiven Effekte altersheterogener Teams teilweise oder ganz aufheben. Die Kommunikation kann gestört sein, Ideen und Meinungen werden nicht mehr geteilt und die Aufrechterhaltung von Altersstereotypen wird begünstigt. Individuelle Unzufriedenheit einzelner Teammitglieder aufgrund nicht funktionierender Teamarbeit schadet dem Wohlbefinden und kann gesundheitlich relevant sein (Liebermann et al., 2013), was längerfristig negative Folgen für das Unternehmen haben kann.

Die Ergebnisse eines sechsjährigen Forschungsprogrammes (ADIGU-Projekt: Altersheterogenität von Arbeitsgruppen als Determinante von Innovation, Gruppenleistung und Gesundheit; gefördert durch die DFG), in dessen Rahmen in verschiedenen Studien insgesamt 745 natürliche Teams ($N = 8.848$ Mitarbeiter) in drei verschiedenen Berufsfeldern (Autoproduktion, Administration und Finanzdienstleistung) untersucht wurden, zeigten ebenfalls sowohl Vor- als auch Nachteile altersgemischter Teams auf (Ries et al., 2013; Wegge, Jungmann et al., 2012).

Basierend auf einem neuen Modell der Produktivität in altersgemischten Teams (vgl. Abbildung 27) identifizierte die Forschergruppe Voraussetzungen für die Effektivität von altersgemischten Teams: hohe Aufgabenkomplexität, geringe Salienz (Auffälligkeit) und Wertschätzung von Altersdiversität, positives Teamklima, geringe Altersdiskriminierung, ergonomische Arbeitsplatzgestaltung und altersdifferenzierte Führung. Ausgehend davon wurde im Rahmen des Projektes auch ein Training zur alter(n)sgerechten Führung (vgl. Abschnitt 7.2.3) entwickelt und evaluiert.

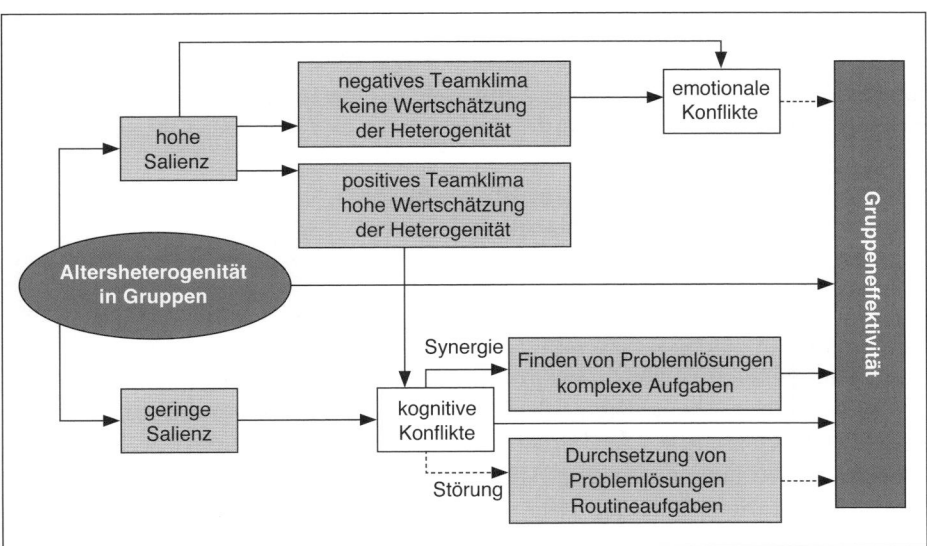

Abbildung 27: Das „ADIGU"-Modell (eigene Darstellung in Anlehnung Jungmann, Hilgenberg, Porzelt, Fischbach & Wegge, 2016; Wegge, Schmidt et al., 2012, S. 345)

Liebermann et al. (2013) zeigten außerdem an einer deutschen Stichprobe
($N = 1.214$), dass die Altersheterogenität in Teams auch die individuelle Gesundheit der Teammitglieder beeinflusst. Zwar hat Altersdiversität per se nur einen
geringen (negativen) Effekt auf die Gesundheit, dieser variiert jedoch in Abhängigkeit vom Alter der Betroffenen. Vor allem bei jüngeren und älteren Teammitgliedern manifestieren sich negative Effekte auf die Gesundheit, wohingegen ihre
Kollegen mittleren Alters kaum betroffen sind. Weiterhin zeigte sich, dass die
eigenen Vorurteile bezüglich der eigenen Altersgruppe bzw. anderer Altersgruppen eine wichtige Rolle spielen.

In ihre Metaanalyse bezogen Joshi und Roh (2009) Daten von 8.757 Teams aus
39 Studien mit ein und zeigten, dass insbesondere die Rahmenbedingungen wie
z.B. Branche (Produktion, Serviceindustrie, High Technology), demografische
Variablen und Art des Teams (in Bezug auf die Abhängigkeit und die Dauer der
Zusammenarbeit) einen wichtigen Einfluss auf die Leistung und Effektivität altersgemischter Teams haben.

Eine Studie des Zentrums für Europäische Wirtschaftsforschung (ZEW) Mannheim untersuchte auf breiter Datenbasis die Wirkung von Human Resources-Maßnahmen für ältere Mitarbeiter (z.B. altersgerechte Ausstattung des Arbeitsplatzes, verringerte Arbeitszeit und Leistungsanforderungen, Regelungen zur
Altersteilzeit) auf den Beschäftigungsabgang und den Übergang in den Ruhestand (Boockmann, Fries & Göbel, 2012). Die Analysen zeigten, dass ältere Mitarbeiter durch die Zusammenarbeit mit jungen Kollegen motiviert werden; nur
in Betrieben mit altersgemischten Teams zeigte sich eine verlängerte Beschäftigungsdauer für 52- bis 64-jährige Arbeitnehmer. Andere Maßnahmen hatten keinen Einfluss auf die Beschäftigungsabgänge älterer Teilnehmer oder führten gar
zu einer Verkürzung der Beschäftigungsdauer (z.B. Altersteilzeitregelung).

7.2.3 Training alter(n)sgerechtes Führen
in Teams (ADIGU-Training)

Verschiedene Studien haben gezeigt, dass die Gruppenzusammensetzung einen
bedeutsamen Faktor für den Teamerfolg darstellt (van Knippenberg & Schippers, 2007). In der Folge des demografischen Wandels wird es in Zukunft nicht
nur mehr altersgemischte Teams geben, auch die Altersheterogenität in Arbeitsgruppen wird voraussichtlich zunehmen. Hierbei kommt den Führungskräften
eine besondere Rolle bei der Förderung und Nutzung der Potenziale älterer Mitarbeiter zu. Aufbauend auf dem ADIGU-Modell entwickelten Wegge und Kollegen (Wegge, Schmidt et al., 2012) ein zweitägiges Führungskräftetraining, das
auf die Schulung im vorurteilsfreien Umgang mit älteren Mitarbeitern ausgerichtet ist.

Das modular aufgebaute Training wurde in einer Landesverwaltung von Nordrhein-Westfalen durchgeführt und hatte zum Ziel, „ein Bewusstsein für Diversität zu schaffen, Stereotype und Diskriminierung zu reduzieren und diskriminierendes Verhalten zu verringern" (Wegge, Schmidt et al., 2012, S. 346). Ferner sollten Führungskräfte Handlungsoptionen zum Abbau von Alterssstereotypen, zum konstruktiven Umgang mit Vorurteilen und wertschätzendem Führen kennenlernen und entwickeln.

Im ersten Modul stehen Informationen der Führungskräfte zum Alterungsprozess von Mitarbeitern und Modelle zur Entstehung und den Folgen geringer Wertschätzung und Alterssstereotypen im Vordergrund. Im Mittelpunkt des Seminars steht die Identifikation und Nutzung von Altersdiversität als Ressource. Am zweiten Tag des Trainings findet dies Anwendung, indem anhand von Fallbeispielen Handlungsstrategien für eine wertschätzende, altersdifferenzierte Führung erarbeitet werden. Vier Monate nach Abschluss der Intervention wird ein Transferworkshop durchgeführt, in dem die Trainingsinhalte wiederholt und vertieft werden und sich mit anderen Teilnehmern über Umsetzung und Probleme in der Praxis ausgetauscht wird. Abbildung 28 zeigt den Aufbau der drei Module. Eine ausführliche Beschreibung des Trainings findet sich bei Wegge und Schmidt (2015).

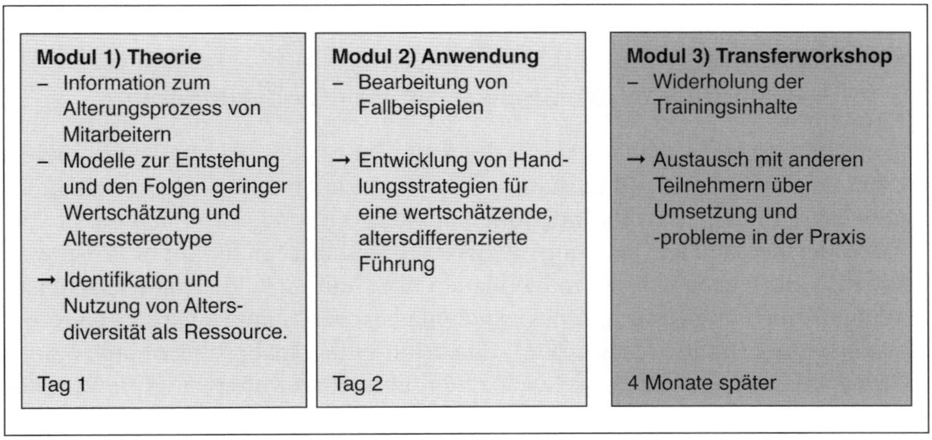

Modul 1) Theorie	Modul 2) Anwendung	Modul 3) Transferworkshop
– Information zum Alterungsprozess von Mitarbeitern – Modelle zur Entstehung und den Folgen geringer Wertschätzung und Alterssstereotype → Identifikation und Nutzung von Altersdiversität als Ressource.	– Bearbeitung von Fallbeispielen → Entwicklung von Handlungsstrategien für eine wertschätzende, altersdifferenzierte Führung	– Widerholung der Trainingsinhalte → Austausch mit anderen Teilnehmern über Umsetzung und -probleme in der Praxis
Tag 1	Tag 2	4 Monate später

Abbildung 28: Module der Intervention „alter(n)sgerechte Führung" (eigene Darstellung nach Wegge, Schmidt et al., 2012; Wegge & Schmidt, 2015)

Die Evaluation des Trainings erfolgte durch ein Kontrollgruppendesign mithilfe eines Prä-Post-Vergleichs. Hierzu wurden neben den teilnehmenden Führungskräften auch deren Mitarbeiter (Experimentalgruppe: $N_{Führungskraft} = 23$; $N_{Mitarbeiter} = 109$; Kontrollgruppe: $N_{Führungskraft} = 24$; $N_{Mitarbeiter} = 112$) vor und nach der Intervention zu verschiedenen Modellvariablen des AGIDU-Modells befragt. Neben einer Reduktion der Vorurteile gegenüber älteren Mitarbeitern bei Führungskräften der Experimentalgruppe berichten die Autoren außerdem positive Effekte auf die Teamleistung (Innovationsfähigkeit). Die Ergebnisse zeigen, dass die Einstellungen und Verhaltensweisen von Führungskräften einen positiven Einfluss auf ihre Mitarbeiter haben und verdeutlichen die Bedeutsamkeit alter(n)sgerechter Führung (Ries et al., 2013; Wegge, Schmidt et al., 2012). Die Ergebnisse sprechen außerdem dafür, dass Veränderungen in Bezug auf leistungs- und gesundheitskritische Einstellungen möglich sind und eine altersdifferenzierte Führung trainierbar ist.

7.3 Arbeitsgestaltung

Nicht nur im Hinblick auf ältere Arbeitnehmer ist die ergonomische Arbeitsgestaltung von hoher Relevanz. Generell fördert eine humane Arbeitsgestaltung Gesundheit, Leistungsfähigkeit und Produktivität von Fach- und Führungskräften. So können ergonomische Präventionsmaßnahmen Fehlzeiten reduzieren, Arbeitsunfälle vermeiden und zu einer Verbesserung der Mitarbeitergesundheit beitragen (Sonntag, Frieling & Stegmaier, 2012). Schwerpunkte der arbeitswissenschaftlichen Gestaltung sind Arbeitsplatz, -mittel, -umgebung, -zeit, -struktur und -aufgaben.

7.3.1 Gestaltung von Arbeitsplatz, -mitteln und -umgebung

Die ergonomische Gestaltung von Arbeitsplätzen ermöglicht altersdifferenziertes Arbeiten und damit die Entfaltung von Potenzialen und Leistungsfähigkeit. Aufgrund der inter- und intraindividuellen Varianz des Alterns – und damit verbunden der beruflichen Leistungsfähigkeit – sind aber individuelle Lösungen sinnvoll. Sie erlauben eine der individuellen Konstitution (z. B. Trainingszustand, Verschleißerscheinungen) und des psychophysischen Status entsprechende Arbeitsgestaltung (Landau et al., 2007). Da bestimmte – insbesondere physiologische – Funktionen, wie beispielsweise Seh- und Hörvermögen und Beweglichkeit der Gelenke (vgl. ausführlich Abschnitt 3.1) mit dem Alter eher abnehmen, bieten sich hier Möglichkeiten der Arbeitsplatzgestaltung (z. B. Vergrößerung von Schrift und Symbolen, Erhöhung der Signal-Geräusch-Relation am Arbeitsplatz) (Ausilio et al., 2015).

Insbesondere beim Einsatz von Arbeitsgeräten oder IT-gestützten Instrumenten und Prozessen kann die Arbeit für Ältere durch passende Werkzeuge und Programme wirkungsvoll gestaltet werden. Eine Reihe arbeitswissenschaftlicher Gestaltungsempfehlungen als Reaktion auf potenzielle altersdifferenzierte Veränderungen im sensorischen, motorischen und kognitiven Bereich sind von Falkenstein (2013) systematisch zusammengefasst (vgl. Tabelle 15).

Tabelle 15: Arbeitswissenschaftliche Gestaltungsempfehlungen bei möglichen biologischen, psychomotorischen und kognitiven Veränderungen älterer Erwerbstätiger (nach Falkenstein, 2013)

Veränderungen	Gestaltungsempfehlungen
Körperliche Veränderungen	
Eingeschränktes Gleichgewicht	Auffällige und klare Kennzeichnung von Wegen, Wegräumen von Hindernissen
Abnehmende Muskelkraft	Reduktion körperlicher Arbeit, körperliches Training (aerobes Training und Krafttraining)
Verengte Blutgefäße und steigender Blutdruck	Reduktion von Stressoren (z. B. Zeitdruck) und Trainings zur Stressbewältigungskompetenz
Sensorische Veränderungen	
Abnahme der Sehschärfe und Kontrastempfindlichkeit, Zunahme der Blendempfindlichkeit	Gute Ausleuchtung des Arbeitsplatzes (>100 cd/m²), Vermeidung von Blendung und Reflexen (indirekte Lichtquellen, Entspiegelung), große Schrift und klare Kontraste, Reduktion von Nachtfahrten v. a. bei Nässe
Einschränkung des peripheren Sehens	Relevante Objekte am Arbeitsplatz ins Blickfeld rücken, Trainings zum peripheren Sehen am PC
Zunehmender Hochtonverlust, Störungen des Sprachverständnisses unter ungünstigen Bedingungen, Ablenkung durch irrelevante Geräusche	Lärm- und Geräuschreduzierung, Reduktion von Hall und irrelevanter Sprache (Abschirmung und Schalldämpfung), Durchsagen mit tieferer Stimmfrequenz, Vermeidung von undeutlicher Sprache, bimodale Reize (z. B. auditiv plus visuell), rhythmische Reize
Vergröberung der Tastempfindlichkeit	Größere Tasten, genügend Abstand
Veränderungen in der Motorik	
Beeinträchtigung der Feinmotorik, Schwierigkeiten mit Präzisionsbewegungen	Längere Übungsphasen motorischer Sequenzen, altersfreundliche Gestaltung von Eingabeelementen und Feinwerkzeugen

Tabelle 15: Fortsetzung

Veränderungen	Gestaltungsempfehlungen
Veränderungen in der Aufmerksamkeitsleistung	
Stärkere Ablenkung durch akustische Reize	Allgemeine Reduktion von Störungen (v. a. akustische Störreize, Sprache, z. B. Schalldämpfung, Abschirmung)
Ablenkung durch visuelle Reize	Einfach gehaltene Schilder, knappe Texte, klare einfache Strukturen, Vermeidung von „Schilderwäldern"
Erschwerter Aufmerksamkeitswechsel, erhöhter Zeitaufwand um nach Ablenkung Aufgabe weiter zu bearbeiten	Möglichst wenig und gut organisierte Gegenstände im Arbeitsbereich, übersichtliche und klar strukturierte Bildschirmoberflächen
Veränderungen in den Kontrollfunktionen (exekutive Funktionen)	
Abgeschwächte Wahrnehmung eigener Fehlhandlungen	Vermeidung von Zeitdruck, v. a. bei schwierigeren Aufgaben, PC-gestütztes Mental-Training
Abgeschwächte Verarbeitung von negativem Feedback	Bevorzugte Vergabe von positivem und weniger negativem Feedback
Probleme bei der zeitgleichen Ausführung mehrerer Tätigkeiten	Vermeidung von Doppel- oder gar Mehrfachtätigkeiten, Training eines besseren Aufgaben-Managements (Priorisierung)
Veränderungen in den Gedächtnisleistungen	
Episodisches Gedächtnis	Erinnerungsstützen und selbst gesetzte Merkreize
Arbeitsgedächtnis	Häufig wechselnde Tätigkeit, kurzfristige Rotation, Handlungsspielräume, ganzheitliche Arbeit
Prospektives Gedächtnis	Erstellung von klaren Ablaufplänen für Handlungssequenzen, Notizen, automatische Erinnerungssignale

In einem Projekt zur Gestaltung von altersdifferenzierten Arbeitssystemen in der Automobilindustrie (Frieling, Kotzab, Enríquez-Díaz & Sytch, 2013) wurden altersbezogene Auswirkungen von Montagetätigkeiten untersucht. Mithilfe einer längsschnittlichen Studie (2005 bis 2011) wurden die Arbeitsbedingungen in der Fahrzeugend- und Anlagenmontage zweier großer deutscher Automobilunternehmen untersucht, um Erkenntnisse darüber zu gewinnen, wie sich die unterschiedlichen Arbeits- und Unternehmensstrukturen auf das Wohlbefinden, die Einstellung, die Arbeitsfähigkeit und verschiedene Gesundheitsparameter auswirken.

Im Verlauf der sechs Projektjahre war neben einem Anstieg in körperlichen Belastungen (geringe Taktzeit, ungünstige Körperhaltungen, teilweise hoher Kraftaufwand) auch eine Abnahme der Arbeitsfähigkeit festzustellen. Ferner nahmen die Befragten ihre Tätigkeit weniger ganzheitlich wahr und schätzten ihre Möglichkeiten für Partizipation geringer ein.

Aus den gewonnenen Erkenntnissen leiten die Autoren ab, dass bei der Planung und Durchführung von Maßnahmen zur Optimierung von Arbeitsbedingungen und zur altersdifferenzierten Gestaltung von Arbeitssystemen folgende Punkte beachtet werden sollten (Frieling et al., 2013):

- Ergonomische Gestaltung von Arbeitsmitteln (sitzende und stehende Arbeitsplätze, höhenverstellbare Montagetische und Plattformen, Einsatz von Assistenzsystemen zum Heben und Tragen von schweren Teilen) und Arbeitsumgebung (Lärm, Licht, Temperatur etc.),
- Systematischer Wechsel von physischer Belastung durch die Kombination von wertschöpfenden Tätigkeiten (z. B. manuelle Montage) und nicht wertschöpfenden Tätigkeiten (z. B. Materialbereitstellung, Instandhaltung),
- Einbezug individueller Kompetenzen und Fähigkeiten einzelner Mitarbeiter im Zuge der Kompetenzentwicklung, der Arbeitsgestaltung und -organisation,
- Längere, nicht getaktete Montageprozesse und individuell anpassbare Arbeitsgeschwindigkeit und -rhythmus,
- Partizipationsorientierte Ausrichtung der Arbeitsbedingungen und -prozesse,
- Entwicklung einer HR-Management-Strategie, die personenorientiert ist, aber auch standardisierte Prozesse beachtet.

Nach Ansicht der Arbeitswissenschaftler trägt die Beachtung dieser Kriterien maßgeblich zur Entwicklung eines nachhaltigen Montagekonzeptes bei, das darauf ausgerichtet ist, dass auch ältere Mitarbeiter bei diesen Tätigkeiten gesund und aktiv bis ins Rentenalter bleiben.

Good Practice: „Heute für Morgen" – Montagearbeiten im demografischen Wandel

In Reaktion auf die sich verändernde Altersstruktur der BMW AG wurde im Jahr 2004 das Programm „Heute für Morgen" ins Leben gerufen, um Wettbewerbsfähigkeit und Innovationskraft für die Zukunft zu stärken. Mit dem ganzheitlich angelegten Programm möchte der Konzern dem demografischen Wandel proaktiv begegnen und die Zukunftsfähigkeit des Unternehmens stärken. Neben der Gestaltung flexibler Austrittsmodelle stehen der Erhalt der Arbeitsfähigkeit (Gesundheit, Leistungsfähigkeit, Kompetenz) und die Schaffung alternsgerechter Arbeitsplätze im Vordergrund (Hinsberger & Wirth, 2011). Das Programm setzt dabei auf das gezielte Zusammenspiel von Gesundheitsmanagement, Qualifizierung, Gestaltung des Arbeitsumfeldes (z. B. Ergonomie) und Arbeitszeitmodelle. Im Mittelpunkt der Interventionen stehen Kommunikation, Veränderungsprozesse und Mitarbeiterpartizipation.

Das Programm „Heute für Morgen" baut auf Einbindung und Sensibilisierung und umfasst im Einzelnen fünf Bausteine, die wichtige Säulen des Gesundheitsmanagements des Unternehmens darstellen (vgl. Abbildung 29).

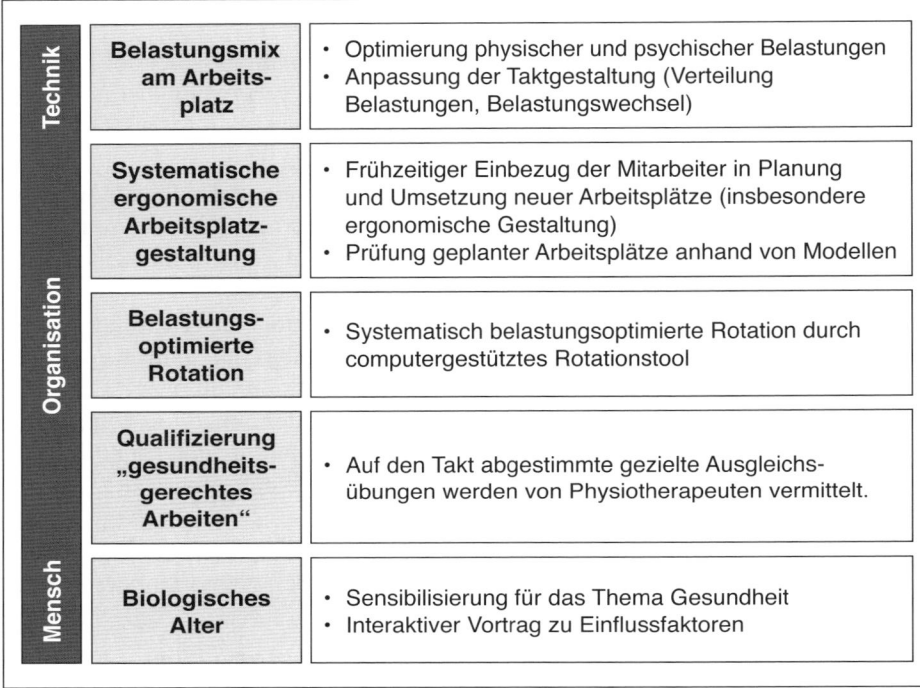

Abbildung 29: Handlungsfelder und Stellhebel „Heute für Morgen" (eigene Darstellung basierend auf BMW Group, 2014)

Im Rahmen des Programms wurde 2007 das Pilotprojekt „Produktionssystem 2017" ins Leben gerufen (vgl. Infobox 12). Für die sog. Hinterachsgetriebemontage wurde die für das Jahr 2017 prognostizierte Altersstruktur simuliert und damit das Durchschnittsalter an diesem Bandabschnitt von 39 auf 47 Jahre erhöht. Die in Abbildung 29 beschriebenen Maßnahmen wurden – nach Angaben des Unternehmens – umgesetzt (Hinsberger & Wirth, 2011).

Infobox 12: „Produktionssystem 2017"

Aufbauend auf der Analyse der aktuellen Arbeitssituation wurden in enger Zusammenarbeit mit Betriebsrat, Führungskräften, Meistern und Mitarbeitern Maßnahmen zur Optimierung der Arbeitsplätze und der Arbeitsorganisation entwickelt und umgesetzt. Die Handlungsfelder umfassten dabei neben Ergonomie und Technikgestaltung auch Arbeitsstrukturen und -gestaltung, Gesundheit und Prävention sowie Führung und Qualifikation.

Neben ergonomischen Veränderungen (z. B. höhenverstellbare Tische, ergonomische Monitore und Sitzmöglichkeiten, gelenkschonende, federnde Fußböden) und belastungsoptimierter Arbeitsplatzrotation wurden auch Anpassungen der Schicht- und Arbeitszeitmodelle vorgenommen.

Die Ergebnisse waren durchweg positiv. Hinsichtlich Produktivität und Krankenquote zeigten sich keinerlei Abweichungen im Vergleich zu anderen Montagebereichen. Die Qualität lag sogar etwas höher. Durch die transparente Kommunikation und enge Einbindung der Mitarbeiter wurden durch das Projekt außerdem auch eine spürbare Kulturveränderung und eine Sensibilisierung für Gesundheits- und Präventionsthemen hervorgerufen.

(Quellen: BMW Group, 2011; Hinsberger & Wirth, 2011)

Nach dem „Produktionssystem 2017" wurden weitere Pilotprojekte an anderen Montageplätzen durchgeführt. Bei dem Neubau der Achsgetriebemontage im Werk Dingolfing ergab sich die Chance, erstmals von Beginn an Aspekte einer alternsgerechten Fertigung zu berücksichtigen. Mitarbeiter aus Logistik und Fertigung waren – nach Angaben des Unternehmens – schon frühzeitig in der Anlagenplanung und Gestaltung mit einbezogen (BMW Group, 2011). Durch aufwendige Kartonagen-Simulation wurden in einem ganzheitlichen Vorgehen ergonomische Arbeitsplätze geschaffen. Ferner sorgen gesteuerte Rotationen für Belastungswechsel bei den Mitarbeitern. Auch durchlaufen die Mitarbeiter begleitend ein umfassendes Qualifizierungsprogramm (vgl. Abbildung 29).

Die Erkenntnisse dieser Pilotprojekte wurden in breit angelegten Fokusprojekten weiter bearbeitet und -entwickelt, um größere Produktionsbereiche alternsgerecht zu gestalten. Im Vordergrund stehen hierbei vier Bausteine (vgl. BMW Group, 2011):

1. *Gestaltung der Arbeitsplätze/Ergonomie:* Arbeitsplätze, bei denen der Mitarbeiter keinen übermäßigen physischen und psychischen Belastungen ausgesetzt ist.
2. *Arbeitsorganisation:* Intelligente Gestaltung des Gesamtsystems bspw. durch „Mikro-Entkopplung", belastungsoptimierte Rotationen zwischen den Arbeitsplätzen, Stärkung der Selbstverantwortung.
3. *Gesundheit und Prävention:* Angebote der arbeitsplatznahen aktiven und passiven Erholung, Schulungsmaßnahmen zum Thema Alter und Gesundheit, abwechslungsreiches und gesundes Speisenangebot.
4. *Führung und Qualifizierung:* Körperliche und mentale Belastungen der Mitarbeiter erkennen und Optimierungen des Arbeitsumfelds initiieren, Sensibilisierung der Mitarbeiter für das Thema Prävention, zuständig für Qualifikation der Mitarbeiter.

Das Programm und die darin umgesetzten Maßnahmen sollen eine nachhaltige Arbeitsplatzgestaltung und Arbeitsorganisation erlauben und damit alternsgerechtes Arbeiten im Unternehmen ermöglichen.

7.3.2 Gestaltung der Mensch-Computer-Interaktion: Assistenzsysteme

Wie in Kapitel 3 erläutert, können sich bei älteren Erwerbstätigen Einbußen in biologischen und physiologischen Grundfunktionen sowie in einigen Bereichen der kognitiven Leistungsfähigkeit bemerkbar machen. Neben den in Tabelle 15 genannten Beispielen zum Umgang mit altersbedingten Veränderungen, die vor allem bei der Gestaltung der Arbeitsumgebung und -aufgabe ansetzen oder Trainingsmaßnahmen zur Förderung und Nutzung kognitiver Plastizität mit einschließen, bietet auch der Einsatz von Assistenzsystemen eine Möglichkeit zum Umgang mit physischen und kognitiven Veränderungen bei älteren Beschäftigten.

Hierbei lassen sich generell zwei verschiedene Arten von Assistenzsystemen unterscheiden: *Physisch assistierende Systeme* unterstützen bei der Ausführung vor allem von körperlich stark beanspruchenden Aufgaben, wie bspw. dem Heben von schweren Gegenständen. Sie können entweder rein unterstützend wirken oder bereits beginnende Verluste ausgleichen. *Kognitionsunterstützende Systeme* wiederum sollen (ältere) Arbeitnehmer darin unterstützen, mit neuen kognitiven Herausforderungen besser umgehen zu können. Deren Aufgabe ist es, Wissen direkt an Ort und Stelle so aufzubereiten, dass es bei der Aufgabenausführung zur Verfügung steht und zwar in einer auch für ältere Arbeitnehmer verständlichen Art und Weise.

Des Weiteren gibt es Assistenzsysteme, die gleichzeitig auf kognitiver als auch auf physischer Ebene ansetzen und unterstützen. Im Folgenden soll anhand einiger Beispiele ein Überblick über die Bandbreite und Möglichkeiten von Assistenzsystemen gegeben werden. Sie sind aufgeführt und beschrieben in einer Zusammenstellung des Bundesministeriums für Bildung und Forschung (BMBF, n. d.).

Kognitionsunterstützende Systeme

Ein aktuelles Beispiel für ein kognitionsunterstützendes Assistenzsystem speziell für ältere Arbeitnehmer stellt das „Adaptive Lern- und Unterstützungssystem basierend auf Augmented Reality" (ALUBAR) dar. Es wird im Rahmen des Förderschwerpunktes „Mit 60+ mitten im Arbeitsleben – Assistierte Arbeitsplätze im demografischen Wandel" des Bundesministeriums für Bildung und Forschung von einem Forschungsverbund entwickelt (ALUBAR, 2016). Das innovative und adaptive Schulungs- und Unterstützungssystem ist darauf ausgerichtet, Schulungsmaterial, welches Neuentwicklungen in den verschiedenen Berufen erläutert, an die Bedürfnisse älterer Arbeitnehmer anzupassen. Es zielt auf die Bindung und den Erwerb von Wissen bei variantenreichen Instandhaltungstätigkeiten ab. Dies soll vor allem durch bedarfsgerechtes Training „on the job" mithilfe von Sensorik, Kommunikationselementen und zielgruppenangepassten Visualisierungstechniken geschehen (ALUBAR, 2016).

In einem ersten Schritt werden im Rahmen des Verbundprojekts die Lerninhalte eines bestimmten Tätigkeitsfelds erarbeitet und unter Beachtung lernpsychologischer Kenntnisse aufbereitet. Im Anschluss wird die sensorische Begleitung entwickelt, deren Ziel es ist, dem Nutzer nicht nur statische Informationen anzubieten, sondern mithilfe von Stress- und Erfolgsmessungen die Darstellung der Lerninhalte an den konkreten Bedarf und die aktuelle Aufnahmefähigkeit des Nutzers anzupassen. Nach Fertigstellung des Assistenzsystems werden dem Nutzer so über Tablet-PCs oder sogenannte Augmented Reality-Brillen, also Brillen, welche Informationen ins Sehfeld des Trägers projizieren, automatisch bedarfsgerechte Informationen zur aktuellen Tätigkeitsausführung bereitgestellt. Diese können ggf. auftretende Unsicherheiten älterer Arbeitnehmer in Bezug auf Neuentwicklungen oder veränderte Bedingungen ihres Tätigkeitsfeldes ausgleichen (Actimage, n. d.; ALUBAR, 2016; BMBF, n. d.).

Physisch assistierende Systeme

Assistenzsysteme, welche auf physischer Ebene unterstützen sollen, sind vielfältig und reichen von (1) einfachen körperlich unterstützenden Komponenten, wie bspw. einer Hebehilfe (ein am Körper angebrachtes Exoskelett, welches einerseits bei hoher körperlicher Belastung schützt und stützt und andererseits kraftverstärkende Antriebseinheiten bietet) oder (2) einer kleinen, autonomen Transport- und Handhabungshilfe, wie z. B. Hub- und Transporthilfen für Kleinlasten, welche gestengesteuert wie ein automatischer Assistent fungieren (Projekt „KLARA") bis hin zu (3) großen Robotern, welche kollaborativ mit den Mitarbeitern zusammenarbeiten sollen und sich sogar deren Geschwindigkeit und Leistungsniveau anpassen können (Projekt „KobotAERGO") (BMBF, n. d.).

Kombinierte Systeme

Eine Reihe von Assistenzsystemen agiert auch auf beiden Ebenen, indem sie physische Unterstützung und kognitive Hilfestellungen integrieren. So passt sich z. B. ERGOTAB, ein intelligenter Arbeitstisch für die Montage größerer Bauteile, automatisch an das Bauteil sowie den Mitarbeiter, welcher gerade an ihm arbeitet, an. Die physische Bearbeitung wird durch eine Höhenverstellung sowie durch eine Rotationsplatte für das Bauteil erleichtert. Des Weiteren erhält der Mitarbeiter kognitive Unterstützung durch situationsabhängige Montageinformationen, welche auf einem Bildschirm dargestellt werden (BMBF, n. d.).

Eine Weiterentwicklung technischer Hilfsmittel, die gemeinsam (kollaborativ) mit den Menschen arbeiten, stellen sog. Kobots (Kollaborative Roboter) dar. Im KobotAERGO-Projekt unterstützt ein solcher Kobot den Mitarbeiter in der Produktion quasi als „dritte Hand", um Tätigkeiten zugleich effizienter und gesundheitserhaltend durchzuführen. Der Kobot passt sich flexibel dem Leistungsvermögen des Mitarbeiters an (BMBF, n. d.).

Neben der kognitiv oder physisch assistierenden Funktion solcher Assistenzsysteme für ältere Arbeitnehmer hat deren Einsatz weitere positive (Neben-)Effekte. Einige Assistenzsysteme, welche auf Kognitionsunterstützung abzielen, sammeln zur Unterstützung der Arbeitnehmer „on the job"-Wissen, welches sonst in dieser Form nicht thesauriert würde und somit ggf. bei Austritt von Mitarbeitern aus der Organisation verloren gehen würde (siehe auch den Abschnitt 7.4 Wissenstransfer). Das Assistenzsystem dient also hier nicht nur zur Unterstützung von (älteren) Arbeitnehmern, sondern auch dem Erhalt von Expertenwissen, welches eher situativer oder prozeduraler Natur ist. Ein Beispiel hierfür ist das Projekt „knowledge@all", in dem ein Lehr-Lern-System für den generationsübergreifenden Wissensaustausch in der Logistikbranche entwickelt wird. Mitarbeiter können hier mithilfe einer intuitiven, technischen Schnittstelle ihr Wissen und Können dokumentieren und so bewahren und für alle verfügbar machen (BMBF, n. d.).

Zuletzt ist auch der präventive und gesundheitsförderliche Aspekt beim Einsatz von Assistenzsystemen zu nennen. Alle o. g. Beispiele zielen vorwiegend darauf ab, ältere Arbeitnehmer zu unterstützen. Durch intelligent und adaptiv gestaltete Mensch-Technik-Integration und -Interaktion sollen die beschriebenen Assistenzsysteme dazu beitragen, die Beeinträchtigungen (älterer) Arbeitnehmer auszugleichen und einer Verschlechterung vorzubeugen. Aus salutogenetischer Perspektive liegt das Ziel der Primärprävention und Gesundheitsförderung vor allem darin, ein befähigendes Umfeld zu schaffen, in dem Krankheit gar nicht erst entsteht und das die Beschäftigten gesund erhält. Der Einsatz von Assistenzsystemen kann, bevor es „zu spät ist", im Sinne der Gesundheitsprävention dazu beitragen, ein solches Umfeld zu schaffen.

Das Projekt „ORTAS" geht hier einen Schritt weiter: Zum einen sollen Mitarbeiter ähnlich wie bereits beschrieben durch eine Orthese physisch unterstützt werden. Der durch die Orthese gestützte Bereich, in diesem Fall vor allem der Hand-Arm-Schulter-Nacken-Komplex sowie der Rumpf-Rücken-Bereich, wird somit entlastet. Langfristige Schädigungen durch starke Belastungen treten, wenn überhaupt, erst später auf. Zum anderen erfasst und analysiert die Orthese aber auch Körperhaltungen und Bewegungen und sendet ein taktiles Feedback, welches den Träger dazu auffordert, ergonomisch günstigere Positionen einzunehmen (BMBF, n. d.). Ganz ähnlich funktioniert das Grundprinzip von „ENgAge-4Pro", einem Ergonomie-Navigator, welcher über Videoaufnahmen der Arbeiter Rückschlüsse auf deren körperliche Beanspruchung zieht und Verbesserungsvorschläge in Bezug auf Haltung und Bewegungsabläufe anbietet. Diese Art der Assistenzsysteme bietet somit nicht nur direkt am Arbeitsplatz Unterstützung, sondern liefert dem Nutzer wichtiges Befähigungswissen, um auch in anderen Bereichen beanspruchungsoptimal zu agieren.

7.3.3 Gestaltung von Arbeitszeit

Neben der direkten Gestaltung der Arbeitsmittel und der Arbeitsumgebung spielen organisationale und zeitliche Faktoren eine wichtige Rolle für die alternsgerechte Arbeitsgestaltung. Diese betreffen insbesondere die Möglichkeit zur Reduktion der Arbeitszeit älterer Mitarbeiter. Eine aktuelle Veröffentlichung zur flexiblen Arbeitszeitgestaltung, in der überblicksartig Formen, Modelle und Betriebsvereinbarungen diskutiert werden, liefert Maschke (2016). Nachfolgend werden zeitliche Gestaltungsbeispiele für Schichtarbeit, eine lebenslaufsorientierte Arbeitszeit (Zeitwertkonten) sowie arbeitswissenschaftliche Empfehlungen für die Arbeitszeitgestaltung (das Projekt „KRONOS") und tarifpolitische Gestaltungsaspekte in der chemischen Industrie dargestellt.

Schichtarbeit

Wie in Kapitel 4.4 beschrieben, stellen Schicht- und Nachtarbeit eine besondere Belastung für ältere Mitarbeiter dar. In Anbetracht der Heraufsetzung des Renteneintrittsalters sowie der weiterschreitenden demografischen Entwicklung besteht hier Handlungsbedarf. Scherf (2014) stellt zur Entlastung in Form zusätzlicher schichtfreier Tage für ältere Schichtarbeiter einen Ansatz zur Schichtplanung vor, der die Reduzierung der Arbeitszeit für einen Anteil der Beschäftigten in einem einheitlichen Schichtmodell ermöglicht und gleichzeitig die benötigte Schichtbesetzung sicherstellt.

Dabei wird die erhöhte Abwesenheitsquote durch die zusätzlichen Freitage der Älteren beachtet, indem Instrumente zum Einsatz kommen, die ursprünglich für die flexible Vertretung abwesender Mitarbeiter konzipiert wurden. Das Lösungskonzept basiert auf Gruppenkombinationen und Reserveschichten, d. h. Platzhaltern in einem Schichtplan, die für jeden Mitarbeiter Tage markieren, an denen er voraussichtlich andere Mitarbeiter vertreten muss. Durch diese Methode kann ein Vertretungsbedarf von bis zu 33 % abgedeckt werden (Scherf, 2014). Diese Reserveschichten müssen so platziert werden, dass sie möglichst flexibel genutzt werden können (d. h. nach einer Frühschicht/freiem Tag, vor einer Nachtschicht/ freiem Tag).

Die Umsetzung der Arbeitsreduzierung für ältere Mitarbeiter im Schichtbetrieb kann unterschiedlich erfolgen, z. B.:
- Mitarbeiter mit reduzierter Arbeitszeit beantragen zusätzliche schichtfreie Tage wie Urlaubstage (sofern nicht mehr freie Tage gewünscht werden als Reservekapazität besteht),
- Mitarbeiter mit reduzierter Arbeitszeit leisten weniger Reservedienste und erhalten dadurch einen Teil der zusätzlichen freien Tage,
- zusätzliche freie Tage werden langfristig rotierend in den Schichtplan eingearbeitet.

Durch die Reduzierung der Wochenarbeitszeit werden außerdem Stellenanteile
für zusätzliche Mitarbeiter geschaffen, was die Freiheitsgrade in der Verwendung
der zusätzlichen freien Tage älterer Mitarbeiter erhöht. Die Vorteile des Modells
liegen in der Integration von Mitarbeitern mit unterschiedlichen Wochenarbeitszeiten in einem einheitlichen Schichtplan, wobei die freien Tage aller Mitarbeiter durch das Konzept der Reserveschichten auch tatsächlich frei bleiben. Ferner
erlaubt der Schichtplan eine langfristige Planung – lediglich im Krankheitsfall
werden kurzfristige Änderungen notwendig, die jedoch nur diejenigen Mitarbeiter in „Reserveschicht" betreffen. Voraussetzung für die praktische Umsetzung ist jedoch, dass sich aus allen Gruppenkombinationen ein funktionsfähiges
Schichtteam ergibt und dass die Umstellung von einem Schichtsystem mit fes-
ten „Schichtblöcken" oder „-Gruppen" auf ein flexibles Schichtsystem erfolgt.

Studien von Knauth (2007) zur Gestaltung ergonomischer Schichtsysteme belegen eine verbesserte individuelle Beanspruchungssteuerung und ein erhöhtes
Wohlbefinden. Härmä et al. (2006) haben festgestellt, dass sich nach stärker individuell ausgerichteten Schichtarbeitsplänen bei älteren Mitarbeitern in der Pe-
troleum-Industrie das Schlafverhalten und die Work-Life-Balance verbessert haben.

Zeitwertkonten

Aufgrund der sich verändernden Mitarbeiterstruktur in den kommenden Jahren
und Jahrzehnten wird die Flexibilisierung der Arbeitszeit ein wichtiges Thema
der Zukunft sein. Neben alternden Belegschaften, die die Möglichkeit zur Arbeits-
zeitreduktion in den späteren Berufsjahren wünschen und benötigen, erlaubt die
Flexibilisierung der Arbeitszeit auch eine lebensphasenorientierte Gewährleistung
der Vereinbarkeit von Arbeit und Familie für jüngere Betriebszugehörige.

Das *Zeitwertkonto* stellt ein interessantes Instrument zur lebenslauforientierten
Arbeitszeitgestaltung dar, um den Trends der Zukunft zu begegnen. Dem individuellen biografischen Verlauf entsprechend geben diese „Lebensarbeitszeitspar-
bücher" Mitarbeitern die Möglichkeit, „in Zeiten großer Leistungsfähigkeit
Guthaben aufzubauen, auf die [sie dann] im Laufe des Arbeitslebens je nach individueller Situation zurückgreifen … können" (Haidacher, 2014, S. 124). Hinweise für die Einrichtung eines Zeitwertkontos sind in Infobox 13 aufgeführt.

**Infobox 13: Zeitwertkonto zur Gestaltung einer alter(n)sgerechten
Arbeitszeit in Österreich (Haidacher, 2014)**

Bei der Einführung des Instruments des Zeitwertkontos zur Flexibilisierung der
Arbeitszeit sollten folgende Aspekte beachtet werden:
- *Administration in Mittelveranlagungsphase sollte vorzugsweise auf externe
  Treuhänder übertragen werden:* Neben dem hohen Aufwand der Abwicklung
  birgt die Durchführung durch den Arbeitgeber auch ein gewisses Risiko (z. B.
  Insolvenz) und erschwert beispielsweise auch mögliche Arbeitsplatzwechsel.

- *Klare Regelung, unter welchen Voraussetzungen die Freiphase (Mittelverwendungsphase) in Anspruch genommen werden darf:* Beachtet werden sollten insbesondere Ankündigungsfristen von Arbeitnehmern und ggf. auch die Festlegung von Regeltatbeständen, anlässlich derer die Freiphase beansprucht werden kann (z. B. Kinderbetreuungszeiten). Dabei sollte die Möglichkeit zu abweichenden vertraglichen Vereinbarungen zwischen Arbeitnehmer und -geber für Freiphasen, wie z. B. Sabbatical, Ausgleiten aus dem Erwerbsleben, gegeben sein.
- *Während der Mittelverwendungsphase bzw. der Freistellung, sollte das Dienstverhältnis weiter aufrechterhalten werden:* Die Auszahlung eines „fiktiven Arbeitsentgeldes" aus dem Zeitwertkonto erfolgte dann netto, wobei anfallende Kosten (z. B. Lohnsteuer, betriebliche Vorsorge etc.) aus dem Zeitwertkonto bedient würden.
- *Auszahlungsdauer beschränkt bis maximal zum Renteneintritt:* Danach sollte ggf. bestehendes Restguthaben in die gesetzliche Rentenversicherung übertragen werden können.

Die Nutzung des Kontos verläuft in drei Phasen: In der Mitteleinbringungsphase können Mitarbeiter ein Zeitwertkonto eröffnen und Bruttoarbeitsentgelte einbezahlen. In der Mittelveranlagungsphase werden diese Mittel angelegt, sodass das angesparte Guthaben anwächst, das dann in der Mittelverwendungsphase bzw. der Freistellungsphase monatlich ausgezahlt wird. In Deutschland werden Zeitwertkonten schon seit nunmehr 15 Jahren eingesetzt.

Auf eine *lebensverlaufsorientierte Arbeitszeitgestaltung*, in der die unterschiedlichen Berufs- und Lebensphasen berücksichtigt werden können, weist auch Maschke (2016, S. 17 ff.) hin. Dies geschieht beispielsweise durch entsprechende Variation von Lage, Verteilung und Dauer der Arbeitszeiten – angefangen vom Studium, beruflicher Neuorientierung, über Elternzeit, Wiedereinstieg, Sabbatical, Pflege von Angehörigen bis hin zum flexiblen Übergang in den Ruhestand.

Das Projekt „KRONOS": Empfehlungen zur Arbeitszeitgestaltung für ältere Beschäftigte

Ziel des DFG-geförderten Projektes „KRONOS" war es, geeignete Gestaltungsmaßnahmen der Arbeitszeit zu entwickeln und zu erproben, die dazu beitragen, die Gesundheit und Arbeitsfähigkeit älterer Mitarbeiter positiv zu beeinflussen (Knauth, Karl & Gimpel, 2013).

In verschiedenen Teilprojekten wurden die Effekte unterschiedlicher altersdifferenzierter Arbeitszeitmodelle auf Gesundheit, Arbeitsfähigkeit und Arbeitszufriedenheit für ältere Beschäftigte untersucht, wobei variierende Analyse- und Arbeitsmethoden (z. B. Fragebögen, Interviews, Workshops etc.) zum Einsatz kamen. In den Projekten waren unter anderem Unternehmen aus der Automobilindustrie, der chemischen und pharmazeutischen Industrie und Stahlindustrie beteiligt. Die untersuchten Themenfelder umfassten Teilzeit- und Schichtarbeit, Langzeitarbeitskonten, Arbeitszeit und Gesundheit, alternsgerechte Wechselschichtpläne, Arbeitspausen und Wahl der Arbeitszeit.

Auf Grundlage der Erkenntnisse aus den unterschiedlichen Projekten leitete das Projektteam Empfehlungen in fünf verschiedenen Feldern der Arbeitszeitgestaltung ab (vgl. Knauth et al., 2013):

- *Arbeitsstunden pro Tag:* Aufgrund hoher interindividueller Varianz innerhalb der älteren Altersgruppen ist eine grundsätzliche Reduzierung der täglichen Arbeitszeit für *alle* älteren Mitarbeiter nicht empfehlenswert.
- *Adäquate Erholungspausen:* Ältere Mitarbeiter mit hoher Arbeitsintensität (Workload) sollten zusätzliche Pausen erhalten.
- *Arbeitszeitplanung/Schichtarbeit (Shift-Rota Design):* Schichtsysteme, die aktuellen ergonomischen Empfehlungen entsprechen (z. B. schnelle Vorwärtsrotation) haben einen besseren Effekt auf den „Work Ability-Index" als traditionelle Schichtsysteme mit wöchentlichen Schichtwechseln. In Bezug auf Schlafqualität, Müdigkeit, Leistungsfähigkeit und Gesundheit ist Nachtarbeit am kritischsten zu sehen. Die Anzahl der Nachtschichten pro Person und Jahr sollte durch Umschichtung bestimmter Tätigkeiten von der Nacht- in die Früh- oder Spätschicht reduziert werden.
- *Einfluss der Mitarbeiter auf Arbeitszeitmodelle:* Arbeitszeitmodelle, die Mitarbeitern erlauben, im Verlauf ihres aktiven Erwerbslebens zwischen verschiedenen wöchentlichen oder jährlichen Arbeitszeitplänen zu wechseln, sind nicht nur für ältere, sondern auch für jüngere Mitarbeiter attraktiv und sinnvoll. Auf längere Sicht sind Sabbaticals, die die Erholung fördern, besser als Modelle, unter denen Beschäftigte sehr viele Überstunden leisten, um früher in die Nacherwerbsphase einzutreten, wenn ihre Gesundheit bereits beeinträchtigt ist. Daher sollten Optionen zur „Ein- und Auszahlung" von Langzeitarbeitskonten den Bedürfnissen der Zielgruppe angepasst werden.
- *Beginn und Ende täglicher Arbeitszeit:* Frühschichten sollten nicht vor 6:00 Uhr beginnen, da ein früher Start negative Folgen für die Schlafqualität vor der Frühschicht und die Müdigkeit und Reaktionszeit während der ersten Arbeitsstunden hat.

Im Rahmen der Untersuchungen zeigte sich aber auch, dass es *das* ideale Arbeitszeitmodell für alternde Belegschaften nicht gibt. Einerseits steigt die interindividuelle Varianz in Bezug auf die Arbeitsfähigkeit mit dem Alter deutlich an. Andererseits treten sowohl intra- als auch interindividuelle Veränderungen hinsichtlich der Arbeitszeitpräferenz auf – abhängig von Familienstand, Alter der Kinder, außerberuflichen Aktivitäten und weiteren Faktoren. Daher werden ausdrücklich personalisierte Lösungen empfohlen, wie z. B. die Option, die wöchentliche oder jährliche Arbeitszeit mitzubestimmen. Weitere Maßnahmen, wie z. B. die gemeinsame Planung von Urlaubszeiten innerhalb einer Gruppe, Einbezug der Mitarbeiter in die Entwicklung eines neuen Schichtsystems, Sabbaticals können ebenso zu einer individualisierten und altersdifferenzierten Gestaltung der Arbeitszeit beitragen. Ziel sollte es immer sein, eine Win-Win-Situation für alle Beteiligten zu schaffen, die sowohl Mitarbeiter- als auch Unternehmensinteressen beachtet und auch ergonomische Erkenntnisse mit einbezieht.

Beispiel Tarifvertrag „Lebensarbeitszeit und Demografie" in der chemischen Industrie

Demografische und gesetzliche Veränderungen haben auch tarifpolitische Auswirkungen. So nahmen sich beispielsweise die Industriegewerkschaft Bergbau, Chemie, Energie (IG BCE) und der Bundesarbeitgeberverband der chemischen Industrie (BAVC) dem Thema demografischer Wandel und Altersvorsorge an (Winkler, 2015). Die beiden Sozialpartner erstellten hierzu einen Gesamthandlungsrahmen der demografischen Herausforderungen, in dem Themen wie Strategien zur Förderung der Beschäftigungsfähigkeit und lebensphasenorientierter Arbeitszeitgestaltung enthalten waren. In die Diskussion um Herausforderungen des demografischen Wandels und die erforderlichen Werkzeuge, um diesen personalpolitisch erfolgreich begegnen zu können, gingen neben den Themen der Nachwuchssicherung, altersgerechter Arbeitsorganisation, Vereinbarkeit von Familie und Beruf auch Belastungsreduzierung und die Anhebung des Regelrentenalters der gesetzlichen Rentenversicherung mit ein.

Im Jahr 2008 wurde erstmals ein Tarifvertrag „Lebensarbeitszeit und Demografie" vereinbart, mit dem auch Anreize für eine längere Beschäftigungsdauer gesetzt werden. Zentrale Elemente darin sind:
* Demografieanalyse (Alters- und Qualifikationsstruktur),
* Maßnahmen zur alters- und gesundheitsgerechten Gestaltung des Arbeitsprozesses,
* Maßnahmen zur Qualifizierung über das gesamte Arbeitsleben,
* Maßnahmen der (Eigen-)Vorsorge und Einbezug von Instrumenten für gleitende Übergänge zwischen Bildungs-, Arbeits- und Ruhestandsphase.

Ab 2010 bildeten die Unternehmen der chemischen Industrie auf Betriebsebene Demografiefonds (300 Euro pro Jahr und Mitarbeiter). Aufbauend auf der Demografieanalyse konnten diese Gelder bis Ende 2012 für unterschiedliche Verwendungszwecke, wie z. B. betriebliche Altersvorsorge, Langzeitkonten (LZK), Altersteilzeit (ATZ), Berufsunfähigkeitszusatzversicherung Chemie (BUC) und Teilrente genutzt werden.

Nach der Tarifrunde 2012 wurde der Tarifvertrag weiter angepasst. Ein neuer betrieblicher Fonds (Demografiefonds II), in den jährlich 200 Euro pro Arbeitnehmer eingespeist werden, wurde eingerichtet, der ausschließlich für arbeitszeitlich begrenzende Maßnahmen verwendet wird. Neu konzipiert wurde hierzu außerdem der Verwendungszweck der reduzierten Vollzeit auf 80 % (RV 80; Bispinck, 2012). Die Reduktion auf 80 % der Arbeitszeit ermöglicht einerseits älteren Beschäftigten einen flexiblen Übergang in den Ruhestand, andererseits aber auch anderen Arbeitnehmern lebensphasenorientiert Entlastung zu schaffen, um eine bessere Vereinbarkeit von Familie und Beruf zu ermöglichen. Das durch die 20 %-ige Reduktion verringerte Monatseinkommen wird durch den Demografiefonds aufgestockt. Die Verringerung der Wochenarbeitszeit auf 30 Stunden lässt sich nach Ansicht der Tarifpartner relativ einfach in Schichtpläne integrieren. Die Dauer der RV 80 wird mit älteren Mitarbeitern bis zum Eintritt in den Ruhestand vereinbart. Für lebensphasenorientierte Reduktionen regeln Betriebsvereinbarungen, bei welchen Voraussetzungen und für welchen Zeitrahmen Anspruch besteht.

Auch in der Tarifrunde 2015 wurde der Tarifvertrag erneut angepasst. Es hatte sich gezeigt, dass insbesondere in großen Unternehmen mit Schichtbetrieb RV 80 häufig zum Einsatz kam, um ältere Mitarbeiter im Schichtdienst zu entlasten. In kleinen und mittelständischen Unternehmen war die Umsetzung jedoch häufig schwieriger. Um die Komplexität des Systems zu reduzieren, wurden die beiden Fonds zusammengelegt sowie die stufenweise Erhöhung auf 550 Euro im Jahr 2016 und 750 Euro im Jahr 2017) eingeführt, um den Zuwachs der Altersklasse 60+ anzupassen und die Demografieinstrumente auszubauen. Auch in den nächsten Tarifrunden soll der Vertrag weiterentwickelt werden. Hierzu werden die Tarifvertragsparteien Vorschläge erarbeiten, „um auch künftig einvernehmlich den Auswirkungen des demografischen Wandels" zu begegnen (Winkler, 2015, S. 246).

7.4 Wissenstransfer

Gehen ältere Mitarbeiter in den Ruhestand, nehmen sie oft über Jahre angesammelte Expertise und Wissen mit – Schätzungen zufolge zwischen der Hälfte und einem Drittel des Wissens (Alms, Piorr & Steinmann, 2007). Um dem Risiko des Verlustes von erfolgskritischem Know-how erfahrener Fach- und Führungskräfte vorzubeugen, können strukturierte Prozesse zum Wissenstransfer helfen. Im Rahmen des Wissenstransferprozesses geht es darum, dieses erfolgskritische Wissen strategisch sichtbar und operativ handhabbar zu machen. In einer aktuellen systematischen Literaturrecherche identifizierten Burmeister und Deller (2016) Einflussfaktoren für den Wissenserhalt. Sie erstellten ein konzeptionelles Rahmenmodell, in dem die Wechselwirkungen von Wissens- (z. B. explizit vs. implizit), Kontext- (z. B. organisationale Unterstützung, Organisationskultur) und Beziehungsfaktoren (z. B. Häufigkeit und Qualität der Interaktionen zwischen ausscheidenden Mitarbeitern und Wissensnehmern) sowie individuellen Charakteristika (Motivation und Fähigkeit zu teilen und anzunehmen) im Wissenstransfer betrachtet werden können. Durch die Beachtung verschiedener

Einflussfaktoren und Voraussetzungen für einen erfolgreichen Wissenstransfer-prozess kann dieses Modell eine theoretische Grundlage für empirische Unter-suchungen zu den Voraussetzungen und Wirkmechanismen des Wissensmanage-ments bieten.

Im Folgenden werden zwei in der Praxis entwickelte und dort erprobte Ansätze vorgestellt.

7.4.1 Wissensübergabe mit „Nova.PE"

Das Konzept „Nova.PE" wurde in Zusammenarbeit des Lehrstuhls für Arbeits-organisation und -gestaltung der Ruhr-Universität Bochum und mehreren Praxis-partnern entwickelt und vom Bundesministerium für Arbeit und Soziales sowie dem Europäischen Sozialfonds finanziell unterstützt (vgl. Piorr, 2013). Seit 2005 wurde Nova.PE in mehr als 50 Unternehmen eingeführt und hat mehr als 250 Transferprozesse unterstützt.

Im Transferprozess Nova.PE spielen insbesondere die frühzeitige Risikobewer-tung und rechtzeitige Prozesseinleitung eine wichtige Rolle (Piorr, 2013). Der Transferzyklus (vgl. Abbildung 30) gliedert sich in sieben Schritte, die nachfol-gend beschrieben werden.

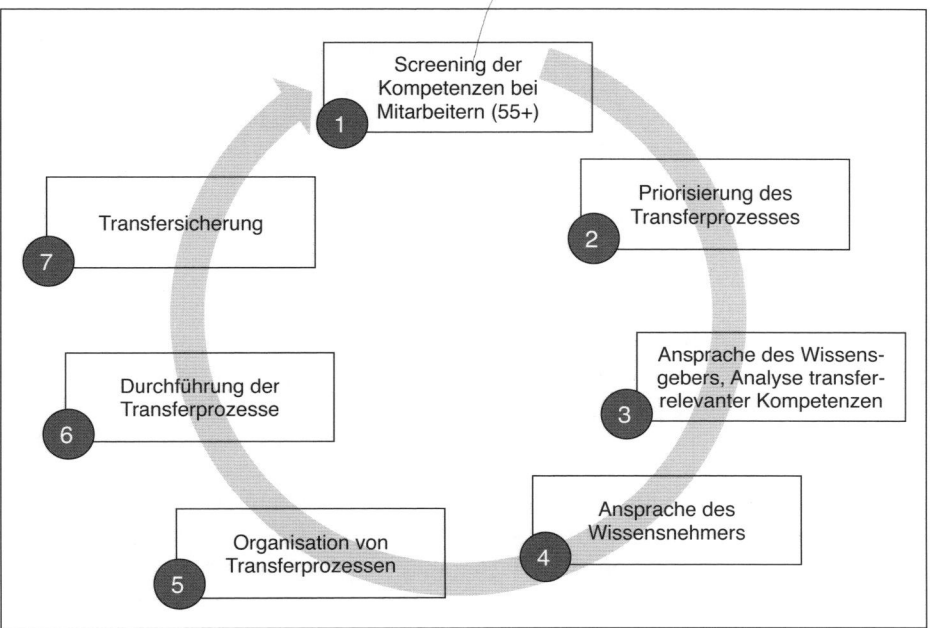

Abbildung 30: Prozess des Wissenstransfers mit Nova.PE (eigene Darstellung basie-rend auf Nova.PE, n. d.; Piorr, 2013, S. 123)

(1) Im ersten Schritt wird auf Basis von tätigkeitsbezogenen Checklisten und Interviews unverzichtbares Know-how älterer Mitarbeiter (ab 55 Jahren) ermittelt und es werden Mitarbeiter identifiziert, die für einen Transferprozess infrage kommen. (2) Anschließend entscheidet die Führungskraft, ob und wann der Transferprozess eingeleitet wird und wie der Transferprozess priorisiert werden soll.

(3) Im nächsten Schritt erfolgt die Ansprache des Wissensgebers. Ein wichtiges Ziel dieser Phase besteht darin, den Wissensgebern bewusst zu machen, welche Bedeutung ihr Wissen und ihre Erfahrung für das Unternehmen haben. Auch soll dafür motiviert werden, dieses Wissen weiterzugeben, d. h. vom Wissensträger zum -geber zu werden. Im Rahmen dieses Prozesses spielt insbesondere die wertschätzende Würdigung der Expertise und des Know-hows der Wissensgeber durch die Führungskraft eine wichtige Rolle. Die Herausforderung besteht darin, dass „das Gefühl, bald nicht mehr gebraucht zu werden, der [Vorstellung weicht], jahrelang gesammeltes Wissen in neue Hände zu geben" (Piorr, 2013, S. 122). In dieser essenziellen Phase des Wissenstransfers unterstützt ein Transfercoach den Prozess. Gemeinsam mit dem Mitarbeiter erstellt er eine strukturierte Übersicht über das „berufliche Lebenswerk" des Wissensgebers (relevante Kompetenzen, explizites und implizites Wissen).

(4) Anschließend werden die Wissensnehmer in den Prozess eingebunden. Auch in dieser Phase unterstützen Transfercoaches die Beteiligten bei der Kompetenzanalyse und der Integration von bestehendem Wissen in persönliche Erfahrungen. Dabei sind die Bedürfnisse und Wünsche der Wissensnehmer von großer Relevanz, da das bestehende Wissen nicht kopiert, sondern individuell für die Zukunft nutzbar gemacht werden soll. Von dem „Wissens-Deal" profitieren beide Seiten. Denn durch die Variation und Optimierung bewährter Methoden und Lösungsansätze durch den Wissensnehmer kann sich auch der Wissensgeber weiterentwickeln.

(5) Zur Organisation des Transferprozesses wird ein (inhaltlicher, methodisch-didaktischer und zeitlicher) Transferplan erstellt, der festlegt, durch welche Methoden und in welchem Zeitrahmen der Wissenstransfer stattfinden soll. Nach Maßgabe des Nehmers und entsprechend der Erfahrungen des Gebers geht es darum, einen optimalen Lernprozess zu schaffen, der ins „Tagesgeschäft" integriert stattfinden kann. (6) Die Umsetzung des erarbeiteten Transferplans entspricht der Durchführung des eigentlichen Transferprozesses und erfolgt selbstständig durch Wissensgeber und -nehmer bei der täglichen Arbeit. Zu vereinbarten Zeitpunkten bzw. Meilensteinen werden Fortschritte geprüft und regelmäßig festgehalten. (7) Im Abschlussgespräch wird nicht nur die Zielerreichung thematisiert, sondern auch der Abschluss des Transferprozesses sowie die Übernahme von Verantwortung durch Wissensnehmer markiert.

Empirische Daten über die Effektivität und den quantifizierbaren Nutzen von Nova.PE liegen nicht vor. Zwar sind die Kosten des Wissensmanagement Prozesses relativ leicht zu beziffern, jedoch lässt sich der tatsächliche Benefit angesichts der unvollständigen kausalen Verknüpfung der Aktivitäten, des bewerteten Humankapitals und wirtschaftlich messbaren Kennzahlen kaum ermitteln. Erste Umsetzungserfahrungen werden positiv beurteilt (vgl. Becker, 2013). Der strukturierte Wissenstransfer erlaubt auch angesichts personeller Veränderungen einen reibungslosen Weiterbetrieb im Unternehmen. Ferner führt die strukturierte Wissensübergabe bei den Beteiligten zu hoher Zufriedenheit, wobei der Transferprozess mit durchschnittlich zwei bis drei Arbeitstagen eines Mitarbeiters aufwandsökonomisch durchgeführt werden kann (Becker, 2013).

Ein ähnliches Verfahren zum systematischen Wissenstransfer stellt die „Wissensstaffel" in einem Unternehmen der Stahlindustrie dar; vgl. Adenauer, 2015c). Auch dieses Konzept umfasst sieben Schritte: (1) Klärung der Rahmenbedingungen, (2) Vorbereitung von Wissensgeber und Wissensnehmer, (3) Erstellen einer Job Map („Wissenslandkarte"), (4) Auswahl der geeigneten Transfermaßnahmen, (5) Abstimmung des Transferplans, (6) Durchführung und Begleitung des Wissenstransfers und (7) Dokumentation und Projektabschluss. Ein Transfercoach unterstützt Wissensgeber und -nehmer im Transferprozess. Die Erfahrung mit dem Konzept zeigte, dass die Führungskraft eine wichtige Rolle im Prozess der Wissensübergabe spielt. Neben der Vorbereitung von Wissensgeber und -nehmer auf die Wissensstaffel durch den Vorgesetzten, sind auch die Wertschätzung des (älteren) Wissensträgers sowie das Bewusstsein und die Wahrnehmung der Verantwortung für einen erfolgreichen Transferprozess seitens der Führungskraft wichtige Erfolgsfaktoren für die Durchführung.

7.4.2 Wissensaustausch in altersgemischten Arbeitsgruppen: Das TANDEM-Konzept

Zur systematischen Unterstützung des Wissensaustauschs zwischen Erfahrungsträgern und Novizen wurde im Rahmen des TANDEM-Pilotprojektes ein Workshop-Prozess für altersgemischte Arbeitsgruppen in der Automobilbranche entwickelt und erprobt. Ziel des Prozesses ist es, Teams aus drei erfahrenen und drei unerfahrenen Beschäftigten „bei der Dokumentation eines Arbeitsprozesses in Form von Schulungsbausteinen zu unterstützen und währenddessen den Wissenstransfer zwischen den Teilnehmern anzuregen" (Bittner & Leimeister, 2015, S. 373). Das dreitägige Konzept umfasst eine Kick-Off-Veranstaltung, einen Ausarbeitungs- und einen Finalisierungs-Workshop, die jeweils im Abstand von ca. zwei bis vier Wochen stattfinden.

Im ersten Zusammentreffen wird die Struktur für einen Schulungsworkshop entwickelt. Der zweite Workshop dient der Erstellung einer klaren Beschreibung jedes einzelnen Schrittes im Arbeitsprozess (Lerngespräch mit Bildmaterial). Im Rahmen des Finalisierungs-Workshops wird das Lerngespräch weiter angereichert, und es werden Übungs- und Testaufgaben zum Schulungsbaustein entwickelt. In jedem der Workshops wird das Prinzip des Tandems genutzt. Nach individuellen Arbeitsphasen (in denen die Teilnehmer z. B. einzeln reflektiert oder bestimmte Themen bearbeitet haben) folgen Gruppenarbeiten im iterativen Vorgehen. Zunächst bilden je ein erfahrener und ein unerfahrener Teilnehmer ein Tandem. In diesem Zweierteam werden gemeinsam Aufgaben bearbeitet, deren Ergebnisse später im Gesamtteam besprochen und weiterentwickelt werden.

Eine Pilotierung des TANDEM-Konzeptes in einem großen Unternehmen der Automobilindustrie mit insgesamt 48 erfahrenen (Durchschnittsalter 44,16 Jahre) und unerfahreneren (Durchschnittsalter 24,09 Jahren) Teilnehmern zeigt den Nutzen der Vorgehensweise auf (Bittner & Leimeister, 2015). Die qualitative Fallstudienanalyse ergab, dass die TANDEM-Workshops nicht nur in Bezug auf die Wissensvermittlung positive Effekte hatten. Durch die paarweise Interaktion wurden auch zurückhaltendere unerfahrene Teilnehmer zur Beteiligung angeregt. Diese konnten ihr Wissen erweitern, während erfahrene Beschäftigte auf Arbeitsschritte hingewiesen wurden, die ihnen vorher nicht bewusst waren. Bei der Zusammenführung im Gruppendokument konnte außerdem identifiziert werden, wo langjährige Mitarbeiter über die Zeit unterschiedliche Vorgehensweisen entwickelt hatten. Dies bildete die Grundlage für die Ausarbeitung eines Konsenses zur Vorgehensweise. Ferner berichteten die Teilnehmer, dass sie sich mit den selbst erstellten Materialen besser identifizieren als mit bisher verfügbaren Schulungsunterlagen, die von externen Beratern erstellt wurden. Auch ein gesteigerter Gruppenzusammenhalt sowie reduzierte Vorurteile und Hemmungen waren eine Folge des gemeinsamen Gruppenziels.

7.5 Qualifizierungs- und Präventionskonzepte

Facettenreich sind Qualifizierungs- und Trainingsmaßnahmen zur Verbesserung der Gesundheit und Erhaltung der Leistungsfähigkeit älterer Mitarbeiter. Im Folgenden werden beispielhaft umfassende PE-Konzepte, aber auch spezifische Trainings aufgeführt.

7.5.1 Intergenerationale Qualifizierung in neuen Berufsprofilen

In diesem BMBF-Projekt erhalten erfahrene Mitarbeiter gemeinsam mit jungen Auszubildenden Trainings in neuen Berufsprofilen. Das Konzept nennt sich „Intergenerationale Qualifikation (IQ)" und zielt darauf ab, Synergien durch individuelle Qualifikationen verschiedener Altersgruppen zu generieren (Deissinger & Breuing, 2014).

Um den erhöhten Bedarf an Werkzeugmechanikern zu decken und gleichzeitig älteren Mitarbeitern in belastenden Montage-Tätigkeiten neue Perspektiven zu bieten, wurde im Mercedes Benz-Werk in Bremen ein intergenerationales Ausbildungsprogramm initiiert (Voelpel & Gerpott, 2014; Niederhausen, 2013). Im Rahmen der intergenerationalen Qualifizierung werden acht Berufseinsteiger gemeinsam mit vier älteren Mitarbeitern aus dem Produktionsbereich zum Werkzeugmechaniker ausgebildet. Die älteren Auszubildenden waren vor ihrem Einstieg ins Programm bereits zwischen 17 und 28 Jahren im Unternehmen beschäftigt und übten Tätigkeiten mit hoher Taktbindung und geringer Aufgabenveränderung aus (Voelpel & Gerpott, 2014). Gemeinsam besuchen „junge" und „alte" Auszubildende im IQ-Programm die Berufsschule und lernen „Seite an Seite" im Unternehmen, wodurch eine enge Zusammenarbeit und eine gegenseitige Wissensvermittlung innerhalb der Ausbildungsgruppe entstehen.

Das Angebot wird sehr positiv wahrgenommen. Seit der Einführung bewerben sich jährlich ca. 90 Produktionsmitarbeiter für die Teilnahme. Ferner wurde das Programm mehrfach ausgezeichnet, so z. B. im Rahmen des vom Bundesministerium für Bildung und Forschung ausgeschriebenen Ideenwettbewerbs „Land der demografischen Chancen – der Demografie Atlas" (Voelpel & Gerpott, 2014). Im Rahmen einer wissenschaftlichen Begleitmaßnahme wurde das Programm evaluiert, um Aussagen über die Effektivität treffen zu können (vgl. Gerpott & Voelpel, 2014). Hierzu wurden Teilnehmer vor Beginn und nach Abschluss der Ausbildung in standardisierten Interviews befragt. Um unterschiedliche Sichtweisen mit einzubeziehen, wurden außerdem auch acht Interviews mit Ausbildern und Berufsschullehrern geführt. Neben einer positiven Gesamtbewertung der Maßnahme durch die Teilnehmer zeigen die Ergebnisse auch bessere Prüfungsleistungen und prosoziales Verhalten auf Teamebene (Gerpott & Voelpel, 2014).

Das Qualifizierungsprogramm sieht drei intergenerationale Lernprozesse vor, in denen sich die Teilnehmer sowohl als Wissensvermittler als auch Wissensempfänger wahrnehmen, indem sie sowohl „voneinander", „miteinander" als auch „übereinander" lernen (vgl. Abbildung 31).

Beide Altersgruppen gewinnen durch das „voneinander Lernen" in diesem Programm: Während jüngere von den erfahreneren Auszubildenden Wissen über Prozesse und technisches Fachwissen erhalten, können umgekehrt die älteren Teilnehmer vom schulischen und technischen Wissen sowie der Medienkompetenz der Jüngeren profitieren. Alle Teilnehmer berichteten über „die aktive Weitergabe von explizitem Wissen mittels impliziter Lernprozesse durch die tägliche Zusammenarbeit" (Gerpott & Voelpel, 2014, S. 18). Ferner sehen jüngere

Teilnehmer die älteren Teamkollegen als Rollenvorbild für den Umgang mit Konflikten und die Balance zwischen Freundschaft und Professionalität am Arbeitsplatz.

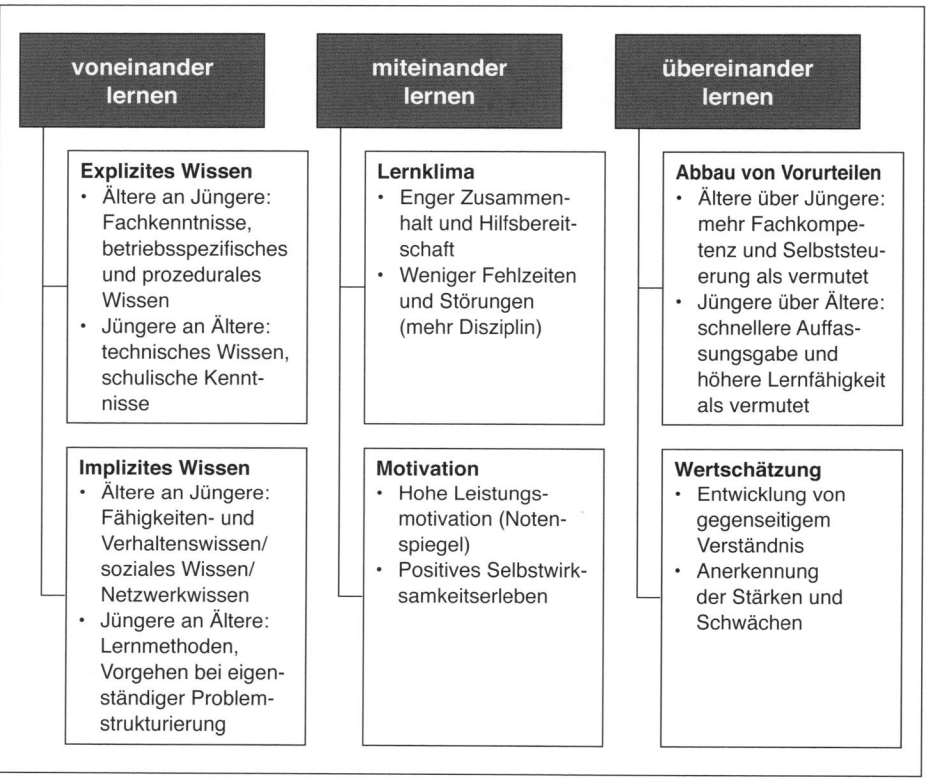

Abbildung 31: Inhaltsbereiche und berichtete Wirkung des vermittelten Wissens im intergenerationalen Lernprozess (eigene Darstellung basierend auf Gerpott & Voelpel, 2014)

Das „miteinander Lernen" hat insbesondere positive Auswirkungen auf die Lernkultur und die Motivation der Teilnehmer. Die Wahrnehmung der erneuten Ausbildung als einmalige Chance scheint sich dabei von den Erfahreneren auf die Berufseinsteiger zu übertragen und führt dadurch zu größerer Disziplin und zeigt sich außerdem in einem überdurchschnittlichen Notenniveau der Gruppe.

Nicht zuletzt spielt auch das „übereinander Lernen" eine wichtige Rolle im Programm, da dadurch Vorurteile abgebaut werden und sich Verständnis und Wertschätzung gegenüber der anderen Altersgruppe entwickeln.

Weiterhin berichteten die Befragten auch über eine Veränderung des Selbstbildes. Während im Rahmen der ersten Interviews in beiden Gruppen häufig Unsicherheiten und Zweifel an eigenen Fähigkeiten genannt wurden, wurde das lernbezogene Selbstbild sowie die selbst- und fremdeingeschätzte Lernfähigkeit und Handlungskompetenz durch die Teilnahme am Programm – nach Angaben der Autoren – nachweislich positiv beeinflusst.

7.5.2 Qualifizierungskonzept für eine demografiefeste Personalarbeit in KMU: „PerDemo"

Das BMBF-geförderte Verbundprojekt „PerDemo" (Personalarbeit im demografischen Wandel) verfolgte das Ziel, ein Qualifizierungskonzept für die demografiefeste Personalarbeit in KMU zu entwickeln (Müller & Klinger, 2015; Müller et al., 2014). Einbezogen waren Unternehmen aus der Gesundheitswirtschaft und der Maritimen Wirtschaft in Mecklenburg-Vorpommern, Schleswig-Holstein und Hamburg.

Basierend auf einer systematischen Auswertung demografieorientierter Weiterbildungsangebote der Industrie-, Handels- und Handwerkskammern in den drei Bundesländern gab es einen Bedarf an Qualifizierungs- und Weiterbildungsangeboten – insbesondere auch im Hinblick auf die betriebsspezifischen Belange von KMU, um mit den Auswirkungen der demografischen Veränderungen adäquat umzugehen (Müller et al., 2014).

Im Fokus des Qualifizierungskonzeptes steht die Kompetenzerweiterung von *Personalverantwortlichen* und *Führungskräften* im Hinblick auf die betriebliche Gestaltung demografisch bedingter Problemlagen. Die Inhalte des Curriculums wurden auf Grundlage einer telefonischen Befragung ($N = 505$ Geschäftsführer, Inhaber, Personalverantwortliche) zu branchen- und unternehmensbezogenen Bedarfen, Personal- und Qualifikationsstrukturen und bestehenden personalpolitischen betrieblichen Maßnahmen zur Bewältigung der demografischen Entwicklung ermittelt. Mithilfe von anschließenden Tiefeninterviews mit Personalverantwortlichen und Führungskräften aus 51 weiteren Unternehmen wurden außerdem Probleme und Lösungsansätze analysiert. Abbildung 32 zeigt das Qualifizierungsangebot im Überblick.

Neben der Vermittlung fachlicher (Baustein I) und methodischer Kompetenzen (Baustein II) steht die praktische Anwendung der gelernten Inhalte im Fokus des Angebotes. Das praxisorientierte Curriculum soll im Rahmen der Durchführung eines konkreten betriebsspezifischen Demografieprojektes absolviert werden, welches über begleitete Praxisphasen Eingang in das Angebot findet. So können die Teilnehmer die in den Seminaren vermittelten Inhalte auch praktisch anwenden. Ergänzt wird das Curriculum durch eine gezielte kollegiale Be-

ratung (Baustein III), die die Teilnehmerinnen und Teilnehmer bei der Identifi-
zierung, Umsetzung und Evaluation der Demografieprojekte im betrieblichen
Alltag unterstützt. Die drei Bausteine des Curriculums gliedern sich inhaltlich
in fünf Module (à 1,5 Seminartage), die Umsetzung wird in drei Quartalen empfohlen (vgl. Abbildung 32).

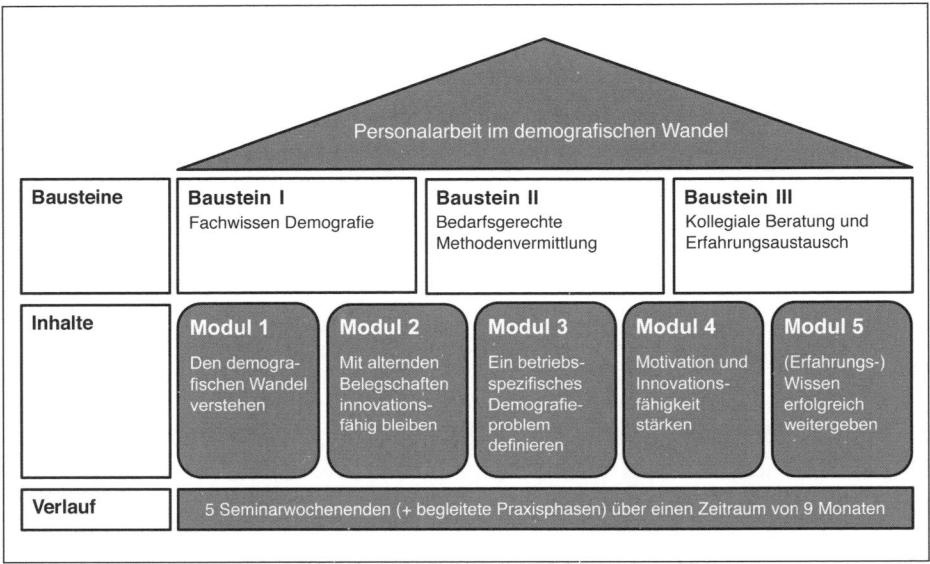

Abbildung 32: Das Qualifizierungskonzept „PerDemo" im Überblick (basierend auf
Müller & Klinger, 2015)

Aufgrund geringer Resonanz in den KMU-Betrieben konnte das Qualifizierungsangebot aber nicht in der geplanten Form durchgeführt werden. Als mögliche
Gründe für die geringen Anmeldezahlen nennen die Autoren u. a. fehlende (zeitliche) Ressourcen in KMUs, den langen Durchführungszeitraum (9 Monate) und
die zeitlich lange Dauer des Seminars.

Als Reaktion darauf wurde auf Grundlage des entwickelten Curriculums eine
themenspezifische Seminarreihe entwickelt. Drei Seminare (vgl. Tabelle 16) wurden als ein- oder zweitägige Veranstaltung konzipiert und konnten im Zeitraum
von Juni 2013 bis Februar 2014 durchgeführt und evaluiert werden.

Alle drei Angebote wurden von denTeilnehmern im Hinblick auf Zufriedenheit,
Wissenszuwachs und Verhaltensänderungen (in der Zukunft) positiv bewertet.
Die Evaluation zeigte außerdem, dass ein Großteil der Teilnehmer der Seminare
„alter(n)sgerechtes Führen" und „Werkzeuge für die Führung altersgemischter
Teams" die Veranstaltung weiterempfehlen würde, jedoch nur 45 % der Teilneh-

mer des Seminars „Coaching und Mentoring in der Umsetzung altersspezifischer Personalziele". Hieraus folgern die Autoren (Müller et al., 2014), dass Coaching und Mentoring für diese Zielgruppe weniger relevant sind als themenspezifische Seminare. Eine Evaluation der Maßnahmen nach objektiven Kriterien liegt nicht vor.

Tabelle 16: Seminarreihe des PerDemo-Projektes (eigene Darstellung basierend auf Müller & Klinger, 2015; aus Sonntag & Seiferling, 2016, S. 526)

Seminar	Inhalt
Alter(n)sgerechtes Führen	– Grundlagen generationalen und altersgerechten Führens – Identifikation von Bedürfnissen und Erwartungen verschiedener Altersgruppen; Erhalt von Leistungsfähigkeit und Motivation – Entwicklung praktischer Lösungsansätze und Strategien
Werkzeuge für die Führung altersgemischter Teams	– Herausforderungen altersgemischter Teams – Lösungsansätze für die gelungene Führung: Individuelle Bedürfnisse und verschiedene Führungsperspektiven
Coaching und Mentoring in der Umsetzung altersspezifischer Personalziele	– Altersspezifische Personalziele (z. B. Wissensweitergabe, Erfahrungsaustausch) erkennen und Maßnahmen einsetzen – Umsetzungsmöglichkeiten im eigenen Betrieb – Coaching und Mentoring

7.5.3 Training zur Steigerung der Innovationsfähigkeit: Das Projekt „NovaDemo"

Zur Steigerung der Innovationsfähigkeit von Einzelpersonen und altersheterogenen Arbeitsgruppen im Kontext betrieblicher Verbesserungsprozesse wurde im Rahmen des Verbundprojektes NovaDemo („Erfassung und Steigerung der Innovationsfähigkeit in KMU vor dem Hintergrund der demografischen Entwicklung") ein aufwandsökonomisches Training „on the job" entwickelt (Kramer, Töpperwien, Schmicker, Deml & Wassmann, 2015). Aufbauend auf der mit dem Tool NovaDemo ermittelten Innovationsfähigkeit von Einzelpersonen und Arbeitsgruppen wurden fünf Trainings-Bausteine zusammengestellt (vgl. Abbildung 33). Zu den Trainingsinhalten zählen u. a. teamgeistförderliche Kommunikation, Kreativität, soziale Kompetenz, Methodenkompetenz und ressourcenschonende Zeitplanung, aus denen die Trainingsgruppe für sie rele-

vante Themenfelder auswählen kann, die an die Bedarfe der Gruppen angepasst
und dem zeitlichen Verlauf des Innovationsprozesses entsprechend dargeboten
werden.

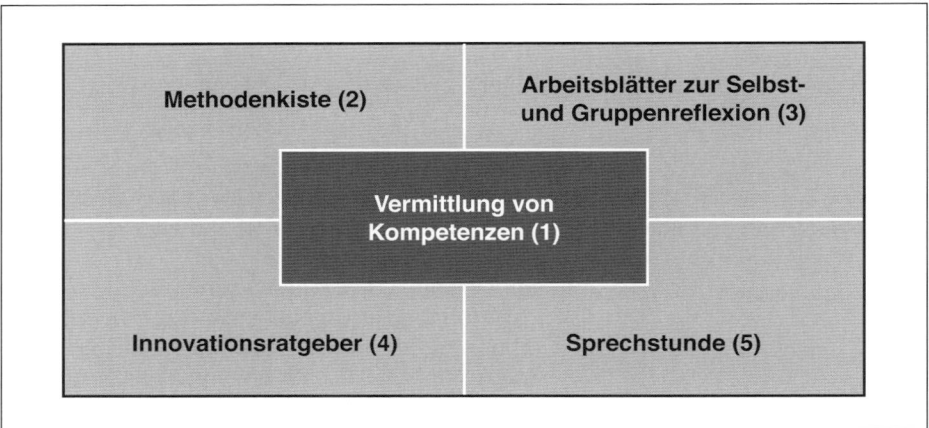

Abbildung 33:   Aufbau des Trainingsprogramms NovaDemo (Kramer et al., 2015)

Während die Vermittlung von Kompetenzen und die Sprechstunde von einem
Trainer durchgeführt werden, dienen die Methodenkiste, die Arbeitsblätter zur
Selbst- und Gruppenreflexion sowie der Innovationsratgeber der individuellen
Kompetenzförderung und der nachhaltigen Wissenssicherung im Unternehmen. Zur Erprobung des Trainings wurden die Bausteine (15 Minuten) vor und
(10 Minuten) nach regulären Teambesprechungen in den Arbeitsalltag integriert.
Vor der Besprechung wird zunächst ein bestimmtes Thema behandelt (z. B. the-
oretischer Input, Übung; Baustein 1). Die Methodenkiste (Baustein 2) ist dabei
immer im Besprechungsraum und wird nach jeder Einheit mit neuen Inhalten
gefüllt. Arbeitsblätter leiten die Teilnehmer zur Reflexion an (Baustein 3). In der
folgenden Besprechung kann das Gelernte dann direkt vor Ort erprobt werden,
wobei der Lernprozess durch situative Hinweise des Trainers unterstützt wird.
Im Anschluss erfolgt gemeinsam mit dem Trainer eine Auswertung der Besprechung (Baustein 3) darüber, was gut umgesetzt wurde und was noch verbesse-
rungsbedürftig ist. Weiterhin werden im Innovationsratgeber dauerhaft Wissen
und Arbeitsmaterialien bereitgestellt (Baustein 4) und die Teilnehmer können je
nach Bedarf eine (individuelle) Sprechstunde (Baustein 5) mit dem Trainer in
Anspruch nehmen.

Das „on the job"-Training bietet die Möglichkeit, mit relativ geringem Zeitauf-
wand wirksame Effekte zu erzielen. Für den Erfolg des Trainingskonzepts ist
neben der Beteiligung aller Teammitglieder auch die „Anpassung der Inhalte an

konkrete, arbeitsrelevante Themen" (Kramer et al., 2015, S. 303) relevant. Subjektive Einschätzungen der Teilnehmer sprechen von anfänglicher Skepsis und Widerständen, die sich im Verlauf des Trainings aufgelöst und positiv auf die Besprechungen ausgewirkt haben. Derzeit werden weitere Varianten des Trainings entwickelt und erprobt.

7.5.4 Spezifische Maßnahmen für die private und berufliche Lebensplanung im Vorfeld des Ruhestands

Die nachfolgenden Beispiele zeigen ausgewählte spezifische Maßnahmen für ältere Mitarbeiter zur Sensibilisierung lebensphasenrelevanter Themen sowie zur Motivation für eine Weiterarbeit im Ruhestand.

Workshop „Perspektive 58+"

Als langjährige und erfahrene Mitarbeiter stellen ältere Betriebszugehörige eine Schlüsselressource für den wirtschaftlichen Erfolg eines Unternehmens dar. Daher ist es von Bedeutung, dass diese Altersgruppe sowohl gesundheitlich als auch geistig fit bleibt und sich weiterhin im Beruf engagiert (Monka & Steimer, 2014). Um langjährigen Mitarbeitern Wertschätzung und Anerkennung der beruflichen Lebensleistung entgegenzubringen und sie für die letzten fünf bis acht Jahre ihrer Erwerbstätigkeit an die Organisation zu binden, konzipierte ein Unternehmen der produzierenden Industrie einen Tagesworkshop für ältere Mitarbeiter. Dabei steht nicht die Vorbereitung auf den Ruhestand im Vordergrund, sondern vielmehr die Bestärkung der Teilnehmer darin, dass ihr Wissen und ihre Expertise wertvoll sind und in Zukunft gebraucht werden.

Im Mittelpunkt des Workshops steht die Sensibilisierung für lebensphasenrelevante Themen wie gesundheitliche und mentale Fitness sowie berufliche und private Lebensplanung. Die Teilnehmer erhalten nicht nur Informationen zu gesetzlicher und betrieblicher Altersvorsorge, sondern setzen sich auch in Selbstreflexionen und in Gruppenworkshops mit gesundheitlichen und motivationalen Aspekten des Älterwerdens und des Arbeitslebens auseinander (vgl. Tabelle 17).

Zur ersten Pilotveranstaltung Mitte 2011 wurden alle Mitarbeiter, die 58 Jahre oder älter waren, eingeladen. An diesem ersten Tagesworkshop nahmen 50 der 70 angeschriebenen Mitarbeiter aus unterschiedlichen hierarchischen Ebenen teil. Als Erfolgsfaktoren für die Durchführung des Seminars nennen die Autoren neben den zielgruppen- und themenorientierten Präsentationen, Übungen und Reflexionen auch die Anwesenheit von Vertretern der Personalleitung und der

Geschäftsführung sowie die Zusendung der Materialien (inkl. Fotozusammenstellung des Workshops) im Nachgang.

Tabelle 17: Ablauf des Tagesworkshops „Perspektive 58+" (nach Monka & Steimer, 2014)

Nr.	Inhalt	Referent
1	Begrüßung und erste Bewegungsübung	Externer Moderator
2	Informationen über Demografie-Management des Unternehmens	Standort-Personalleiter
3	Informationen über gesetzliche Rentenversicherung – Grundsätzliche Regelungen – Aktuelle Veränderungen (z. B. Rente ab 63)	Rentenfachmann der Bundesversicherungsanstalt für Angestellte (BfA)
4	Informationen zur betrieblichen Altersversorgung – Versorgungsordnung – Auseinandersetzen mit individueller Situation	Leiter Servicezentrum Entgeltabrechnung
5	Impulsvortrag „Better Aging" – Tipps zur gesunden Lebensführung – Physisch und psychisch fit und aktiv bleiben (bis zum Ruhestand und darüber hinaus)	Externer Referent
6	Gruppenworkshops – Aktiv durch Bewegung und vitale Ernährung – Motivation Zukunft – Werte und persönliche Lebensplanung	Externer Referent
7	Team-Event zum Abschluss „3 in der Luft" – Jonglieren	Trainer/externer Referent

Seit 2011 wurden an vier Standorten mehrere Workshops durchgeführt, an denen insgesamt 260 Mitarbeiter teilnahmen. Das Veranstaltungskonzept ist mittlerweile an den Standorten etabliert und wird jährlich angeboten. Die Rückmeldungen der Teilnehmer sind nach Monka und Steimer (2014) durchweg positiv. Essenziell dabei ist die Nachhaltigkeit der Maßnahme. So ist der Workshop eingebunden in ein umfassendes Maßnahmenkonzept, mit dem Mitarbeiter bis nach dem Ausscheiden aus dem Unternehmen begleitet werden.

Das Entwicklungsprogramm „Silverpreneur"

Das „Silverpreneur"-Programm eines forschenden Pharma-Unternehmens ist eine einjährige „on the job"-Entwicklungsmaßnahme für Mitarbeiter mit mehr als 25 Jahren Berufserfahrung (Zils & Jägersberg, 2015). Das Programm ist nicht als „Schon- oder Reduzierungsprogramm" konzipiert, sondern will Mitarbeiter ab 50 Jahren fordern und fördern, damit sie „motiviert und engagiert auch weitere Jahre mit Freude im Unternehmen" arbeiten (Zils & Jägersberg, 2015, S. 445).

Angesprochen werden sollen ältere Mitarbeiter, die ihre Erfahrung für den Unternehmenserfolg einbringen möchten. Mit dem Projekt bietet das Unternehmen älteren Mitarbeitern einen Rahmen, innerhalb dessen sie eigenständig Projekte zu selbstgewählten demografiebezogenen Themen durchführen können. Auf Grundlage einer Befragung von 210 Mitarbeitern von 50 bis 65 Jahren und Tiefeninterviews mit 20 Experten wurde das Programm bedarfsgerecht auf die Zielgruppe ausgerichtet. Die Befragten gaben mehrheitlich an, an einer Weiterentwicklung und der Übernahme neuer Aufgaben interessiert zu sein und ihre Erfahrungen einzubringen. Nur sehr wenige zogen – nach Angabe der Autoren – eine Frühverrentung in Betracht (Zils & Jägersberg, 2015).

Das im Jahr 2013 erstmals durchgeführte Entwicklungsprogramm enthielt neben einer Kick-Off- und Abschlussveranstaltung vier zweitägige Module, im Rahmen derer die Teilnehmer wichtige HR-Themen für ein erfolgreiches Demografie-Management bearbeiteten. In der Kick-Off-Veranstaltung konnten die Teilnehmer die Inhalte des Programms selbst konkretisieren und mitgestalten (Zils & Jägersberg, 2015). So erarbeitete die erste Gruppe der „Silverpreneure" im Jahr 2013 beispielsweise ein Ausbildungsprogramm für Mentoren sowie ein Training für Führungskräfte zu intergenerativer Führung und leitete die Weiterführung des Programms ein. Die Maßnahmen werden in gemeinsamer Verantwortung von HR-Verantwortlichen und den Programmteilnehmern in die Praxis umgesetzt.

Fazit

Seit einer Reihe von Jahren wird von vorausschauenden Unternehmen, Verbänden und Forschungsinstituten mit unterschiedlichen Maßnahmen und Initiativen zur Potenzialerhaltung und -nutzung älterer Erwerbstätiger beigetragen. Vielfältig sind die Maßnahmen, Instrumente und Aktionen, deren Qualität und Wirksamkeit unterschiedlich. Die Befundlage zeigt aber auch, dass sich Entscheidungsträger und Personalverantwortliche – insbesondere in KMU-Betrieben –noch nicht ausreichend vorbereitet sehen und sich zögerlich mit dem Thema längerer Erwerbstätigkeit und den daraus resultierenden personalpolitischen Auswirkungen für Fach- und Führungskräfte beschäftigen. Nachhaltige und in der Fläche eingesetzte Maßnahmen sind aber erforderlich, um die Qualifikations-, Gesundheits- und Motivationsrisiken älterer Erwerbstätiger zu erkennen und zu reduzieren. Es braucht fundierte Analysen der Bedarfe und individueller Bedürfnisse, um seriöse und wirkungsvolle Entwicklungsarbeit für verhältnis- und verhaltensbezogene Interventionen zu leisten. Eine sorgfältige Evaluation und Qualitätssicherung der Maßnahmen ist dabei unabdingbar.

8 Proaktiver Ruhestand

Bis zu ca. einem Viertel unserer Lebenszeit können wir im Ruhestand verbringen und haben dabei gute Aussichten, auch im Rentenalter entsprechend fit und leistungsfähig zu sein. Damit verbunden ist einerseits die Chance, freie Zeit im Ruhestand zu genießen, aber auch die Herausforderung, diesen Lebensabschnitt aktiv und sinnvoll zu gestalten.

8.1 Konzeptionalisierung des Ruhestands

Vielfältige Faktoren beeinflussen aus einer wissenschaftlichen Perspektive das Phänomen „Ruhestand" in unterschiedlicher Art und Weise. Neben Merkmalen der Arbeit (Kim & Moen, 2002), Gesundheit, Familienstand und Einkommen (Wong & Earl, 2009) sind auch Persönlichkeitsfaktoren (Robinson, Demetre & Corney, 2010) und Erwartungen bzgl. des Ruhestands (Taylor, Goldberg, Shore & Lipka, 2008) wichtige Einflussgrößen. Dieser Komplexität trägt eine Multilevel-Perspektive Rechnung (Szinovacz, 2013), die interagierende Faktoren auf verschiedenen Ebenen berücksichtigt (vgl. Abbildung 34). Es wird deut-

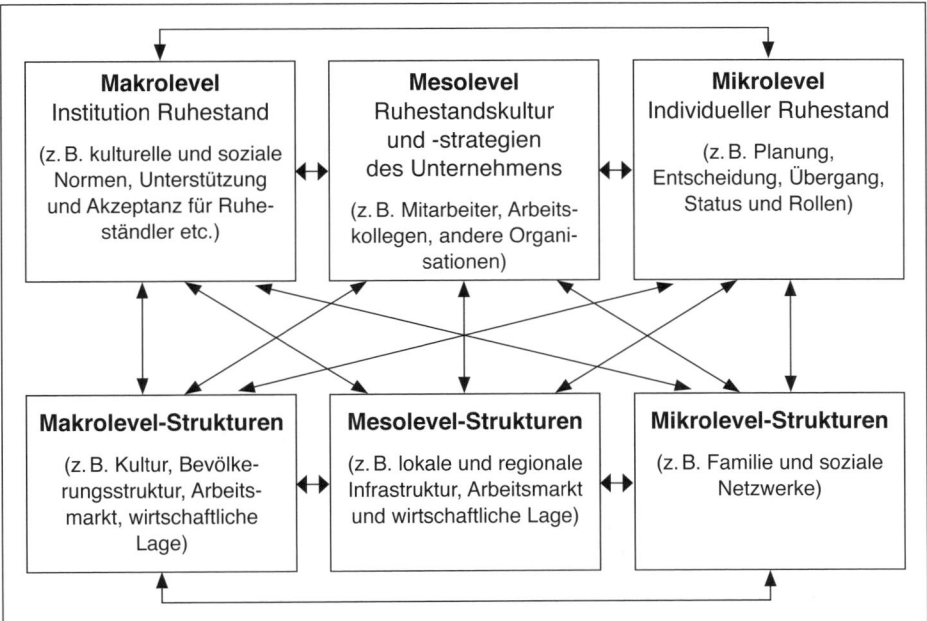

Abbildung 34: Multilevel-Perspektive des Ruhestands (eigene Darstellung basierend auf Szinovacz, 2013, S. 153)

lich, dass der Ruhestand zwar ein individuelles Phänomen darstellt, diese Ein-
zigartigkeit jedoch nicht nur von persönlichen Eigenschaften und Verhalten des
Einzelnen abhängig ist, sondern auch soziale und kulturelle sowie unternehmensspezifische Aspekte einen wichtigen Einfluss auf die Gestaltung, das Erleben,
aber auch die Erforschung des Ruhestands haben.

In der psychologischen Forschung stehen meist die Mikroebene sowie Mikro-
level-Strukturen im Vordergrund. Häufig wird hierbei zwischen drei Sichtweisen unterschieden: der Konzeptionalisierung des Ruhestand als *Entscheidungsprozess, Anpassungsprozess* oder aber als *Karrierestufe* (Wang & Shi, 2014; Wang
et al., 2011). Diese drei Perspektiven thematisieren nicht nur verschiedene Einflussfaktoren, sondern indizieren auch relevante Handlungsfelder, um die Gestaltung des Übergangs in den Ruhestand und die Anpassung an die Nacherwerbsphase positiv zu beeinflussen.

Bei der Betrachtung des Ruhestands als *Entscheidungsprozess* steht im Vordergrund, dass nach der Entscheidung, aus dem Erwerbsleben auszutreten, arbeitsbezogene Tätigkeiten kontinuierlich abnehmen, während andere Aktivitäten, wie
z. B. in der Familie oder der Kommune, mehr Raum einnehmen. Die Forschung
beschäftigt sich dabei insbesondere mit der Frage, welche Faktoren die Entscheidung, in den Ruhestand zu gehen, beeinflussen (Moen, 2012; Topa, Moriano,
Depolo, Alcover & Morales, 2009) oder wie der Entscheidungsprozess verläuft
(Feldman & Beehr, 2011). Dabei muss beachtet werden, dass nicht jede Entscheidung zur Verrentung auch freiwillig getroffen wird (z. B. Szinovacz & Davey,
2005; van Solinge & Henkens, 2007). So können z. B. starke gesundheitliche
Einbußen oder persönliche Lebensumstände zu einer als „unfreiwillig" erlebten
Entscheidung, in den Ruhestand zu gehen, führen. Diese Sichtweise ist vor allem
dann sinnvoll, wenn sich Erwerbstätige von sich aus aktiv entscheiden müssen,
in den Ruhestand zu gehen, d. h. wenn kein gesetzliches Regelrenteneintrittsal-
ter oder betriebliche Vorgaben bestehen.

Im Gegensatz dazu rückt die Konzeptualisierung des Ruhestands als *Anpassungsprozess* nicht die Entscheidung in den Ruhestand zu gehen, sondern vielmehr die mit dem Eintritt in die Nacherwerbsphase verbundenen Veränderungen in den Fokus. Maßgeblich ist dabei einerseits die Phase des Übergangs in
den Ruhestand, aber auch die Anpassungsphase an die neue Lebenssituation
(Wang et al., 2011). Ruheständler müssen sich entsprechend des sich verändernden Umfeldes anpassen, um physisches, funktionales und psychologisches Wohlbefinden aufrecht zu erhalten (Zhan, Wang, Liu & Shultz, 2009), wobei insbesondere individuelle psychologische Komponenten der Anpassung von Bedeutung
sind. Hierbei wird meist auf die folgenden Theorien Bezug genommen (Wang
& Shi, 2014), die auch Erklärungsansätze dafür beinhalten, unter welchen Um-
ständen es bei der Anpassung an die Nacherwerbsphase zu Problemen kommen
kann:

1. Der *Kontinuitätstheorie* (Atchley, 1989; Atchley, 2003; Osborne, 2012) nach werden Selbstkonzept und Identität sowie wichtige Lebensmuster über die Zeit aufrechterhalten. Auch wenn sich Lebensumfeld und Aufgaben beim Übergang in den Ruhestand maßgeblich ändern, bleiben Persönlichkeit, Einstellungen und Verhaltensweisen von Personen in der Regel konsistent. Aufgrund der Beständigkeit maßgeblicher Eigenschaften und Attribute kann die Anpassung an den Ruhestand gut gelingen. Schwierigkeiten können jedoch entstehen, wenn bestimmte Lebensmuster nicht aufrechterhalten werden können.

2. Die *Lebens(ver)laufsperspektive* (Elder, 1995; Elder, Johnson & Crosnoe, 2003) betont dynamische Prozesse der Entwicklung und Veränderung über die Lebensspanne hinweg, wobei Kontextfaktoren eine wichtige Rolle spielen. Hierzu zählen neben persönlicher Geschichte und Erfahrungen (z. B. Umgang mit früheren Übergangssituationen) auch sozioökonomische Rahmenbedingungen, individuelle Eigenschaften, soziales Umfeld und demografische Daten (z. B. finanzieller Status, Gesundheit, Kompetenzen). Generell ist davon auszugehen, dass Personen, die bisher einen flexiblen Stil im Umgang mit Lebensübergängen gezeigt haben und in der Arbeit weniger sozial integriert sind, sich leichter auf die Verrentung vorbereiten und bessere Anpassungsleistungen erzielen können (Wang et al., 2011; Wang & Shultz, 2010). Ferner geht die Theorie davon aus, dass sich verschiedene Lebensbereiche wechselseitig beeinflussen. Dabei sind Lebensbereiche außerhalb der Arbeit von besonderer Relevanz für den Austritt aus dem Erwerbsleben. Sie können den Übergang erleichtern, indem sie dazu beitragen, alternative Identitäten aufzubauen und Möglichkeiten für bedeutsame Aktivitäten im Ruhestand bieten.

3. Das zentrale Element der *Rollentheorie* (vgl. z. B. George, 1993) ist die Rollenfindung bzw. die -aufrechterhaltung. Diese Mechanismen sind gerade in Phasen der Rollenaustritte und -übergänge (z. B. vom Erwerbsleben in den Ruhestand) von besonderer Bedeutung, da Rollen einen wichtigen Teil der eigenen Identität darstellen und das Selbstwertgefühl mit bedingen. Je mehr eine Person in eine Rolle (z. B. Arbeitsrolle) involviert ist, desto mehr hängt ihr Selbstwertgefühl davon ab, inwieweit sie sich in der Lage sieht, diese Rolle erfolgreich auszuüben (Ashforth, 2001). Der Austritt aus dem Erwerbsleben kann als „Rollenverlust" erlebt werden, wenn die Arbeit als zentraler Aspekt der eigenen Identität gesehen wird (Kim & Moen, 2002). Aber auch gegenteilige Effekte können auftreten, wenn der Eintritt in den Ruhestand (z. B. aufgrund hoher Beanspruchung oder wenig Spaß an der Arbeit) eine Erleichterung darstellt.

Im Zuge technologischer Entwicklungen und Veränderungen in den Rentensystemen – zumindest in den USA, aber z. T. auch in Deutschland – kann der Eintritt in den Ruhestand als *späte Karriere-Entwicklungsstufe* gesehen werden. Dies trägt der Tatsache Rechnung, dass auch die Nacherwerbsphase Potenzial zur Weiterentwicklung und Karriereveränderungen birgt (Wang & Shultz, 2010) und viele ältere Erwerbstätige den Wunsch verspüren, sich auch nach dem Erreichen des offiziellen Renteneintrittsalters proaktiv einzubringen (vgl. auch Kapitel 8.3).

Die im Rahmen der verschiedenen Ruhestandsperspektiven genannten Faktoren gilt es bei der Vorbereitung auf den Ruhestand und der Gestaltung des Übergangs zu beachten. Dabei kann sowohl vom Einzelnen als auch vonseiten des Unternehmens ein Beitrag geleistet werden, um den Übergang in die Nacherwerbsphase zu erleichtern.

8.2 Den Übergang in den Ruhestand sinnvoll gestalten

An das Ausscheiden aus dem Berufsleben sind nicht nur Veränderungen in Zeitstruktur, Einkünften oder im Aktivitätslevel geknüpft, sondern auch Veränderungen im Hinblick auf soziale Kontakte, Sinnhaftigkeit und Gesellschaftsbeitrag. Für viele Menschen rückt dadurch am Ende des Erwerbslebens die Frage in den Mittelpunkt, wie der Lebensabschnitt Ruhestand sinnvoll gestaltet werden kann.

8.2.1 Ruhestand als kritisches Lebensereignis?

Der Übergang in den Ruhestand stellt ein einschneidendes Ereignis im Laufe der Erwerbsbiografie eines Menschen dar. Neben finanziellen Veränderungen gehen mit der Verrentung meist auch die Ablösung von Arbeitskollegen sowie eine deutliche Zunahme an nicht strukturierter Zeit einher (Leung & Earl, 2012), was eine hohe Anpassungsleistung des Einzelnen erfordert. Dies zeigte sich schon in frühen Untersuchungen zu Auswirkungen von Stress und erforderlichen Anpassungsleistungen bei einschneidenden Lebensereignissen: Der Eintritt in den Ruhestand lag auf Platz 10 der klassischen Social Readjustment Scale (Holmes & Rahe, 1967). Auch wenn das Erscheinen dieser Studie schon lange zurückliegt, stellt das Ausscheiden aus der Erwerbstätigkeit und die Eingewöhnung in die neue Lebensphase auch – oder gar in besonderem Maße – in der heutigen Zeit eine große Herausforderung für ältere Erwerbstätige dar. Viele Menschen identifizieren sich stark mit ihrer Arbeit(srolle) und schöpfen aus ihrer Tätigkeit Sinn und Selbstwert, sodass der Austritt aus dem Erwerbsleben als deutlicher Verlust erlebt werden kann.

Ähnlich der Befundlage zu den Folgen der Verrentung (vgl. Kapitel 5.2) sind auch die Erkenntnisse über die Anpassung an den Ruhestand nicht eindeutig. Trotz der hohen erforderlichen Anpassungsleistung konnte vielfach gezeigt werden, dass der Übergang in den Ruhestand und die Anpassung an die neue Lebensphase meist gut gelingt. Jedoch zeigen Studien auch individuelle Probleme beim Übergang in den Ruhestand oder bei der Anpassung an die neue Lebensphase auf (Wang et al., 2011, Pinquart & Schindler, 2007; Wang, 2007; Kim & Moen, 2002). So kann die Verrentung teilweise mit verringerter Lebenszufriedenheit sowie gesteigerter Depression und Angst verbunden sein (Adams, Prescher, Beehr & Lepisto, 2002). Bei zukünftigen Ruheständlern herrschen zudem teilweise Unsicherheiten bezüglich des neuen Lebensabschnittes vor (Mayring, 2000). Dabei zeigt die Forschung auch deutlich, dass individuelle Unterschiede bei der Anpassung an die Nacherwerbsphase von großer Bedeutung sind (vgl. Mayring, 2000, Wang, 2007).

8.2.2 Ruhestandsvorbereitung und Planung der Nacherwerbsphase

Um Unsicherheiten gegenüber den Veränderungen im Ruhestand zu begegnen und den Übergang vorzubereiten, kann die Ruhestandsvorbereitung einen wesentlichen Beitrag leisten. Etliche Studien haben gezeigt, dass Planung und vorbereitende Aktivitäten positive Effekte auf relevante Faktoren des Übergangs in den Ruhestand haben. So beeinflussen sie nicht nur Selbstwirksamkeit (Taylor-Carter, Cook & Weinberg, 1997), Ruhestandserwartungen und Wohlbefinden (Reitzes & Mutran, 2004; Rosenkoetter & Garris, 2001; Wang, 2007) angehender Ruheständler positiv, sondern mindern auch Ruhestandsangst (Fretz, Kluge, Ossana, Jones & Merikangas, 1989) und verbessern die spätere Ruhestandszufriedenheit (Noone, Stephens & Alpass, 2009; Topa et al., 2009) sowie die psychosoziale Anpassung (Rosenkoetter & Garris, 2001). Außerdem kann die Vorbereitung und Planung für den Ruhestand älteren Erwerbstätigen helfen, realistische Erwartungen gegenüber der Nacherwerbsphase zu entwickeln.

Trotz der Erkenntnisse über die positiven Effekte der Vorbereitung auf den Ruhestand gibt es bisher kaum systematisch evaluierte Angebote, um angehende Ruheständler in der Vorbereitung zu unterstützen. Die wenigen bestehenden Programme beziehen sich meist vor allem auf finanzielle und organisatorische Aspekte der Ruhestandsvorbereitung und vernachlässigen psychologische und soziale Faktoren (Kloep & Hendry, 2007; Peila-Shuster, 2011). Einen arbeitspsychologischen Ansatz, der auf eine Stärkung persönlicher Ressourcen ausgerichtet ist, bietet das nachfolgende Projekt.

8.2.3 Das Projekt „Zufrieden in den Ruhestand"

Ziel des vom Innovationsfonds FRONTIER der Universität Heidelberg geförderten Projektes „Zufrieden in den Ruhestand" ist es, eine ressourcenorientierte Gruppenintervention für ältere Berufstätige zu entwickeln, die in den nächsten drei Jahren in Ruhestand gehen werden (vgl. Seiferling & Michel, submitted). Der Schwerpunkt des Programmes lag dabei auf der Aktivierung und Stärkung persönlicher Ressourcen (z. B. Selbstregulationsfähigkeit, soziale Kontakte, persönliche Stärken etc.), aber auch auf der Zielkonkretisierung zur individuellen Gestaltung des Übergangs in den Ruhestand.

Die Stärkung von Ressourcen für den Ruhestand steht in Einklang mit einem aktuellen Modell der Anpassung an den Ruhestand. Die ressourcenorientierte dynamische Perspektive (Wang et al., 2011) postuliert, dass die Anpassung an die Nacherwerbsphase ein dynamischer Prozess ist, in dem das Anpassungslevel abhängig von persönlichen Ressourcen und deren Veränderungen variiert. Eine Zunahme persönlicher Ressourcen führt demnach zu einer verbesserten Anpassung, wohingegen eine Ressourcenabnahme eine geringere Anpassung zur Folge hat.

Ausgehend von dieser Theorie ist es sinnvoll, Ressourcen für den Ruhestand zu stärken und zu aktivieren, um die Weichen für eine erfolgreiche Anpassung an die neue Lebensphase zu stellen. Nachfolgend werden der Aufbau der Gruppenintervention sowie die Evaluation des Programms beschrieben.

Intervention Gruppen-Coaching

Das mehrwöchige Gruppen-Coaching thematisiert verschiedene Aspekte und Herausforderungen des Übergangs in den Ruhestand und der Anpassungsphase. Jede Sitzung enthielt dabei Einzelaufgaben zur Reflexion oder Strukturierung verschiedener Themen sowie Paargespräche oder Gruppendiskussionen zum Austausch mit anderen Teilnehmern (vgl. Tabelle 18).

Tabelle 18: Überblick über die Sitzungen des Gruppen-Coachings „Zufrieden in den Ruhestand"

Nr.	Titel	Inhalt
0	Einführung	– Organisatorisches – Überblick über die Themen
1	Blick in die Gegenwart und in die Zukunft	– Vorstellung übergreifender Modelle – Rollen und Rollenveränderungen
2	Ressourcen – heute und in Zukunft	– Menschen und Beziehungen – Ressourcen und Stärken
3	Träume realisieren – meine Ziele	– Visualisierung des Ruhestands und Zielableitung
4	Strategien und Ressourcen für die Zukunft	– Umgang mit Übergängen und schwierigen Situationen – Persönliches Ressourcen-Portfolio
5	Auf den Weg machen – unterwegs sein	– Förderliche und hinderliche Faktoren – Hilfreiche Ressourcen und Strategien
6	Eigenständig den Weg gehen	– Rückblick und Resümee – Ausblick und nächste Schritte – Rituale: den eigenen Weg gestalten

Nach der Einführungsveranstaltung, in der vor allem Informationen über das Projekt und organisatorische Aspekte im Vordergrund stehen, nehmen die angehenden Ruheständler an sechs zweistündigen Gruppensitzungen teil. Im Rahmen der einzelnen Sitzungen reflektieren und beschäftigten sich die Teilnehmer unter anderem mit ihren aktuellen und zukünftigen Rollen, persönlichen sozialen Netzwerken und ihren individuellen Stärken, um bestehende Ressourcen zu aktivieren. Ferner visionieren (im Sinne einer Gedankenreise) die Teilnehmer den eigenen Ruhestand und leiten daraus konkrete Ziele für die Übergangsphase sowie die Anpassung an den Ruhestand ab. Diese Ziele können sehr unterschiedlich ausfallen, da sie sich auf die individuellen Themen der Teilnehmer, wie z. B. Ausbau bestehender Hobbies, Interessen oder sozialer Kontakte, Bewegung und Aktivität, Reisen, aber auch mögliche Ideen und Vorstellungen in Bezug auf die Weiterarbeit im Ruhestand – im bisherigen oder anderen Tätigkeitsfeldern, beziehen.

Auch der bisherige Umgang der Teilnehmer mit Übergangssituationen wird genauer betrachtet, um Strategien zu identifizieren, die für die anstehende Veränderung hilfreich sein können. Dabei steht im Vordergrund, Ideen und Vorstellungen zu generieren, die auf ihre Umsetzbarkeit sowie mögliche Stolpersteine geprüft werden können, um die Übergangsphase einerseits zu gestalten, andererseits aber auch Unwegsamkeiten zu antizipieren und sich für diese zu wappnen.

Evaluation der Gruppen-Intervention

Im Rahmen des Projektes wurden von Januar bis September 2014 acht Interventions-Gruppen angeboten und durchgeführt. Die Akquise erfolgte über Pressenotizen in verschiedenen regionalen Zeitungen, Flyer sowie das interne Bildungsprogramm der Universität Heidelberg. Die Teilnahme an dem Programm war kostenlos, die Teilnehmer verpflichteten sich jedoch, an der Studie zur Evaluation des Programms mitzuwirken.

Die Evaluation des Gruppen-Coachings erfolgte über ein Warte-Kontrollgruppen-Design. Über einen Zeitraum von 14 Wochen füllten die Teilnehmer an drei Messzeitpunkten Fragebögen zu verschiedenen Maßen persönlicher Ressourcen (z. B. körperliche, kognitive und emotionale Ressourcen), der Selbstregulationsfähigkeit, des Wohlbefindens, individueller Ruhestandserwartungen und -ängste sowie zu arbeitsbezogenen Variablen aus. Dies erfolgte vor der Einführungsveranstaltung (Prä-Test, Woche 1), nach der Coaching-Phase der Experimentalgruppe (EG; Post-Test, Woche 7) und nach der Coaching-Phase der Wartekontrollgruppe (WKG; Follow-up-Test, Woche 14). Weiterhin wurden die Teilnehmer sechs Monate nach dem Abschluss des Programms erneut befragt (Nachbefragung) (vgl. Abbildung 35).

Insgesamt meldeten sich 74 Personen für die Intervention an. Davon nahmen 68 Personen an der Einführungsveranstaltung teil und füllten den ersten Fragebogen aus ($N_{EG} = 35$, $N_{WKG} = 33$). Da in die Evaluationsstichprobe nur diejenigen Personen mit einbezogen wurden, die sowohl an der Prä- als auch den Post-Befragung teilgenommen hatten, gingen schlussendlich die Daten von $N = 56$ ($N_{EG} = 27$, $N_{WKG} = 29$) Personen in die Analysen ein.

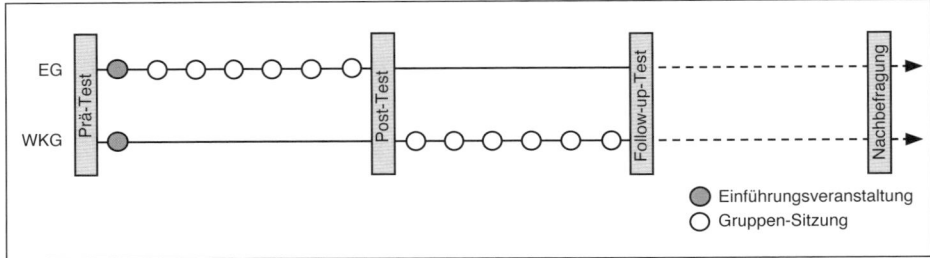

Abbildung 35: Untersuchungsdesign zur Evaluation der Gruppenintervention „Zufrieden in den Ruhestand"

Die Ergebnisse zeigen, dass das Coaching-Programm eine vielversprechende
Intervention für angehende Ruheständler darstellt. Zwar fanden sich keine signifikanten Effekte hinsichtlich der Selbstregulationsfähigkeit, des Wohlbefindens und positiver Ruhestandserwartungen, jedoch erzielte die Experimentalgruppe nach der Teilnahme am Coaching im Vergleich zur Kontrollgruppe
signifikant höhere Werte im Hinblick auf die erfassten persönlichen Ressourcen. Ferner zeigten sich in der Experimentalgruppe signifikant verringerte negative Erwartungen hinsichtlich des Ruhestands und reduzierte Ruhestandsangst
sowie deutlich gesteigerte Intentionen, den Ruhestandsübergang zu gestalten.

Im Einklang mit der von Wang und Kollegen (2011) postulierten ressourcenorientierten Perspektive fand sich außerdem, dass die Veränderungen in den Ruhestandserwartungen und Gestaltungsintentionen sowie die Angstreduktion
durch die positiven Effekte der Intervention auf die persönlichen Ressourcen
der Teilnehmer mediiert wurden (vgl. Seiferling & Michel, submitted). Dies gibt
Aufschluss über die der Intervention zugrunde liegenden Wirkmechanismen:
Durch die Ressourcenaktivierung und -stärkung im Rahmen des Coachings
weisen die Teilnehmer (Experimentalgruppe) im Vergleich zur Wartekontrollgruppe deutlich weniger Ruhestandsangst und negative Ruhestandserwartungen sowie gesteigerte Intentionen zur Ruhestandsgestaltung auf (vgl. Abbildung 36).

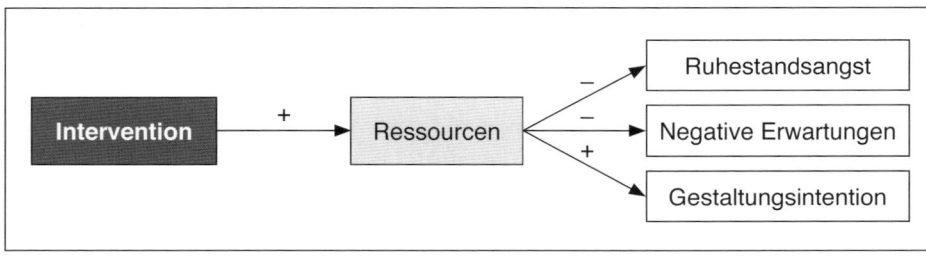

Abbildung 36: Wirkmodell der Gruppenintervention „Zufrieden in den Ruhestand"

Auch in der längerfristigen Wirkung der Intervention zeigen sich positive Effekte. Sechs Monate nach dem Coaching berichteten die Teilnehmer beider Gruppen nicht nur signifikante positive Effekte auf persönliche Ressourcen, sondern auch deutlich weniger negative Erwartungen bzgl. des Ruhestands und der Ruhestandsangst sowie eine gesteigerte positive Sichtweise des Ruhestands und Intentionen für die Gestaltung des Übergangs in die Nacherwerbsphase. Bezüglich des Wohlbefindens und der Selbstregulationsfähigkeit zeigten sich auch hier keine relevanten Effekte.

Fazit

Die Ergebnisse und Erfahrungen aus dem Projekt unterstützen die Annahme, dass eine psychosoziale Vorbereitung auf den Ruhestand sinnvoll ist. Durch die Teilnahme am Coaching konnten Faktoren, die wichtig für den Übergang in und die Anpassung an die Nacherwerbsphase sind, positiv beeinflusst werden. Nicht nur die Teilnehmerzahl, sondern auch die Anwesenheitsrate (die Teilnehmer besuchten durchschnittlich 88 % der Sitzungen) sowie die rege Beteiligung in den Sitzungen und die niedrige Drop-Out-Quote spiegeln das Interesse und den Bedarf an psychosozialer Vorbereitung für den Ruhestand sowie die Reflexion und die Beschäftigung des künftigen Ruheständlers mit der anstehenden Veränderung wider.

Die gewonnenen Erkenntnisse können nicht nur für ältere Erwerbstätige, sondern auch für Praktiker aus Beratung und Coaching sowie Unternehmen von Nutzen sein. Als wichtiges Lebensereignis und als Karriere- bzw. Entwicklungsstufe stellt der Ruhestand ein potenziell immer wichtiger werdendes Thema für Berufs- und Lebensberatung dar. Ferner sollten HR-Verantwortliche in Organisationen in Erwägung ziehen, dieses oder ähnliche Programme für ältere Erwerbstätige im Rahmen eines ganzheitlichen betrieblichen Demografie-Managements anzubieten. Häufig bestehen bereits Programme zur finanziellen Planung und Vorbereitung. Diese um psychosoziale Aspekte zu erweitern, kann ein wichtiger Schritt sein, um ältere Mitarbeiter zu unterstützen, sich frühzeitig mit der Ruhestandsplanung und damit mit ihrer individuellen sinnvollen Gestaltung des neuen Lebensabschnitts zu beschäftigen.

8.3 Aktivitäten und Engagement im Ruhestand

Für die proaktive Gestaltung des Ruhestands und Phasen des höheren Erwachsenenalters sind Aktivitäten von großer Bedeutung. Der klassischen Aktivitätstheorie (Havighurst, 1963) zufolge, spielt die Ausübung verschiedener Aktivitäten und das Engagement eine wichtige Rolle für das Wohlbefinden im Alter:

(Ältere) Menschen sind dann zufrieden und fühlen sich wohl, wenn sie aktiv sind, etwas leisten und von anderen gebraucht werden. Für ein „Erfolgreiches Altern" ist es daher notwendig, dass Aktivitäts- und Interaktionsmöglichkeiten auch nach dem Verlust von Beziehungen und Rollen vorhanden sind bzw. ersetzt werden können.

8.3.1   Alltagsaktivitäten

Dies spiegelt sich auch in den Ergebnisse einer längsschnittlichen Studie auf Grundlage der SHARE-Daten (Survey of Health, Ageing and Retirement in Europe) wider, die zeigen, dass Aktivitäten im Ruhestand, wie z. B. ehrenamtliches Engagement, Unterstützung und Hilfe für andere sowie die aktive Mitgliedschaft in (Sport-)Vereinen, positive Auswirkungen auf die spätere Lebensqualität haben (Potočnik & Sonnentag, 2013).

Daten des Bundesinstituts für Bevölkerungsforschung (BiB) zeigen, dass viele ältere Menschen (55 bis 70 Jahre) sich im Rahmen informeller Tätigkeiten, d. h. Tätigkeiten, die nicht arbeitsvertraglich festgelegt sind und z. B. in Familie, Nachbarschaft oder Vereinen unentgeltlich oder gegen eine Aufwandentschädigung verrichtet werden, engagieren (Cihlar et al., 2014; vgl. Abbildung 37).

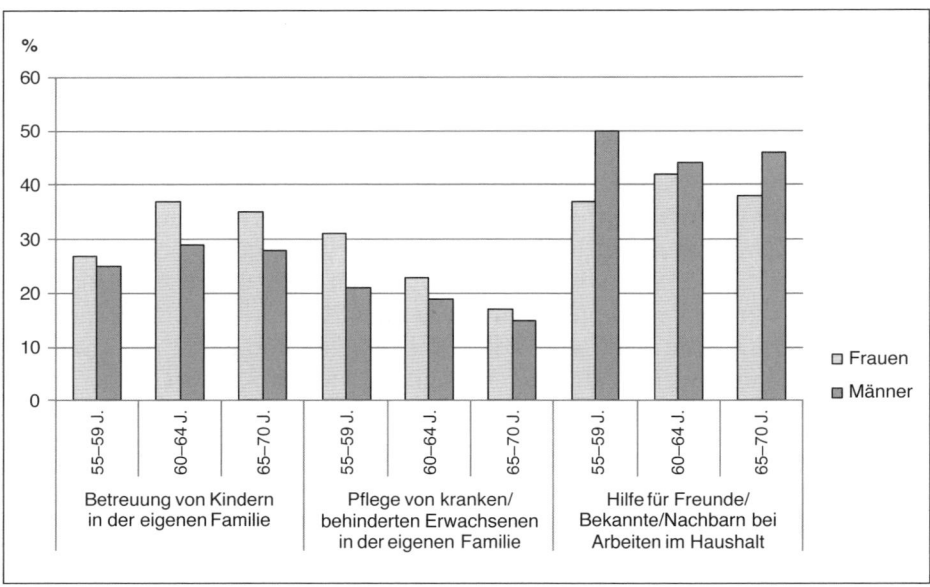

Abbildung 37:   Informelles Engagement Älterer in Deutschland (Angaben in Prozent; eigene Darstellung basierend auf Daten des BiB; vgl. Cihlar et al., 2014, S. 23–24; *N* = 5. 002)

Demnach engagieren sich Frauen häufiger bei der Betreuung und Pflege von Kindern und erkrankten oder behinderten Erwachsenen in der eigenen Familie, Männer hingegen eher bei der Hilfe und Unterstützung für Freunde oder Nachbarn und Bekannte. Die Befragung zeigt außerdem, dass 44 % der Befragten mindestens eine geringe Tätigkeit innerhalb der Familie ausüben und sogar 69 % sich regelmäßig bürgerschaftlich in unterschiedlichen Bereichen engagieren.

In Bezug auf ehrenamtliches Engagement gibt die Mehrheit der Befragten an, sich in einem Verein oder Verband (61 %) einzubringen, 15 % sind in der Kirche oder kirchlichen Organisationen aktiv, 7 % in selbstorganisierten Gruppen und 4 % in Initiativen. Weitere 13 % nannten in geringen Häufigkeiten Parteien, Gewerkschaften oder Selbsthilfegruppen.

Als Gründe für ihr Engagement wurden am häufigsten die Motive „Spaß an der Tätigkeit", „soziale Kontakte" und „anderen Menschen helfen" genannt (vgl. Abbildung 38).

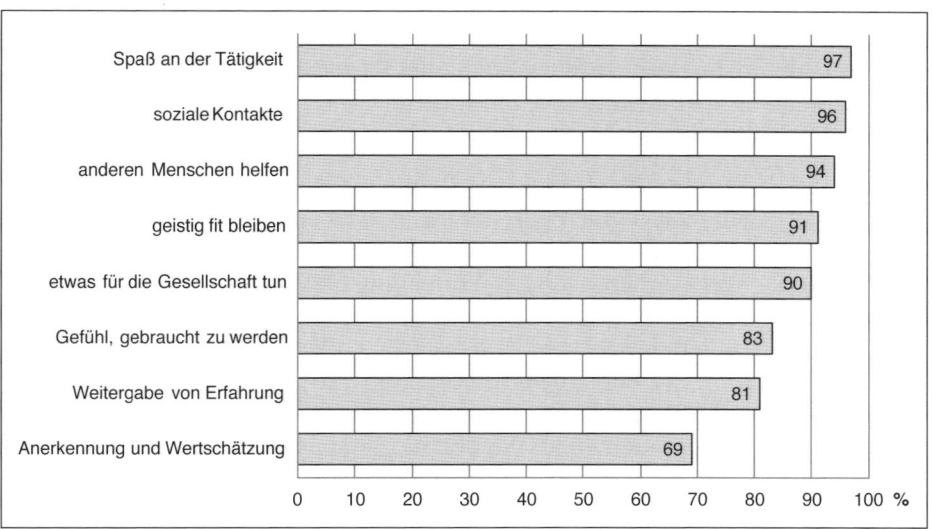

Abbildung 38:   Wichtige Motive (Nennungen über 60 Prozent) für die Ausübung eines Ehrenamtes in Prozent (eigene Darstellung basierend auf Daten des BiB; vgl. Cihlar et al., 2014; S. 26; $N=5.002$)

Neben den in der Abbildung 38 aufgeführten Gründen für ein ehrenamtliches Engagement wurden außerdem – wenn auch deutlich weniger häufig – „ein geregelter Tagesablauf", „Gewohnheit" und das „Gefühl, dazu verpflichtet zu sein" genannt (Cihlar et al., 2014). Personen, die noch nie ehrenamtlich tätig waren, nannten hierfür vor allem die folgenden Gründe: „fehlende Zeit" (54 %), „bisher hat niemand gefragt" (54 %), „Gesundheit lässt es nicht zu" (37 %) sowie „Arbeit und Ärger damit" (32 %).

Diese empirischen Erkenntnisse zeigen, dass Menschen im Ruhestand sich keinesfalls passiv verhalten; vielfältige Aktivitäten prägen den Alltag Älterer in Deutschland, wobei die Beweggründe für das – meist ehrenamtliche – Engagement sehr unterschiedlich sein können.

8.3.2 Weiterarbeit im Ruhestand

Neben Alltagsaktivitäten in verschiedenen Bereichen, wie z. B. im Sportverein, soziales oder politisches Engagement sowie häusliche Beschäftigungen, bietet auch die Fortführung der Lohnarbeit eine Möglichkeit, nach der Verrentung aktiv und engagiert zu bleiben. Sowohl für den Einzelnen als auch für Organisationen und die Gesellschaft (Wöhrmann, Deller & Wang, 2014) kann dies von Nutzen sein. Die Weiterarbeit in der Nacherwerbsphase kann helfen, den Alltag (weiterhin) zeitlich zu strukturieren und ihren Interessen nachzugehen. Außerdem zeigte sich, dass Weiterarbeit im Ruhestand auch positive Effekte auf das Wohlbefinden sowie die physische und mentale Gesundheit hat (Kim & Feldman, 2000; Wang, 2007, Zhan et al., 2009; vgl. auch Kapitel 5). Organisationen profitieren durch die Beschäftigung erfahrener Fachkräfte und den Wissenserhalt im Unternehmen und auch das Sozialsystem (insbesondere die Rentenkassen) kann entlastet werden.

In den USA liegt das sog. „bridge employment" schon viele Jahre im Trend. Immer mehr Ältere entscheiden sich dort auch nach dem Erreichen des offiziellen Renteneintrittsalters dazu, die Lohnarbeit fortzuführen. In Deutschland rückt das Thema der Weiterarbeit nach der Verrentung erst in den letzten Jahren zunehmend in den Fokus. Mit dem Begriff der „Silver Worker" werden nach Maxin und Deller (2010) Personen bezeichnet, die zwar (offiziell) bereits im Ruhestand sind, aber weiterhin bezahlten oder unbezahlten Tätigkeiten nachgehen. Dabei können die Gründe für die Entscheidung zur Weiterarbeit im Ruhestand sehr verschieden sein (vgl. Kapitel 5). Werden in nordamerikanischen Studien aufgrund unterschiedlicher Rentenregelungen und Sozialsystemen meist Zuverdienst zur Rentenversicherung und dem Ersparten als Motivation genannt (Cahill, Giandrea & Quinn, 2013), fanden Maxin und Deller (2010, S. 784) an einer Stichprobe von sog. „Silver Workers" vor allem die Gründe „aktiv bleiben wollen; weiterentwickeln", „helfen; Wissen weitergeben" und „Freude; Interesse", wobei „helfen; Wissen weitergeben" die größte Wichtigkeit zugeschrieben wurde.

Wie in Abschnitt 8.1 bereits dargestellt, wird die Nacherwerbsphase häufig auch als Karrierestufe betrachtet. Der Blick auf die Verrentung als *späte Karriere- und Entwicklungsstufe* trägt der Tatsache Rechnung, dass auch die Nacherwerbsphase Potenzial zur Weiterentwicklung und Karriereveränderungen birgt (Wang & Shultz, 2010) und berücksichtigt aktuelle Veränderungen dahingehend, dass immer mehr ältere Erwerbstätige diese Lebensphase dafür nutzen.

Lange Zeit ermutigten Arbeitgeber ihre Mitarbeiter zum frühzeitigen Ruhestand (OECD, 2006; BAuA, 2011) und unterstützten so (in Verbindung mit den vorherrschenden Renten- und Sozialsystemen) eine regelrechte „Frühverrentungskultur" (Hofäcker & Naumann, 2015). War nach dem Höhepunkt in den 80er Jahren noch bis in die späten 90er Jahre des letzten Jahrhunderts hinein ein deutlicher Trend zur Frühverrentung zu verzeichnen (Ebbinghaus & Hofäcker, 2013), scheint sich diese Entwicklung mittlerweile umzukehren und Ältere verbleiben länger im Berufsleben, wie auch die Daten des Deutschen Alterssurveys (DEAS) zeigen (Hofäcker & Naumann, 2015; vgl. Abbildung 39).

Die Daten verdeutlichen auch, dass Männer und Personen mit höherem Bildungsabschluss eine höhere Wahrscheinlichkeit aufweisen, über das offizielle Renteneintrittsalter hinaus zu arbeiten und dies im Westen Deutschlands eher tun als im Osten. Bedeutsam sind dabei auch Organisationsmerkmale: Mitarbeiter in kleineren Unternehmen und nicht industriellen Wirtschaftszweigen (z.B. Dienstleistung, Landwirtschaft) arbeiten eher über das 65. Lebensjahr hinaus.

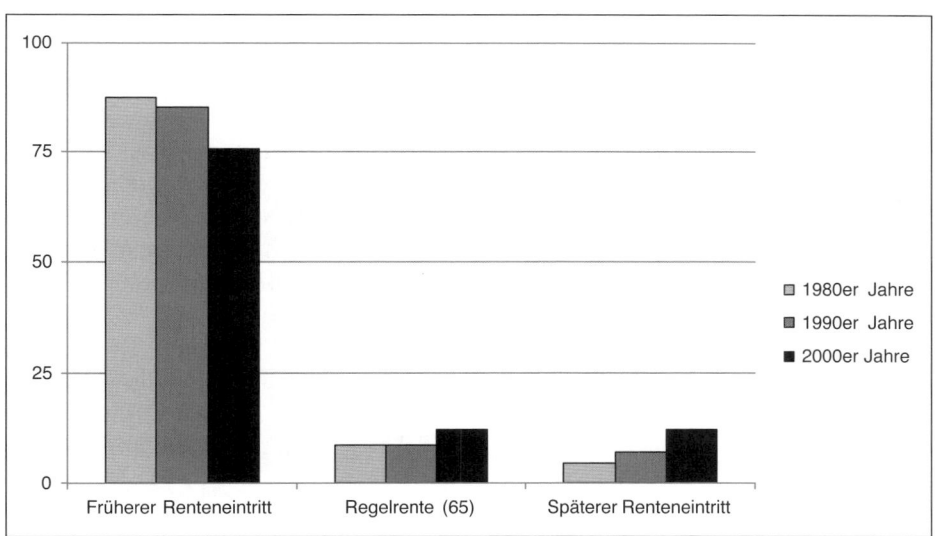

Abbildung 39: Früh-, Regel- und Spät-Verrentungen in Deutschland von 1980 bis 2008 (Angaben in Prozent; eigene Darstellung basierend auf Hofäcker & Naumann, 2015)

Im Mikrozensus 2014 zeigte sich dieser Trend ebenfalls: Im Jahr 2014 waren 14 % der 65- bis 69-Jährigen Befragten erwerbstätig, 2005 hingegen nur 6 % (Statistisches Bundesamt, 2015b).

Auch in der Gruppe der 60- bis 64-Jährigen, also der Personen, die in wenigen Jahren das Regelrentenalter erreichen werden, ist ein deutlicher Anstieg in der Beschäftigungsquote zu verzeichnen. Im Jahr 2014 lag die Erwerbstätigenquote bei 52 %, verglichen mit nur 28 % in 2005 (Statistisches Bundesamt, 2015b). Dementsprechend hat sich im Vergleich zum Jahr 2005 auch das mittlere Ruhestandseintrittsalter um ein Jahr erhöht. Im Jahr 2013 lag es bei 61,6 Jahren im Vergleich zu 60,4 Jahren in 2005 (Statistisches Bundesamt, 2015b).

Gründe für die längere Erwerbsarbeit sind dabei einerseits in der Einstellungspolitik von Arbeitgebern zu sehen, die die Frühverrentung nun weniger proklamieren, als dies noch vor einigen Jahrzehnten der Fall war und eher danach streben Mitarbeiter im Unternehmen zu halten. Andererseits treffen auch viele ältere Erwerbstätige bewusst die Entscheidung, sich auch nach Erreichen der Regelaltersgrenze weiter in ihrem (alten) Beruf oder in einem ganz neuen Tätigkeitsfeld zu engagieren.

Wöhrmann et al. (2014) untersuchten, welche Faktoren die Absicht, länger zu arbeiten, beeinflussten. Auf Basis qualitativer Daten (Interviews mit älteren Mitarbeitern und Experten) wurden erwarteter Nutzen sowie förderliche Faktoren für die Weiterarbeit im Ruhestand identifiziert, welche dann in einer quantitativen Studie getestet wurden. Sowohl der erwartete Nutzen (Annahme, dass bestimmte Erwartungen durch die Arbeit im Ruhestand erfüllt werden) als auch die postulierten förderlichen Faktoren (Fähigkeit zur Weiterarbeit, Arbeitsmöglichkeit und soziale Zustimmung) wiesen einen signifikanten Zusammenhang zur Absicht, nach der Verrentung weiterzuarbeiten auf. Dabei moderierte der Faktor soziale Zustimmung (d. h. inwiefern das soziale Umfeld die Weiterarbeit befürwortet) außerdem die Beziehung zwischen erwartetem Nutzen und der Absicht zur Weiterarbeit im Ruhestand. Bei hoher sozialer Zustimmung verstärkte sich der Zusammenhang zwischen erwartetem Nutzen und der Absicht zur Weiterarbeit im Ruhestand (vgl. Abbildung 40).

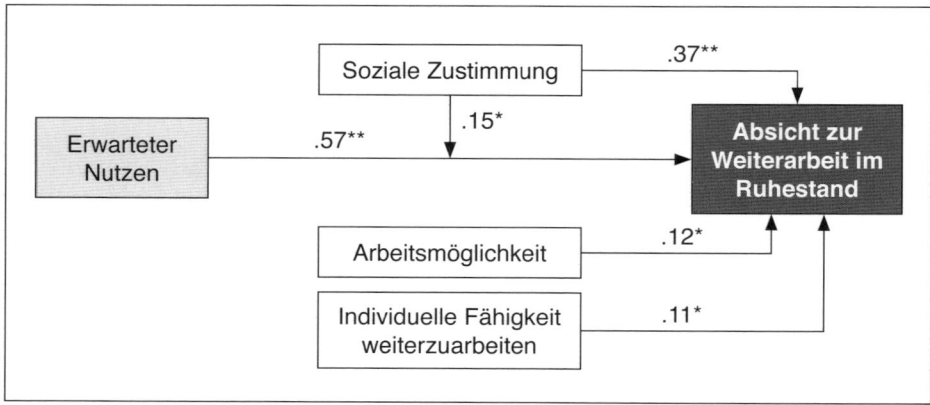

Abbildung 40:   Zusammenhang zwischen erwartetem Nutzen und Absicht zur Weiterarbeit im Ruhestand (eigene Darstellung basierend auf Wöhrmann et al., 2014; $N=212$; * $p<.05$; ** $p<.001$)

In einer früheren Studie zeigten die Autoren außerdem, dass der Zusammenhang zwischen erwartetem Nutzen und der Absicht zur Weiterarbeit *beim gleichen Arbeitgeber* durch die erfahrene soziale Unterstützung am Arbeitsplatz moderiert wird (Wöhrmann, Deller & Wang, 2013). Demnach besteht (wie auch in der zuvor vorgestellten Studie von Wöhrmann et al., 2014) bei Personen, die viel soziale Unterstützung am Arbeitsplatz erhalten, eine stärkere Relation zwischen erwartetem Nutzen und Absichten zur Weiterarbeit als bei Personen mit geringeren Ausprägungen sozialer Unterstützung. Ferner fand sich ein negativer Zusammenhang zwischen körperlichen Anforderungen der Arbeit und Absicht zur Weiterarbeit beim gleichen Arbeitgeber; d. h. je stärker ältere Beschäftigte bei ihrer aktuellen Tätigkeit körperlich beansprucht sind, desto geringer ist das Motiv zur Weiterarbeit (vgl. auch Kapitel 5).

8.3.3 Einsatz als Senior-Experten in der Unternehmerpraxis

Durch den Zusammenfall demografischer Veränderungen und der zunehmend bedeutsamer werdenden Rolle von Wissen als Schlüsselressource für erfolgreiche Weiterentwicklung und Wachstum, stehen Organisationen vor der Herausforderung unternehmensspezifisches Wissen zu erhalten und den Wissenstransfer zwischen Generationen zu sichern (vgl. auch Abschnitt 7.4). Einige Unternehmen haben diese Thematik bereits aufgegriffen und nutzen das Know-how ihrer Mitarbeiter auch noch, *nachdem* diese bereits in Altersrente gegangen sind.

Die Einsatzdauer ehemaliger Betriebszugehöriger ist in den verschiedenen Initiativen auf bestimmte Projekte bzw. festgelegte Zeitspannen begrenzt, da die Ruheständler keine regulären Stellen ersetzen, sondern ausschließlich zur Verstärkung des Teams in bestimmten Phasen oder Prozessen wieder „ins Boot" geholt werden. Die Senior-Experten werden meist kurz vor oder nach dem Verlassen des Unternehmens rekrutiert. Die Experten-Pools setzen sich größtenteils aus Fach- und Führungskräften zusammen. Die langjährige Betriebszugehörigkeit und Betriebspraxis erlaubt den Alumni einen schnellen Einstieg in aktuelle Themen und Beratungsaufträge, da sie alle jahrelange Erfahrung in ihren persönlichen Arbeitsbereichen sowie spezifisches Fach- und Führungswissen besitzen und das Unternehmen und dessen Kultur bestens kennen.

Im Folgenden werden exemplarisch zwei Senior-Experten-Programme kurz vorgestellt.

Bosch Management Support GmbH (BMS)

Bereits 1999 gründete Bosch die Tochterfirma Bosch Management Support GmbH (BMS), um zeitlich befristete Beratung durch ehemalige Bosch-Mitarbeiter anzubieten. Die Senior-Experten kommen immer dann zum Einsatz, wenn kurzfristig professionelle Unterstützung benötigt wird, wie z. B. beim Anlauf einer

Fertigungslinie oder der Reorganisation eines Geschäftsbereichs (Robert Bosch GmbH, 2009). Auch kurzfristige Kapazitätsengpässe oder Einarbeitungsphasen jüngerer und neuer Mitarbeiter sowie zeitweise auftretende Arbeitsspitzen können durch den Einsatz ehemaliger Mitarbeiter und Führungskräfte ausgeglichen werden. Dies ist insbesondere im Hinblick auf die erforderliche Flexibilität und Schnelllebigkeit der aktuellen wirtschaftlichen Entwicklungen von Relevanz. Ein neues prozessoptimiertes System zur Expertenverwaltung erleichtert das Experten-Matching (heroes GmbH, 2014).

Im Rahmen des Programms ist der generationenübergreifende Austausch im Sinne gemeinsamen Lernens aus Sicht des Unternehmens besonders wertvoll. Daneben spielt auch die Vergütung der erbrachten Leistung eine Rolle, die sich am ehemaligen Gehalt orientiert. Für die BMS-Experten bedeutet dies einen Zuverdienst, für das Unternehmen reduzierte Kosten im Vergleich zu externen Beraterleistungen.

Die Kundenzufriedenheit (kontinuierliche Bewertungen zwischen 85 und 88 von maximal 100 Punkten), aber auch die wachsende Zahl an BMS-Experten und -Aufträgen belegen den Erfolg der HR-Maßnahme. Im Jahr 1999 startete nach Angaben des Unternehmens der BMS in Deutschland mit 30 ehemaligen Mitarbeitern. 2008 umfasste der Experten-Pool weltweit 880 Senior-Experten im Alter von 60 bis 75 Jahren, die 580 Einsätze bzw. über 20.000 Beratertage leisteten (Robert Bosch GmbH, 2009). 2012 waren 670 Experten an ca. 60.000 Tagen im Einsatz (Böschen & Werle, 2014). Dabei hat sich auch die Struktur der BMS-Experten in den letzten Jahren verändert. Nahmen zu Beginn des Programms noch mehrheitlich Manager teil, macht diese (ehemalige) Berufsgruppe heute nur noch ein Drittel des Experten-Pools aus (Sattler, 2015).

„Space Cowboys" – Daimler Senior Experts

Aufgrund der demografischen Veränderungen definierte die Daimler AG 2011 das Generationenmanagement als strategische Initiative des Personalbereichs. Im Rahmen dieser Initiative wurden nicht nur Ergonomie und Gesundheitsmanagement ausgebaut und optimiert, sondern im Jahr 2013 auch die Maßnahme „Space Cowbows – Daimler Senior Experts" im Rahmen des Generationenmanagements als strategische Initiative ins Leben gerufen.

Ziel des Programms ist es, den Wissenstransfer zwischen Erfahrungsträgern und neuen Mitarbeitern zu stärken. Hierfür kommen ehemalige Mitarbeiter nach ihrer Verrentung für befristete Einsätze wieder in ihren Bereich zurück (Daimler AG, 2014, 2016). Das Programm gibt ehemaligen Daimler-Mitarbeitern die Möglichkeit, ihr jahrelang gesammeltes Wissen und ihre Expertise in aktuellen Projekten einzubringen, aber auch vom Austausch mit jüngeren Kollegen zu profitieren (Daimler AG, 2016). Dabei setzt Daimler auf die positiven Effekte der

Zusammenarbeit verschiedener Generationen (vgl. Abschnitt 7.4), da unterschiedliche Perspektiven, Kenntnisse und Erfahrungen – so das Unternehmen – nachhaltig zum Unternehmenserfolg beitragen.

Ein Jahr nach dem Start der Initiative Space Cowboys haben sich 390 Senior Experts – mit insgesamt ca. 12.000 Jahren Berufserfahrung – im Experten-Pool registriert (Daimler AG, 2016). 2015 hatten bereits 600 Ruheständler ihre Qualifikationen und Kompetenzen hinterlegt, was sich zu über 18.000 Jahren Daimler-Erfahrung summiert (Emler, 2015).

8.3.4 Ehrenamtlicher Einsatz von Senior-Experten

Neben Programmen zur Förderung von verlängerter Erwerbsarbeit bieten einige Unternehmen ihren (ehemaligen) Mitarbeitern Unterstützung in Bezug auf ehrenamtliches Engagement an.

„Senior Experten Programm" der Allianz SE

Die Allianz SE unterstützt ehemalige Mitarbeiter dabei, ihr Wissen und ihre Lebenserfahrung auch nach der Verrentung weiterhin einzubringen (Allianz SE, 2016). Im Gegensatz zu den zuvor beschriebenen Programmen zielt das Allianz „Senior Experten Programm" dabei allerdings nicht auf den Einsatz ehemaliger Mitarbeiter im eigenen Unternehmen ab, sondern auf die Unterstützung sozialer Projekte. Das Unternehmen vermittelt zwischen ehemaligen Führungskräften und sozialen Partnern (Allianz SE, 2016).

Als Coaches oder Juroren unterstützen die Senior-Experten z. B. den gemeinnützigen Verein „startsocial, Hilfe für Helfer", der im Rahmen eines bundesweiten Wettbewerbs ehrenamtliche Projekte durch die Vergabe von Beratungsstipendien fördert. Soziale Projekte erhalten so professionelle Unterstützung durch erfahrene Fach- und Führungskräfte. Als Finanzcoach sensibilisieren Senior-Experten in verschiedenen Bundesländern außerdem Schüler und Jugendliche für den verantwortungsvollen Umgang mit Geld.

Mit dem Engagement in sozialen Projekten können Allianz-Senior-Experten nicht nur ihr Wissen weiterhin sinnvoll einbringen und werden im Ruhestand gefordert, sondern können auch einen wichtigen Beitrag zum generationenübergreifenden Wissensaustausch und zur Stärkung des gesellschaftlichen Zusammenhalts leisten. Teilnehmen können ehemalige Führungskräfte der Allianz SE bis 75 Jahre.

Auch dieses Alumni-Programm findet großen Zuspruch: Nach Angaben des Konzerns haben seit 2011 über 80 Allianz-Senior-Experten mehr als 7.000 Stunden geleistet, über 50 startsocial-Projekte begleitet, 339 soziale Projekte bewertet und als Finanzcoach 12 Schulen besucht (Allianz SE, 2016).

„Volkswagen pro Ehrenamt"

Mit der Initiative „Volkswagen pro Ehrenamt" möchte die Volkswagen AG ehren-amtliche Aktivitäten stärken und unterstützen. Ein Team des Personalwesens bie-tet Mitarbeitern Hilfe und Beratung rund um das Thema „ehrenamtliches Engage-ment" an und vermittelt Ehrenämter (Volkswagen AG, 2013, 2016). Das Angebot richtet sich an aktuelle, aber insbesondere auch an ehemalige Betriebsangehö-rige der Volkswagen AG.

Das Programm läuft seit 2010 und setzt ehemalige Mitarbeiter vielfältig ehren-amtlich ein – ob in Schulen, Kindergärten oder bei Engpässen im Unternehmen. Für ihre Einsätze erhalten die Ruheständler neben einer Aufwandsentschädigung vor allem auch Anerkennung (Volkswagen AG, 2013).

In 2012/2013 haben mehr als 200 ehemalige Volkswagen-Mitarbeiter, die als Senior-Experten für „Volkswagen pro Ehrenamt" im Einsatz sind, ihre Berufs-erfahrung ehrenamtlich an meist jüngere Kollegen weitergegeben.

Fazit

Von dem Engagement ehemaliger Betriebszugehöriger – ob im Unternehmen oder ehrenamtlich – scheinen alle Beteiligten zu profitieren. Das Unternehmen kann wichtiges Erfahrungs- und Expertenwissen auch nach dem Ausscheiden langjähriger Mitarbeiter weiterhin projektbezogen und zeitlich begrenzt nut-zen, Ruheständler können ihr Wissen nutzbringend einfließen lassen und ihre Nacherwerbsphase so proaktiv gestalten.

Als Motivation für das Engagement in ehrenamtlicher Arbeit oder für die Er-werbsarbeit im Ruhestand steht dabei meist die sinnvolle Tätigkeit und weni-ger das Geld im Vordergrund. Vor allem das Gefühl, weiter gebraucht zu wer-den, manchmal aber auch die Angst, „ins Rentenloch zu fallen", spielen dabei eine Rolle (Sattler, 2015).

Um ältere oder ehemalige Mitarbeiter zur Weiterarbeit im Ruhestand zu ge-winnen, sollten Organisationen förderliche Rahmenbedingungen schaffen. Aus einer explorativen Studie leiteten Deller, Liedtke und Maxin (2009) folgende Empfehlungen für Unternehmen, Politik und Gesellschaft ab, um den Bedürf-nissen potenzieller „Silver Workers" gerecht zu werden:
- Geeignete HR-Strategien, um potenzielle Silver Workers systematisch zu mobilisieren und zu integrieren (z. B. durch flexible Arbeitszeitgestaltung, angenehmes Unternehmensumfeld und attraktive Weiterbildungsmöglich-keiten)

- Förderung einer wertschätzenden Unternehmenskultur gegenüber Älteren
- Etablierung eines attraktiven rechtlichen Rahmens für die Weiterarbeit im Ruhestand

Trotz vieler positiver Beispiele für die Einbindung, die (Re-)Aktivierung und das Engagement älterer Mitarbeiter in Organisationen, besteht noch Verbesserungspotenzial (Sattler, 2015). So könnten HR-Verantwortliche beispielsweise verstärkt versuchen, auch ältere Mitarbeiter unterhalb der Managementebene und ehemalige Betriebszugehörige, die schon längere Zeit im Ruhestand sind, für Senior-Experten-Einsätze zu akquirieren. Angesichts der Tatsache, dass auch das Renteneintrittsalter von Frauen in den letzten Jahren angestiegen ist, sollte in der Zukunft auch ein ausgeglicheneres Geschlechterverhältnis bei diesen HR-Maßnahmen vor dem und im Ruhestand angestrebt werden.

9 Zusammenfassung und Ausblick

Digitaler und demografischer Wandel lassen tiefgreifende Umbrüche in der Arbeitswelt erwarten. In den vorangegangenen Ausführungen wurde versucht, einerseits den Forschungsstand zu den Potenzialen älterer Erwerbstätiger aus unterschiedlichen Disziplinen systematisch zu erfassen. Zum anderen wurde aus der Praxisperspektive über innovative Konzepte und konkrete gesunderhaltende und kompetenzförderliche Maßnahmen referiert. Das Resümee: Die Umsetzung der Erkenntnisse gesundheitsrelevanter Arbeitsforschung und lernförderlicher Kompetenzforschung in den betrieblichen Alltag ist *zwingend* für die Verantwortlichen im HR-Management, sollen nachhaltig Leistungsfähigkeit und Bereitschaft älterer Mitarbeiter erhalten sowie deren Potenziale genutzt werden. Das betrifft in besonderem Maße kleine und mittelständische Unternehmen (KMU). Für ein strategisches, auf Gesundheit und Kompetenz ausgerichtetes HR-Management fehlen in diesen Organisationen oftmals finanzielle oder personelle Ressourcen oder es mangelt schlicht an Know-how. Größere Organisationen verfügen zwar häufig über entsprechende Angebote, die allerdings oftmals nicht zielgruppenspezifisch aufbereitet und evaluiert sind.

Unabhängig von der Größe des Unternehmens gilt es, integrative Dienstleistungsstrukturen zwischen Personalentwicklung und Arbeits- und Gesundheitsschutz innerhalb einer Organisation zu institutionalisieren, um präventive Maßnahmen im Sinne einer ressourcenorientierten Gesundheits- und Kompetenzförderung für die zunehmend älter werdenden Belegschaften in der modernen Arbeitswelt aufzubauen. Kurz: Ein professionelles Demografie-Management ist angesagt, das sich den Stand der Forschung altersbedingter Veränderungen in den physischen und psychischen Leistungsbereichen zu Eigen macht und daraus entsprechende Konsequenzen für die Organisationsgestaltung und Kompetenzentwicklung in modernen Arbeitswelten ableitet. Barrieren und verfestigte Denkmuster auf individueller, organisationaler und kultureller Ebene gilt es abzubauen.

9.1 Potenzialnutzung: Ein Kostenfaktor für Organisationen? Mitnichten!

Die nachhaltige Nutzung und Entwicklung von Potenzialen älterer Beschäftigter bedeutet für die Unternehmen, dass die Handlungsoptionen zur Reduktion möglicher Risiken einer längeren Erwerbsarbeit auch *konsequent umgesetzt* werden müssen. Dann sind diese „Risiken" kalkulierbar, werden zu Chancen und tragen zum Unternehmenserfolg wesentlich bei.

Eine Studie von Prognos im Auftrag des Bundesministeriums für Familie, Senioren, Frauen und Jugend (BMFSFJ, 2008) zeigt deutlich *positive* betriebswirtschaftliche Effekte älterer Erwerbstätiger, wenn deren Potenziale genutzt werden. Im Rahmen von betrieblichen Fallstudien aus 14 repräsentativen Unternehmen wurde anhand einer Balanced-Scorecard-Systematik deutlich herausgearbeitet, dass ältere Beschäftigte in strategisch wichtigen Bereichen zum Unternehmenserfolg beitragen. Belegt sind Verbesserungen der Umsatz-, Kosten- und Ertragssituation sowie eine Senkung der Fluktuations- und Recruitingkosten. Begründet liegt dies vor allem – so die Studie – in der Bindung von Humankapital und Know-how, höheren Weiterbildungsrenditen unternehmensverbundener Älterer, Qualitätsverbesserung und Fehlervermeidung sowie in der Optimierung von Prozessen und Entwicklungszeiten. Auch im Außenkontakt mit Kunden und Geschäftspartnern wird ein betriebswirtschaftlicher Vorteil der Seniorität als Basis für Erfolge bei Akquisition und Vertrieb gesehen. Insgesamt weisen die Ergebnisse der Studie darauf hin, dass eine stärkere Nutzung der Potenziale älterer Arbeitskräfte im Rahmen einer demografiebewussten Personalpolitik und Unternehmenskultur, die in naher Zukunft ohnehin alternativlos sein wird, bereits heute betriebswirtschaftlich sinnvoll ist.

Betrachtet man die vielfältigen Maßnahmen und Programme der Personalentwicklung in den Unternehmen, insbesondere die facettenreichen Führungskräftetrainings und Coachings, aus einer Kosten- und Nutzenperspektive, so ist anzunehmen, dass eine sorgfältige Evaluation und Qualitätssicherung dieser Initiativen die Kosten deutlich reduzieren würde. Die dadurch erzielten Einsparungen können dann für sinnvolle und abgestimmte Maßnahmen genutzt werden, die den aktuellen Lernbedarfen und -bedürfnissen Älterer und ihrem Gesundheitsstatus entsprechen. Auch ein wertschätzendes und vorurteilsfreies Verhalten von Führungskräften im Umgang mit älteren Mitarbeitern und Kollegen stellt *nicht nur* keinen Kostenfaktor dar, sondern sollte eigentlich *selbstverständlich* sein.

9.2 „further research is needed" – besonders in realen Settings!

Auch auf dem Gebiet der Forschung tun sich erhebliche Bedarfe auf, wie die Aufarbeitung des vorhandenen Forschungsstands zeigt. So gibt es kaum Untersuchungen zur Altersgruppe der 55- bis 70-Jährigen, aus denen sich repräsentative Aussagen über deren Leistungsfähigkeit, Wohlbefinden und Gesundheit im Arbeitsleben treffen lassen. Dabei ist darauf zu achten, dass die Leistungsfähigkeit und -bereitschaft der älteren Erwerbstätigen eine hohe interindividuelle Varianz aufweist und entsprechende differenzielle Analysen der biologischen, physiologischen, sensumotorischen und kognitiven Funktionen geleistet werden.

Im Hinblick auf die Diagnose körperlicher und geistiger Leistungsfähigkeit werden häufig Experimente durchgeführt, die sehr artifiziell anmuten und eine Komplexitätsreduktion des realen Umfelds betreiben. Eine Übertragung in die Praxis ist dann nicht oder nur stark eingeschränkt leistbar. Hier sind Grundlagenforscher aus den Kognitionswissenschaften, der Psychologie und der Altersforschung angesprochen, zumindest realitätsnähere Experimente durchzuführen, wenn sie schon eine Forschung im natürlichen Praxissetting scheuen.

Großer Forschungsbedarf wird in der Durchführung von Längsschnittstudien gesehen. Erst dann können kausale Interpretationen seriös geleistet werden. Da solche Untersuchungen aufwandsökonomisch und methodisch anspruchsvoll sind, liegen hauptsächlich Studien mit Querschnittsdesign vor.

Die Zusammenhänge zwischen Digitalisierung und Veränderung von Arbeitsanforderungen sind bisher noch unerforscht. Um hier verlässliche Aussagen treffen zu können, sind umfassende Arbeits- und Anforderungsanalysen vor Ort durchzuführen. Erst dann besteht empirische Evidenz über Veränderungen von Berufsbildern, Qualifikationsbündelungen und Tätigkeitsmustern. Vorschnelle allgemeine und politisch motivierte Einschätzungen finden so ihr Korrektiv. Anpassungsprozesse zwischen IT-Technik, Organisation und Mensch könnten dadurch besser abgestimmt sein und Qualifizierungs- und Fortbildungsmaßnahmen inhaltsvalider entwickelt werden.

Für den Bereich der betrieblichen Gesundheitsförderung sind praktikable Verfahren zu erproben, die in der Lage sind, objektive Zugänge zur Belastungs- und Ressourcendiagnostik am Arbeitsplatz zu ermöglichen. Die immer wieder eingesetzten Fragebögen zur subjektiven Einschätzung negativer Beanspruchungsfolgen wie Stress oder Burnout bedürfen dringend einer Ergänzung durch objektive Analyseinstrumente.

Bei der Intervention steht die Wirksamkeit und Geeignetheit von Gestaltungsmaßnahmen für ältere Mitarbeiter mit ihren jeweils spezifischen Potenzialen und Risiken im Vordergrund. Das heißt auch, bereits entwickelte Konzepte und Programme einer strengen Evaluation zu unterziehen. Es steht zu befürchten, dass nicht wenige der entwickelten Maßnahmen einem gewissen Aktionismus geschuldet sind oder der Fokus nicht ausreichend auf eine altersgerechte Gestaltung gelegt wurde. Hier sind dringend seriöse Evaluationsstudien angezeigt.

Für die dafür notwendigen Forschungsarbeiten empfiehlt sich eine enge Kooperation zwischen Praxis und Wissenschaft sowie eine interdisziplinäre Zusammensetzung der Forscher (bspw. Gerontologen, Arbeitspsychologen, Arbeitsmediziner). Auch der Austausch und die Zusammenarbeit von Sozialpartnern, Berufsgenossenschaften, Versicherungsträgern und weiteren Intermediären eines präventiven Arbeits- und Gesundheitsschutzes sind nicht nur förderlich, sondern notwendig.

Literatur

Abraham, J. D. & Hansson, R. O. (1995). Successful aging at work: An applied study of selection, organization, optimization, and compensation through impression management. *The Journals of Gerontology: Series B: Psychological Sciences and Social Sciences, 50B* (2), 94–103. http://doi.org/10.1093/geronb/50B.2.P94

acatech (Hrsg.). (2016). *Die digitale Transformation gestalten – was Personalvorstände zur Zukunft der Arbeit sagen. Ein Stimmungsbild aus den Human-Resources-Kreis von acatech und Jacobs Foundation* (acatech Impuls). München: Herbert Utz Verlag.

Ackerman, P. L. (2008). Knowledge and cognitive ageing. In F. I. M. Craik & T. A. Salthouse (Eds.), *The Handbook of Ageing and Cognition* (pp. 445–489). New York, NY: Psychology Press.

Actimage (n. d.). *ALUBAR – Augmented Reality Lern- und Unterstützungssystem*. Abgerufen am 27. 03. 2016 von http://www.actimage.de/referenzen/alubar-augmented-reality-lern-und-unterstutzungssystem

Adams, G. A., Prescher, J., Beehr, T. A. & Lepisto, L. (2002). Applying work-role attachment theory to retirement decision-making. *The International Journal of Aging & Human Development, 54* (2), 125–137. http://doi.org/10.2190/JRUQ-XQ2N-UP0A-M432

Adenauer, S. (2015a). Einführung und Hinweise zur Nutzung des Kompendiums. In Institut für angewandte Arbeitswissenschaft e. V. (ifaa). (Hrsg.), *Leistungsfähigkeit im Betrieb. Kompendium für den Betriebspraktiker zur Bewältigung des demografischen Wandels* (S. 3–8). Berlin: Springer.

Adenauer, S. (2015b). Instrumente. In Institut für angewandte Arbeitswissenschaft e. V. (ifaa). (Hrsg.), *Leistungsfähigkeit im Betrieb. Kompendium für den Betriebspraktiker zur Bewältigung des demografischen Wandels* (S. 63–86). Berlin: Springer.

Adenauer, S. (2015c). Handlungsfeld „Wissen sichern und weitergeben". In Institut für angewandte Arbeitswissenschaft e. V. (ifaa). (Hrsg.), *Leistungsfähigkeit im Betrieb. Kompendium für den Betriebspraktiker zur Bewältigung des demografischen Wandels* (S. 435–458). Berlin: Springer.

Adenauer, S., Baszenski, N., Bohrmann, M., Dörich, J., Marks, T., Neuhaus, R. & Rottinger, S. (2015). Handlungsfeld „Unternehmenskultur und Führung optimieren". In Institut für angewandte Arbeitswissenschaft e. V. (ifaa). (Hrsg.), *Leistungsfähigkeit im Betrieb. Kompendium für den Betriebspraktiker zur Bewältigung des demografischen Wandels* (S. 337–388). Berlin: Springer.

Adenauer, S., Fischer, S., Hentschel, C. Heuser, I. Peck, A., Prynda, M., Rottinger, S. & Sandrock, S. (2015). Handlungsfeld „Personalpolitik und Personalstrategie realisieren". In Institut für angewandte Arbeitswissenschaft e. V. (ifaa). (Hrsg.), *Leistungsfähigkeit im Betrieb. Kompendium für den Betriebspraktiker zur Bewältigung des demografischen Wandels* (S. 219–336). Berlin: Springer.

Albright, V. A. (2012). Workforce Demografics in the United States. In J. W. Hedges & W. Borman (Eds.), *The Oxford Handbook of Work and Aging* (pp. 33–59). New York, NY: University Press.

Allianz SE (2016). *Senior Experten Programm*. Abgerufen am 27. 01. 2016 von https://www.allianz.com/de/karriere/allianz-als-arbeitgeber/ihre-entwicklung/entwicklungsprogramme-fuer-experten/senior-expert

Alms, K., Piorr, R. & Steinmann, P. (2007). Wissenstransfer beim Ausscheiden von Mitarbeitern – Erhalt und Weitergabe von Know-how bei der Wicke GmbH + Co. KG. *Zeitschrift für Organisationsforschung, 2,* 85–91.

ALUBAR (2016). *Projektvorstellung*. Abgerufen am 27. 03. 2016 von http://www.alubar.de

American Psychiatric Association (APA). (2015). *Diagnostisches und Statistisches Manual Psychischer Störungen – DSM-5* (deutsche Ausgabe herausgegeben von Peter Falkai und Hans-Ulrich Wittchen, mitherausgegeben von Manfred Döpfner, Wolfgang Gaebel, Wolfgang Maier, Winfried Rief, Henning Saß und Michael Zaudig). Göttingen: Hogrefe.

Aronson, E., Wilson, T. D. & Akert, R. M. (2007). *Social Psychology* (6th ed.). New Jersey: Pearson.

Asendorpf, J. B. (2016). Stabilität, Veränderung und Vorhersagekraft der Persönlichkeit: Beiträge der Persönlichkeitspsychologie. In Kh. Sonntag (Hrsg), *Personalentwicklung in Organisationen* (4. Aufl.; S. 125–144). Göttingen: Hogrefe.

Ashforth, B. E. (2001). *Role transitions in organizational life: An identity-based perspective*. Mahwah, NJ: Lawrence Erlbaum Associates.

Atchley, R. C. (1989). A Continuity Theory of normal aging. *The Gerontologist, 29* (2), 183–190. http://doi.org/10.1093/geront/29.2.183

Atchley, R. C. (2003). Why most people cope well with retirement. In J. L. Ronch & J. A. Goldfield (Eds.), *Mental wellness in aging: Strengths-based approaches* (pp. 123–138). Baltimore, MD: Health Professions Press.

Ausilio, G., Baszenski, N., Teipel, J., Lennings, F., Neuhaus, R., Sandrock, S. & Stowasser, S. (2015). Handlungsfeld „Arbeit gestalten". In Institut für angewandte Arbeitswissenschaft e. V. (ifaa). (Hrsg.), *Leistungsfähigkeit im Betrieb. Kompendium für den Betriebspraktiker zur Bewältigung des demografischen Wandels* (S. 91–132). Berlin: Springer.

Aust, B. & Ducki, A. (2004). Comprehensive health promotion intervention at the workplace: experiences with health circles in Germany. *Journal of Occupational Health Psychology, 9* (3), 258–270. http://doi.org/10.1037/1076-8998.9.3.258

Australian Bureau of Statistics (2014). *6324.0 – Work-Related Injuries, Australia, JUL 2013 to JUN 2014*. Abgerufen am 16.03.2016 von http://www.abs.gov.au/AUSSTATS/abs@.nsf/mf/6324.0/

Baltes, P. B. & Baltes, M. M. (1990). Psychological perspectives on successful aging: the model of selective optimization with compensation. In P. B. Baltes & M. M. Baltes (Eds.), *Successful aging: Perspectives from the behavioral sciences* (pp. 1–34). New York, NY: Cambridge University Press.

Baltes, P. B., Freund, A. M. & Li, S.-C. (2005). The psychological science of human ageing. In M. L. Johnson, V. L. Bengston, P. G. Goleman & T. B. L. Kirkwood (Eds.), *The Cambridge Handbook of Age and Ageing* (pp. 47–71). New York, NY: Cambridge University Press.

Baltes, B. B. & Rudolph, C. W. (2013). The Theory of Selection, Optimization, and Compensation. In M. Wang (Ed.), *The Oxford Handbook of Retirement* (pp. 89–101). New York, NY: Oxford University Press.

Bamberg, E. & Staar, H. (2014). Gesundheit und Sicherheit. In H. Schuler & K. Moser (Hrsg.), *Lehrbuch Organisationspsychologie* (5. Aufl., S. 509–556). Bern: Huber.

Bausch, S., Sonntag, Kh., Stegmaier, R. & Noefer, K. (2010). Können Ältere mit neuen Medien lernen? Gestaltung und Evaluation eines E-learning-Behavior-Modeling-Trainings für verschiedene Altersgruppen. *Zeitschrift für Arbeitswissenschaft, 64* (3), 239–251.

Becker, J. (2013). Wertvolles Wissen transferieren. Wissensmanagement bei den Stadtentwässerungsbetrieben Köln. *Personalführung, 6*, 29–32.

Becker, C. & Nicolai, S. (2012). Sturz und Motorik. In H. W. Wahl, C. Tesch-Römer & J. P. Ziegelmann (Hrsg.), *Angewandte Gerontologie* (2. Aufl., S. 401–406). Stuttgart: Kohlhammer.

Beermann, B. (2005). *Leitfaden zur Einführung und Gestaltung von Nacht- und Schichtarbeit*. Dortmund: Bundesanstalt für Arbeitsschutz und Arbeitsmedizin (BAuA).

Behncke, S. (2012). Does retirement trigger ill health? *Health Economics, 21* (3), 282–300. http://doi.org/10.1002/hec.1712

Beier, M. E. & Ackerman, P. L. (2005). Age, Ability, and the Role of Prior Knowledge on the Acquisition of New Domain Knowledge: Promising Results in a Real-World Learning Environment. *Psychology and Aging, 20* (2), 341–355. http://doi.org/10.1037/0882-7974.20.2.341

Beigang, S., Fetz, K., Foroutan, N., Kalkum, D. & Otto, M. (2016). *Diskriminierung. Umfrage in Deutschland 2015*. Berlin: Antidiskriminierungsstelle des Bundes.

Bispinck, R. (2012). Sozial- und arbeitsmarktpolitische Regulierung durch Tarifvertrag. In R. Bispinck, G. Bosch, K. Hofemann & G. Naegele (Hrsg.), *Sozialpolitik und Sozialstaat – Festschrift für Gerhard Bäcker* (S. 201–220). Wiesbaden: Springer.

Bittner, E. A. C. & Leimeister, J. M. (2015). Das TANDEM-Konzept zur Unterstützung des Wissenstransfers in altersdiversen Arbeitsgruppen. In S. Jeschke, A. Richert, F. Hees & C. Jooß (Hrsg.), *Exploring Demographics: Transdisziplinäre Perspektiven zur Innovationsfähigkeit im demografischen Wandel* (S. 371–382). Wiesbaden: Springer Spektrum.

BMW Group (2011). *Hintergrundinformationen zum BMW Group Demographie-Projekt „Heute für morgen"*. Abgerufen am 05.02.2016 von https://www.bmwgroup.com/content/dam/bmw-group-websites/bmwgroup_com/responsibility/downloads/de/2011/Heute_fuer_morgen.pdf

BMW Group (2014). *„Heute für Morgen", BMW Group*. Abgerufen am 04.02.2016 von http://www.demografieagentur.de/fileadmin/Mediathek/Downloads/GP1_Unternehmenspraxis/2014/Hinsberger_BMW_Heute_fuer_morgen.pdf

Bonin, H., Gregory, T. & Zierahn, U. (2015). *Übertragung der Studie von Frey/Osborne (2013) auf Deutschland. (Kurzexpertise Nr. 57)*. Mannheim: Zentrum für Europäische Wirtschaftsforschung (ZEW). Abgerufen am 25.04.2016 von ftp://ftp.zew.de/pub/zew-docs/gutachten/Kurzexpertise_BMAS_ZEW2015.pdf

Bonsang, E., Adam, S. & Perelman, S. (2012). Does retirement affect cognitive functioning? *Journal of Health Economics, 31* (3), 490–501. http://doi.org/10.1016/j.jhealeco.2012.03.005

Boockmann, B., Fries, J. & Göbel, C. (2012). *Specific Measures for Older Employees and Late Career Employment* (Discussion Paper No. 12-059). Mannheim: Zentrum für Europäische Wirtschaftsforschung (ZEW). Abgerufen am 05.02.2016 von http://ftp.zew.de/pub/zew-docs/dp/dp12059.pdf

Borkenau, P. & Ostendorf, F. (2008). *NEO-Fünf-Faktoren-Inventar (NEO-FFI) nach Costa und McCrae* (2. Aufl.). Göttingen: Hogrefe.

Börsch-Supan, A. & Weiss, M. (2010). Erfahrungswissen in der Arbeitswelt. In A. Kruse (Hrsg.), *Potenziale im Altern* (S. 221–234). Heidelberg: AKA Verlag.

Böschen, M. & Werle, K. (2014, 25. Februar). *Silver Worker. Im Unruhestand*. Abgerufen am 21.01.2016 von http://www.manager-magazin.de/magazin/artikel/arbeit-statt-rente-a-952937.html

Brödner, P. (2015). Industrie 4.0 und Big Data – wirklich ein neuer Technologieschub? In H. Hirsch-Kreinsen, P. Ittermann & J. Niehaus (Hrsg), *Digitalisierung industrieller Arbeit. Die Vision Industrie 4.0 und ihre sozialen Herausforderungen* (S. 231–250). Baden-Baden: Nomos Verlagsgesellschaft.

Brown, M., Aumann, K., Pitt-Catsouphes, M., Galinsky, E. & Bond, J. T. (2010). *Working in Retirement. A 21st Century Phenomenon*. New York: Families and Work Institute.

Bruch, H., Kunze, F. & Böhm, S. (2010). *Generationen erfolgreich führen. Konzepte und Praxiserfahrungen zum Management des demographischen Wandels*. Wiesbaden: Springer Fachmedien. http://doi.org/10.1007/978-3-8349-8506-4

Brussig, M. (2011). *Neueinstellungen im Alter: Tragen sie zur verlängerten Erwerbsbiografie bei?* (Altersübergangs-Report 2011-03). Duisburg: Institut für Arbeit und Qualifikation (IAQ).

Brussig, M. & Knuth, M. (2010). Aktivierung! Oder De-Aktivierung? Wirkungen der Aktivierung bei älteren ALG II-Bezieher/innen. *Arbeit: Zeitschrift für Arbeitsforschung, Arbeitsgestaltung und Arbeitspolitik, 19* (4), 253–266.

Bundesanstalt für Arbeitsschutz und Arbeitsmedizin (BAuA). (2011). *Arbeitsfähigkeit erhalten und fördern. Chance für Betriebe und Tarifpolitik.* Dortmund: BAuA.

Bundesinstitut für Berufsbildung (BIBB) & Bundesanstalt für Arbeitsschutz und Arbeitsmedizin (BAuA). (2006). *Arbeit und Berufe im Wandel. Erwerbstätigenbefragung 2005/2006* [Datensatz]. Bonn: BIBB & BAuA.

Bundesministerium für Arbeit und Soziales (BMAS). (2015). *Arbeiten 4.0 (Grünbuch).* Berlin: BMAS.

Bundesministerium für Bildung und Forschung (BMBF). (n. d.). *Mit 60+ mitten im Arbeitsleben. Assistierte Arbeitsplätze im demografischen Wandel.* Abgerufen am 27.03.2016 von http://www.mtidw.de/ueberblick-bekanntmachungen/mit-60-mitten-im-arbeitsleben/at_download/pdfSteckbriefe

Bundesministerium für Familie, Senioren, Frauen und Jugend (BMFSFJ). (2008). *Erfahrung rechnet sich. Aus Kompetenzen Älterer Erfolgsgrundlagen schaffen.* Berlin: BMFSFJ.

Bundesministerium für Familie, Senioren, Frauen und Jugend (BMFSFJ). (2011). *Übergänge gestalten. Eine Expertise zur Motivation und Wünschen älterer Beschäftigter in Bezug auf die Gestaltung des Übergangs in den Ruhestand.* Berlin: BMFSFJ.

Burmeister, A. & Deller, J. (2016). Knowledge Retention From Older and Retiring Workers: What Do We Know, and Where Do We Go From Here? *Work, Aging and Retirement, 2* (2), 87–104. http://doi.org/10.1093/workar/waw002

Busch, K. (2012). Die Arbeitsunfähigkeit in der Statistik der GKV. In B. Badura, A. Ducki, H. Schröder, J. Klose & M. Meyer (Hrsg.), *Fehlzeiten-Report 2012* (S. 469–476). Heidelberg: Springer.

Büsch, V., Dittrich, D. & Lieberum, U. (2010). Determinanten der Arbeitsmotivation und Leistungsfähigkeit älterer Arbeitnehmer und Auswirkungen auf den Weiterbeschäftigungswunsch. *Comparative Population Studies – Zeitschrift für Bevölkerungswissenschaft, 35* (4), 903–930. http://doi.org/10.4232/10.CPoS-2010-20de

Cahill, K. E., Giandrea, M. D. & Quinn, J. F. (2013). Bridge Employment. In M. Wang (Ed.), *The Oxford Handbook of Retirement* (pp. 293–310). New York: Oxford University Press.

Callahan, J. S., Kiker, D. S. & Cross, T. (2003). Does Method Matter? A Meta-Analysis of the Effects of Training Method on Older Learner Training Performance. *Journal of Management, 29* (5), 663–680. http://doi.org/10.1016/S0149-2063(03)00029-1

Cavallini, E., Cornoldi, C. & Vecchi, T. (2009). The effects of age and professional expertise on working memory performance. *Applied Cognitive Psychology, 23,* 382–395. http://doi.org/10.1002/acp.1467

Cedefop (2012). *Qualifikationen: Eine Herausforderung für Europa. Schleppende Qualifikationsnachfrage begünstigt Qualifikationsgewichte.* Thessaloniki: Europäisches Zentrum für die Förderung der Berufsbildung (Cedefop). Abgerufen am 28.02.2016 von http://www.cedefop.europa.eu/EN/FILES/ 9068_de.pdf

Cihlar, V., Mergenthaler, A. & Micheel, F. (2014). *Erwerbsarbeit und informelle Tätigkeiten der 55- bis 70-Jährigen in Deutschland.* Wiesbaden: Bundesinstitut für Bevölkerungsforschung (BiB).

Clavairoly, V. (2014). *Erfolgreiches Altern in der Arbeitswelt: Die Anwendung des Modells Selektiver Optimierung mit Kompensation, eine Tagebuchstudie mit Architekten.* Dissertation, Universität Heidelberg. Abgerufen am 17.01.2015 von http://www.ub.uni-heidelberg.de/archiv/16905

Cleveland, J. N. & Lim, A. S. (2007). Employee age and performance in organizations. In K. S. Shultz & G. A. Adams (Eds.), *Aging and work in the 21st century* (pp. 109–137). Mahwah, NJ: Lawrence Erlbaum Associates.

Coe, N. B., von Gaudecker, H. M., Lindeboom, M. & Maurer, J. (2012). The effect of retirement on cognitive functioning. *Health Economics, 21,* 913–927 http://doi.org/10.1002/hec.1771

Coe, N. B. & Zamarro, G. (2011). Retirement effects on health in Europe. *Journal of Health Economics, 30* (1), 77–86. http://doi.org/10.1016/j.jhealeco.2010.11.002

Cohen, J. (1988). *Statistical power analysis for the behavioral sciences* (2nd ed.). Hillsdale, NJ: Lawrence Erlbaum Associates.

Costa, P. T. & McCrae, R. R. (1989). *The NEO-PI/NEO-FFI manual supplement.* Odessa, FL: Psychological Assessment Resources.

Crawford, J. O., Graveling, R. A., Cowie, H. A. & Dixon, K. (2010). The health safety and health promotion needs of older workers. *Occupational Medicine, 60* (3), 184–192. http://doi.org/10.1093/occmed/kqq028

Cronshaw, S. F. (2012). Aging Workforce Demografics in Canada. In J. W. Hedge & W. Borman (Eds.), *The Oxford Handbook of Work and Aging* (pp. 98–114). New York, NY: University Press.

Daimler AG (2014). *„Erfahren in die Zukunft" – das Generationenmanagement bei Daimler.* Abgerufen am 15.01.2016 von http://blog.daimler.de/2014/01/07/erfahren-in-die-zukunft-das-generationenmanagement-bei-daimler

Daimler AG (2016). *„Space Cowboys" im Einsatz. Die Initiative zieht ein Jahr nach dem Projektstart eine Erfolgsbilanz.* Abgerufen am 15.01.2016 von https://www.daimler.com/nachhaltig-keit/belegschaft/generationenmanagement

Dal Bianco, C., Trevisan, E. & Weber, G. (2015). 'I want to break free'. The role of working conditions on retirement expectations and decisions. *European Journal of Ageing, 12* (1), 17–28. http://doi.org/10.1007/s10433-014-0326-8

Dave, D., Rashad, I. & Spasojevic, J. (2008). The Effects of Retirement on Physical and Mental Health Outcomes. *Southern Economic Journal, 75* (2), 497–523.

Davila, E. P., Caban-Martinez, A. J., Muennig, P., Lee, D. J., Fleming, L. E., Ferraro, K. F. & Christ, S. L. (2009). Sensory impairment among older US workers. *American Journal of Public Health, 99* (8), 1378–1385. http://doi.org/10.2105/AJPH.2008.141630

Deacon, C., Smallwood, J. & Haupt, T. C. (2005). The health and well-being of older construction workers. *International Congress Series, 1280,* 172–177. http://doi.org/10.1016/j.ics.2005.01.018

Deissinger, T. & Breuing, K. (2014). Recruitment of Skilled Employees and Workforce Development in Germany: Practices, Challenges and Strategies for the Future. In T. Short & R. Harris (Eds.), *Workforce Development. Strategies and Practices* (pp. 281–301). Singapur: Springer.

Deller, J., Liedtke, P. M. & Maxin, L. M. (2009). Old-Age Security and Silver Workers: An Empirical Survey Identifies Challenges for Companies, Insurers and Society. *Geneva Papers on Risk & Insurance – Issues & Practice, 34* (1), 137–157. http://doi.org/10.1057/gpp.2008.44

Deller, J. & Maxin, L. M. (2009). Berufliche Aktivität von Ruheständlern. *Zeitschrift für Gerontologie und Geriatrie, 42* (4), 305–310. http://doi.org/10.1007/s00391-009-0047-3

Deller, J. & Wöhrmann, A. M. (2012). Abschied Beruf – Neubeginn Berufung: arbeitsbezogene Tätigkeiten im Ruhestand. *DIE – Zeitschrift für Erwachsenenbildung, 19* (1), 30–33.

DeLong & Associates (2006). *Living Longer, Working Longer: The Changing Landscape of the Aging Workforce – A MetLife Study.* Abgerufen am 03.12.2015 von https://www.metlife.com/assets/cao/mmi/publications/studies/mmi-living-longer-working-longer.pdf

Donnellan, M. B. & Lucas, R. E. (2008). Age differences in the big five across the life span: Evidence from two national samples. *Psychology and Aging, 23,* 558–566. http://doi.org/10.1037/a0012897

Ebbinghaus, B. & Hofäcker, D. (2013). Trendwende bei der Frühverrentung in modernen Wohlfahrtsstaaten. Paradigmenwechsel zur Überwindung von Push- und Pull-Faktoren. *Comparative Population Studies – Zeitschrift für Bevölkerungswissenschaft, 38* (4), 841–880.

Elder, G. H., Jr. (1995). The life course paradigm: Social change and individual development. In P. Moen, G. H. Elder Jr. & K. Lüscher (Eds.), *Examining lives in context: Perspectives on the ecology of human development* (pp. 101–139). Washington, DC: American Psychological Association.

Elder, G. H., Jr., Johnson, M. K. & Crosnoe, R. (2003). The Emergence and Development of Life Course Theory. In J. T. Mortimer & M. J. Shanahan (Eds.), *Handbook of the Life Course* (pp. 3–19). New York: Kluwer Academic/Plenum Publishers.

Emler, K. (2015, 10. Oktober). *Rentner werden Experten.* Abgerufen am 16.01.2016 von http://www.swp.de/ulm/nachrichten/wirtschaft/Rentner-werden-Experten;art4325,3473258

Eschen, A., Zöllig, I. & Martin, M. (2012). Kognitives Training. In H. W. Wahl, C. Tesch-Römer & J. P. Ziegelmann (Hrsg.), *Angewandte Gerontologie* (2. Aufl, S. 279–284). Stuttgart: Kohlhammer.

European Foundation for the Improvement of Living and Working Conditions (Eurofound). (2008). *Working conditions of an ageing workforce. Findings from the fourth European Working Conditions Survey (ECWS).* Luxembourg: Publications Office of the European Union.

Eurofound (2010a). *European Working Conditions Survey.* Abgerufen am 06.08.2014 von http://www.eurofound.europa.eu/surveys/smt/ewcs/ewcs2010_07_03_de.htm

Eurofound (2010b). *European Working Conditions Survey 2010. Data Visualisation.* Abgerufen am 06.04.2016 von http://www.eurofound.europa.eu/surveys/data-visualisation/european-working-conditions-survey-2010

Eurofound (2012a). *Fifth European Working Conditions Survey.* Luxembourg: Publications Office of the European Union.

Eurofound (2012b). *Sustainable work and the ageing workforce.* Luxembourg: Publications Office of the European Union.

Eurofound (2012c). *Third European Quality of Life Survey – Quality of life in Europe: Impacts of the crisis.* Luxembourg: Publications Office of the European Union.

Eurofound (2012d). *European Quality of Live Survey 2012 – Employment and work-life balance* [Datensatz]. Abgerufen am 12.02.2016 von http://www.eurofound.europa.eu/surveys/smt/3eqls/index.EF.php?locale=EN

Eurofound (2015a). *First Findings: Sixth European Working Conditions Survey.* Luxembourg: Publications Office of the European Union.

Eurofound (2015b). *Sixth European Working Conditions Survey 2015. Data Visualization – Survey Mapping Tool* [Datensatz]. Abgerufen am 08.02.2016 von http://www.eurofound.europa.eu/surveys/data-visualisation/sixth-european-working-conditions-survey-2015

Europäisches Netzwerk für Betriebliche Gesundheitsförderung (ENWHP). (2007). *Luxemburger Deklaration zur betrieblichen Gesundheitsförderung in der Europäischen Union.* Abgerufen am 22.04.2016 von http://www.luxemburger-deklaration.de/fileadmin/rs-dokumente/dateien/LuxDekl/Luxemburger_Dekl_Mai2014.pdf

European Agency for Safety and Health at Work (2005). *Zum Stand der Erforschung von arbeitsbedingtem Stress.* Luxembourg: Publications Office of the European Union.

Eurostat (2014a). *EUROPOP2013 – Bevölkerungsvorausschätzungen auf nationaler Ebene. Hauptszenario – Bevölkerung am 1. Januar nach Alter und Geschlecht* [Datensatz]. Abgerufen am 05.08.2014 von http://appsso.eurostat.ec.europa.eu/nui/show.do?dataset=proj_13npms&lang=de

Eurostat (2014b). *Nicht erwerbsaktive Rentenempfänger, die gerne länger erwerbstätig geblieben wären (%)* [Datensatz]. Abgerufen am 02.02.2016 von https://open-data.europa.eu/de/data/dataset/Ihoy0dQOE8AHO2V796kc0g

Eurostat (2015a). *Labour market and Labour force survey (LSF) statistics.* Abgerufen am 03.02.2016 von http://ec.europa.eu/eurostat/statistics-explained/index.php/Labour_market_and_Labour_force_survey_%28LFS%29_statistics

Eurostat (2015b). *Employment rates by sex, age and citizenship (%)* [Datensatz]. Abgerufen am 04.02.2016 von http://ec.europa.eu/eurostat/en/web/products-datasets/-/LFSA_ERGAN

Eurostat (2016). *Employment rates by sex, age and citizenship (%) (lfsa_ergan)* [Datensatz]. Abgerufen am 28.04.2016 von http://ec.europa.eu/eurostat/web/lfs/data/database

Falkenstein, M. (2013). Menschengerechtes Arbeiten für ältere Beschäftigte. *Zeitschrift für betriebliche Prävention und Unfallversicherung, 4*, 210–215.

Fasbender, U., Deller, J., Wang, M. & Wiernik, B. M. (2014). Deciding whether to work after retirement: The role of the psychological experience of aging. *Journal of Vocational Behavior, 84* (3), 215–224. http://doi.org/10.1016/j.jvb.2014.01.006

Feldman, D. C. & Beehr, T. A. (2011). A three-phase model of retirement decision making. *American Psychologist, 66* (3), 193–203. http://doi.org/10.1037/a0022153

Fone, S. & Lundgren-Lindquist, B. (2003). Health status and functional capacity in a group of successfully ageing 65–85-year-olds. *Disability and Rehabilitation, 25* (18), 1044–1051. http://doi.org/10.1080/0963828031000159687

Forbes (2015). *The world's most powerful people.* Abgerufen am 11.02.2016 von www.forbes.com/powerful-people/list/#tab:overall

Forschungsunion Wirtschaft und Wissenschaft (2013). *Deutschlands Zukunft als Produktionsstandort sichern. Umsetzungsempfehlungen für das Zukunftsprojekt Industrie 4.0* (Abschlussbericht des Arbeitskreises Industrie 4.0). Abgerufen am 28.04.2016 von https://www.bmbf.de/files/Umsetzungsempfehlungen_Industrie4_0.pdf

Fraunhofer-Institut für Arbeitswirtschaft und Organisation (IAO). (2014). *Studie „Altersgerechtes Arbeiten". Ergebnisbericht mit Unternehmensbeispielen.* Abgerufen am 05.02.2016 von https://mfw.baden-wuerttemberg.de/fileadmin/redaktion/m-mfw/intern/Dateien/Publikationen/Mittelstand_Wirtschaftsstandort/Wirtschaftsstandort/Wirtschaftspolitische_Studien/Studie_Altersgerechtes_Arbeiten.pdf

Fretz, B. R., Kluge, N. A., Ossana, S. M., Jones, S. M. & Merikangas, M. W. (1989). Intervention targets for reducing preretirement anxiety and depression. *Journal of Counseling Psychology, 36*, 301–307. http://doi.org/10.1037/0022-0167.36.3.301

Freund, A., Wahl, H., Landis, M. & Martin, M. (2014). Selektion, Optimierung und Kompensation, Modell der (SOK-Modell). In M. A. Wirtz (Hrsg.), *Dorsch – Lexikon der Psychologie* (17. Aufl., S. 1508). Bern: Huber.

Frey, C. F. & Osborne, M. A. (2013). *The future of employment: how susceptible are jobs to computerization?* OMS Working Paper, University of Oxford, UK. Abgerufen am 25.04.2016 von http://www.oxfordmartin.ox.ac.uk/downloads/academic/The_Future_of_Employment.pdf

Frey, R., Mata, R. & Hertwig, R. (2015). The role of cognitive abilities in decisions from experience: Age differences emerge as a function of choice set size. *Cognition, 142*, 60–80. http://doi.org/10.1016/j.cognition.2015.05.004

Frieling, E., Kotzab, D., Enríquez-Díaz, A. & Sytch, A. (2012). *Mit der Taktzeit am Ende. Die älteren Beschäftigten in der Automobilmontage.* Stuttgart: Ergonomia.

Frieling, E., Kotzab, D., Enríquez-Díaz, J.-A. & Sytch, A. (2013). Assembly Tasks in the Automotive Industry: A Challenge for Older Employees. In C. M. Schlick, E. Frieling & J. Wegge (Eds.), *Age-differentiated work systems* (pp. 201–226). Berlin: Springer.

Gemeinsame Deutsche Arbeitsschutzstrategie (GDA) Arbeitsprogramm Psyche (2016). *Empfehlungen zur Umsetzung der Gefährdungsbeurteilung psychischer Belastung* (2., erw. Aufl.). Abgerufen am 22.04.2016 von http://www.gda-portal.de/de/pdf/Psyche-Umsetzung-GfB.pdf?__blob=publicationFile&v=6

Generali Zukunftsfonds & Institut für Demoskopie Allensbach (2013). *Generali Altersstudie 2013. Wie ältere Menschen leben, denken und sich engagieren.* Frankfurt: Fischer.

George, L. K. (1993). Sociological perspectives on life transitions. *Annual Review of Sociology, 19*, 353–373. http://doi.org/10.1146/annurev.so.19.080193.002033

Gerlmaier, A., Gül, K., Hellert, U., Kämpf, T. & Latniak, E. (Hrsg.). (2016). *Praxishandbuch lebensphasenorientiertes Personalmanagement.* Wiesbaden: Springer. http://doi.org/10.1007/978-3-658-09198-9

Gerlmaier, A., Hinrichs, S. & Latniak, E. (2015). Führungsqualität in altersgemischten Teams. Welche Rolle spielt das Alter der Führungskraft? In S. Jeschke, A. Richert, F. Hees & C. Jooß (Hrsg.), *Exploring Demographics: Transdisziplinäre Perspektiven zur Innovationsfähigkeit im demografischen Wandel* (S. 405–411). Wiesbaden: Springer Spektrum.

Gerpott, F. H. & Voelpel, S. C. (2014). Wer lernt was von wem? Wissensaustausch in altersgemischten Lerngruppen. *PERSONALquarterly, 66* (3), 16–21.

Gorecky, D., Schmitt, M. & Loskyll, M. (2014). Mensch-Maschine-Industrie im Industrie 4.0-Zeitalter. In T. Bauernhansl, M. ten Hompel & B. Vogel-Heuser (Hrsg), *Industrie 4.0 in Produktion, Automatisierung und Logistik* (S. 525–542). Wiesbaden: Springer.

Gough, H. G. (1987). *California Psychological Inventory Administrator's Guide.* Palo Alto, CA: Consulting Psychologists Press.

Griffin, B. & Hesketh, B. (2008). Post-retirement work: The individual determinants of paid and volunteer work. *Journal of Occupational and Organizational Psychology, 81* (1), 101–121. http://doi.org/10.1348/096317907X202518

Gross, J. J., Carstensen, L. L., Pasupathi, M., Tsai, J., Gotestam Skorpen, C. & Hsu, A. Y. C. (1997). Emotion and aging: experience, expression, and control. *Psychology and Aging, 12,* 590–599. http://doi.org/10.1037/0882-7974.12.4.590

Härmä, M., Sallinen, M., Puttonen, S., Salminen, S. & Hublin, C. (2006). *Risk factors and risk reduction strategies associated with night work with the focus on extended work periods and work time arrangement within the petroleum industry in Norway.* Helsinki: Finnish Institute of Occupational Health.

Hagen, C., Himmelreicher, R. K. & Kemptner, D. (2011). Soziale Ungleichheit und Risiken der Erwerbsminderung. *Deutsche Rentenversicherung, 10,* 651–664.

Haidacher, B. (2014). Zeitwertkonto – Möglichkeit der Gestaltung einer alter(n)sgerechten Arbeitszeit? *Zeitschrift für Arbeitswissenschaft, 68* (2), 122–124.

Hamberg van Reenen, H. H., van der Beek, A. J., Blatter, B. M., van Mechelen, W. & Bongers, P. M. (2009). Age-related differences in muscular capacity among workers. *International Archives of Occupational and Environmental Health, 82* (9), 1115–1121. http://doi.org/10.1007/s00420-009-0407-8

Hasselhorn, H. M. & Apt, W. (2015). *Understanding employment participation of older workers: Creating a knowledge base for future labour market challenges.* Berlin: Federal Ministry of Labour and Social Affairs.

Hasselhorn, H. M. & Freude, G. (2007). *Der Work Ability Index – ein Leitfaden. Schriftenreihe der Bundesanstalt für Arbeitsschutz und Arbeitsmedizin.* Dortmund: Wirtschaftsverlag NW.

Havighurst, R. J. (1963). Successful aging. In R. Williams, C. Tibbitts & W. Donahue (Eds.), *Process of aging* (pp. 299–320). New York: Atherton.

Hegele, M. & Heuer, H. (2010). Adaptation to a direction-dependent visuomotor gain in the young and elderly. *Psychological Research, 74* (1), 21–34. http://doi.org/10.1007/s00426-008-0221-z

heroes GmbH (2014). *Success Story. Bosch. Über die Bosch Management Support GmbH (BMS).* Abgerufen am 01.03.2016 von http://www.he-roes.de/wp-content/uploads/2013/09/Story_Bosch-20140114.pdf

Himmelreicher, R. K., Hagen, C. & Clemens, W. (2009). Bildung und Übergang in den Ruhestand: Gehen Höherqualifizierte später in Rente? *KZfSS Kölner Zeitschrift für Soziologie und Sozialpsychologie, 61* (3), 437–452. http://doi.org/10.1007/s11577-009-0078-1

Hinsberger, J. & Wirth, M. T. (2011). *Heute für Morgen. Demographie Management bei der BMW Group.* Abgerufen am 05.02.2016 von http://www.charta-der-vielfalt.de/service/publikationen/jung-alt-bunt/gute-praxis-in-unternehmen/heute-fuer-morgen.html

Hirsch-Kreinsen, H. (2015). Einleitung: Digitalisierung industrieller Arbeit. In H. Hirsch-Kreinsen, P. Ittermann & J. Niehaus (Hrsg), *Digitalisierung industrieller Arbeit. Die Vision Indus-*

trie 4.0 und ihre sozialen Herausforderungen (S. 9–30). Baden-Baden: Nomos Verlagsgesellschaft.

Hirsch-Kreinsen, H., Ittermann, P. & Niehaus, J. (Hrsg). (2015). *Digitalisierung industrieller Arbeit. Die Vision Industrie 4.0 und ihre sozialen Herausforderungen.* Baden-Baden: Nomos Verlagsgesellschaft. http://doi.org/10.5771/9783845263205

Hochfellner, D. & Burkert, C. (2013). Berufliche Aktivität im Ruhestand; Fortsetzung der Erwerbsbiographie oder notwendiger Zuverdienst? *Zeitschrift für Gerontologie und Geriatrie, 46* (3), 242–250. http://doi.org/10.1007/s00391-012-0373-8

Hofäcker, D. & Naumann, E. (2015). The emerging trend of work beyond retirement age in Germany. *Zeitschrift für Gerontologie und Geriatrie, 48* (5), 473–479. http://doi.org/10.1007/s00391-014-0669-y

Holmes, T. H. & Rahe, R. H. (1967). The Social Readjustment Rating Scale. *Journal of Psychosomatic Research, 11* (2), 213–218. http://doi.org/10.1016/0022-3999(67)90010-4

Hossiep, R. & Paschen, M. (2003). *Bochumer Inventar zur berufsbezogenen Persönlichkeitsbeschreibung (BIP)* (2. Aufl.). Göttingen: Hogrefe.

Hoth, S. & Gudmundsdottir, K. (2007). Der Einfluss der Alterung auf die otoakustischen Emissionen – Eine Querschnittsstudie an über 10.000 Ohren. In R. Grieshaber, M. Stadler & H. C. Scholle (Hrsg.), *Prävention von arbeitsbedingten Gesundheitsgefahren und Erkrankungen* (S. 201–204). Jena: Dr. Bussert & Stadeler.

Hudson, N. W. & Fraley, R. C. (2015). Volitional personality trait change: Can people choose to change their personality traits? *Journal of Personality and Social Psychology, 109,* 490–507. http://doi.org/10.1037/pspp0000021

IGES Institut (2015). *DAK-Gesundheitsreport 2015.* Hamburg: DAK-Gesundheit. Abgerufen am 04.02.2016 von https://www.dak.de/dak/download/Vollstaendiger_bundesweiter_Gesundheitsreport_2015–1585948.pdf

Ilmarinen, J. (2000). Die Arbeitsfähigkeit kann man mit dem Alter steigern. In C. v. Rothkirch (Hrsg.), *Altern und Arbeit: Herausforderung für Wirtschaft und Gesellschaft* (S. 88–96). Berlin: edition sigma.

Ilmarinen, J. (2001). Aging Workers. *Occupational and Environmental Medicine, 58* (8), 546–552. http://doi.org/10.1136/oem.58.8.546

Institut für angewandte Arbeitswissenschaft e. V. (ifaa). (Hrsg.). (2015). *Leistungsfähigkeit im Betrieb. Kompendium für den Betriebspraktiker zur Bewältigung des demografischen Wandels.* Berlin: Springer.

International Labour Organization (2015a). *Population by sex and age (ILO estimates and projections)* [Datensatz]. Abgerufen am 04.02.2016 von www.ilo.org/ilostat/faces/help_home/data_by_subject

International Labour Organization (2015b). *Economically Active Population, Estimates and Projections (6th edition, October 2011)* [Datensatz]. Abgerufen am 04.02.2016 von http://laborsta.ilo.org/applv8/data/EAPEP/eapep_E.html

Jackson, A. S., Beard, E. F., Wier, L. T. & Stuteville, J. E. (1997). Multivariate model for defining changes in maximal physical working capacity of men, ages 25 to 70 years. In W. A. Rogers (Ed.), *Designing for an aging population: Ten years of human factors/ergonomics research* (pp. 54–57). Santa Monica, CA: Human Factors and Ergonomics Society.

Jackson, J. J., Hill, P. L., Payne, B. R., Roberts, B. W. & Stine-Morrow, E. A. L. (2012). Can an old dog learn (and want to experience) new tricks? Cognitive training increases openness to experience in older adults. *Psychology and Aging, 27,* 286–292. http://doi.org/10.1037/a0025918

Jaeger, C. & Lennings, F. (2015). Handlungsfeld „Arbeitszeit gestalten". In Institut für angewandte Arbeitswissenschaft e. V. (ifaa). (Hrsg.), *Leistungsfähigkeit im Betrieb. Kompendium für den Betriebspraktiker zur Bewältigung des demografischen Wandels* (S. 133–218). Berlin: Springer.

Jaeger, C., Marks, T., Peck, A. & Sandrock, S. (2015). Handlungsfeld „Gesundheit aktiv gestalten". In Institut für angewandte Arbeitswissenschaft e. V. (ifaa). (Hrsg.), *Leistungsfähigkeit im Betrieb. Kompendium für den Betriebspraktiker zur Bewältigung des demografischen Wandels* (S. 389–433). Berlin: Springer.

Jahoda, M., Lazarsfeld, P. F. & Zeisel, H. (1980). *Die Arbeitslosen von Marienthal. Ein soziodemografischer Versuch über die Wirkung langandauernder Arbeitslosigkeit.* Frankfurt: Suhrkamp.

Jeschke, S., Richert, A., Hees, F. & Jooß, C. (Hrsg.). (2015). *Exploring Demographics: Transdisziplinäre Perspektiven zur Innovationsfähigkeit im demografischen Wandel.* Wiesbaden: Springer Spektrum. http://doi.org/10.1007/978-3-658-08791-3

Jex, S. M., Wang, M., Zarubin, A., Shultz, K. S. & Adams, G. A. (2007). Aging and Occupational Health. In K. S. Shultz & G. A. Adams (Eds.), *Aging & Work in the 21st Century* (pp. 199–224). Mahwah, NJ: Erlbaum.

Jones, C. J., Livson, N. & Peskin, H. (2003). Longitudinal Hierarchical Linear Modeling Analyses of California Psychological Inventory Data From Age 33 to 75: An Examination of Stability and Change in Adult Personality. *Journal of Personality Assessment, 80* (3), 294–308. http://doi.org/10.1207/S15327752JPA8003_07

Joshi, A. & Roh, H. (2009). The role of context in work team diversity research: A meta-analytic review. *Academy of Management Journal, 52* (3), 599–627. http://doi.org/10.5465/AMJ.2009.41331491

Jungmann, F., Hilgenberg, F., Porzelt, S., Fischbach, M. & Wegge, J. (2016). Team Work and Leadership in an Aging Workforce: Results of an Intervention Project. In B. Deml, P. Stock, R. Bruder & C. M. Schlick (Eds.), *Advances in Ergonomic Design of Systems, Products and Processes* (pp. 57–70). Berlin: Springer.

Kanfer, R. & Ackerman, P. L. (2004). Aging, Adult Development, and Work Motivation. *The Academy of Management Review, 29* (3), 440–458. http://doi.org/10.5465/AMR.2004.13670969

Kawakami, M., Inoue, F., Ohkubo, T. & Ueno, T. (2000). Evaluating elements of the work area in terms of job redesign for older workers. *International Journal of Industrial Ergonomics, 25* (5), 525–533. http://doi.org/10.1016/S0169-8141(99)00039-6

Kenny, G. P., Yardley, J. E., Martineau, L. & Jay, O. (2008). Physical work capacity in older adults: Implications for the aging worker. *American Journal of Industrial Medicine, 51* (8), 610–625. http://doi.org/10.1002/ajim.20600

Kiefer, T. & Briner, R. B. (1998). Managing retirement: Rethinking links between individual and organization. *European Journal of Work and Organizational Psychology, 7* (3), 373–390. http://doi.org/10.1080/135943298398763

Kim, J. E. & Moen, P. (2002). Retirement transitions, gender, and psychological well-being: A lifecourse, ecological model. *The Journals of Gerontology: Series B: Psychological Sciences and Social Sciences, 57B* (3), 212–222.

Kim, S. & Feldman, D. C. (2000). Working in retirement: The antecedents of bridge employment and its consequences for quality of life in retirement. *Academy of Management Journal, 43,* 1195–1210. http://doi.org/10.2307/1556345

Kiyonaga, N. B. (2004). Today is the Tomorrow You Worried About Yesterday: Meeting the Challenges of a Changing Workforce. *Public Personnel Management, 33* (4), 357–361.

Kliner, K., Rennert, D. & Richter, M. (Hrsg.). (2015). *Gesundheit in Regionen – Blickpunkt Psyche (BKK Gesundheitsatlas 2015).* Berlin: Medizinisch Wissenschaftliche Verlagsgesellschaft. Abgerufen am 23. 06. 2016 von http://www.bkk-dachverband.de/fileadmin/publikationen/gesundheitsatlas/BKK_Gesundheitsatlas_2015.pdf

Kloep, M. & Hendry, L. B. (2007). Retirement: A new beginning? *The Psychologist, 20* (12), 742–745.

Knauth, P. (2007). Arbeitszeitgestaltung für die alternde Belegschaft. In Gesellschaft für Arbeitswissenschaft e. V. (GfA). (Hrsg.), *Die Kunst des Alterns* (S. 27–43). Dortmund: GfA Press.

Knauth, P., Karl, D. & Gimpel, K. (2013). Development and evaluation of working time models for the ageing workforce: Lessons learned from the KRONOS research project. In C. M. Schlick, E. Frieling & J. Wegge (Eds.), *Age-differentiated work systems* (pp. 45–87). Berlin: Springer.

Konstantinidis, A., Talving, P., Kobayashi, L., Barmparas, G., Plurad, D., Lam, L. & Demetriades, D. (2011). Work-related injuries: injury characteristics, survival, and age effect. *American Surgeon, 77* (6), 702–707.

Kooij, D. T. A. M. (2015). Successful aging at work: The active role of employees. *Work, Aging and Retirement, 1* (4), 309–319. http://doi.org/10.1093/workar/wav018

Kooij, D. T. A. M., De Lange, A. H., Jansen, P. G. W. & Dikkers, J. S. E. (2008). Older workers' motivation to continue to work: five meanings of age. A conceptual review. *Journal of Managerial Psychology, 23* (4), 364–394. http://doi.org/10.1108/02683940810869015

Korniotis, G. & Kumar, A. (2007). *Does Investment Skill Decline due to Cognitive Aging or Improve with Experience?* Abgerufen am 03. 08. 2014 von http://www.ruf.rice.edu/~jgsfss/Lone-Star/kumar.pdf

Kramer, C., Töpperwien, S., Schmicker, S., Deml, B. & Wassmann, S. (2015). Good Practice: Ein Training zur Steigerung der Innovationsfähigkeit: großer Wirkungsgrad mit geringem zeitlichen Aufwand. In S. Jeschke, A. Richert, F. Hees & C. Jooß (Hrsg.), *Exploring Demographics: Transdisziplinäre Perspektiven zur Innovationsfähigkeit im demografischen Wandel* (S. 299–303). Wiesbaden: Springer Spektrum.

Kretschmer, V. (2012). Betriebliches Gesundheitsmanagement und krankheitsbedingte Fehlzeiten in der Bundesverwaltung. In B. Badura, A. Ducki, H. Schröder, J. Klose & M. Meyer (Hrsg.), *Fehlzeiten-Report 2012* (S. 477–487). Heidelberg: Springer.

Kruse, A. (2009). *Lebenszyklusorientierung und veränderte Personalentwicklungsstrukturen.* München: Roman Herzog Institut.

Kubeck, J. E., Delp, N. D., Haslett, T. K. & McDaniel, M. A. (1996). Does job-related training performance decline with age? *Psychology and aging, 11* (1), 92–107. http://doi.org/10.1037/0882-7974.11.1.92

Kunze, F., Böhm, S. & Bruch, H. (2013). Age, resistance to change, and job performance: Testing for a common stereotype. *Journal of Managerial Psychology, 28* (7/8), 741–760. http://doi.org/10.1108/JMP-06-2013-0194

Lampert, T. & Ziese, T. (2005). *Armut, soziale Ungleichheit und Gesundheit: Expertise des Robert Koch-Instituts zum zweiten Armuts- und Reichtumsbericht der Bundesregierung.* Berlin: Robert Koch-Institut.

Landau, K., Weißert-Horn, M., Rademacher, H., Brauchler, R., Bruder, R. & Sinn-Behrendt, A. (2007). *Altersmanagement als betriebliche Herausforderung.* Stuttgart: Ergonomia Verlag.

Lang, F. R., Rieckmann, N. & Baltes, M. M. (2002). Adapting to aging losses: do resources facilitate strategies of selection, compensation, and optimization in everyday functioning? The journals of gerontology. *Series B, Psychological sciences and social sciences, 57* (6), 501–509. http://doi.org/10.1093/geronb/57.6.P501

Layne, L. A. & Pollack, K. M. (2004). Nonfatal occupational injuries from slips, trips, and falls among older workers treated in hospital emergency departments, United States 1998. *American Journal of Industrial Medicine, 46* (1), 32–41. http://doi.org/10.1002/ajim.20038

Leber, U., Stegmaier, J. & Tisch, A. (2013). *Altersspezifische Personalpolitik: Wie Betriebe auf die Alterung ihrer Belegschaften reagieren* (IAB-Kurzbericht Nr. 13, Juli 2013). Nürnberg: Institut für Arbeitsmarkt- und Berufsforschung (IAB). Abgerufen am 14. 03. 2016 von http://doku.iab.de/kurzber/2013/kb1313.pdf

Leser, C., Tisch, A. & Tophoven, S. (2013). *Beschäftigte an der Schwelle zum höheren Erwerbs-alter: Schichtarbeit und Gesundheit* (IAB-Kurzbericht, Nr. 21, November 2013). Nürnberg: Institut für Arbeitsmarkt- und Berufsforschung (IAB). Abgerufen am 14.03.2016 von http://doku.iab.de/kurzber/2013/kb2113.pdf

Leung, C.S.Y. & Earl, J.K. (2012). Retirement Resources Inventory: Construction, factor structure and psychometric properties. *Journal of Vocational Behavior, 81* (2), 171–182. http://doi.org/10.1016/j.jvb.2012.06.005

Liebermann, S.C., Wegge, J., Jungmann, F. & Schmidt, K.H. (2013). Age diversity and individual team member health: The moderating role of age and age stereotypes. *Journal of Occupational and Organizational Psychology, 86* (2), 184–202. http://doi.org/10.1111/joop.12016

Lindenberger, U. & Ghisletta, P. (2009). Cognitive and sensory declines in old age: Gauging the evidence for a common course. *Psychology and Aging, 24,* 1–16. http://doi.org/10.1037/a0014986

Lohmann, T.R., Larson, H. & Frank, G.P. (2011). *Demografiemanagement 2011.* Frankfurt am Main: PricewaterhouseCoopers AG Wirtschaftsprüfungsgesellschaft. Abgerufen am 14.03.2016 von http://www.pwc.de/de/prozessoptimierung/assets/demografiemanagement.pdf

Lohmann-Haislah, A. (2012). *Stressreport Deutschland 2012. Psychische Anforderungen, Ressourcen und Befinden.* Dortmund: Bundesanstalt für Arbeitschutz und Arbeitsmedizin (BAuA).

Maertens, J.A., Putter, S.E., Chen, P.Y., Diehl, M. & Huang, Y.-H. (2012). Physical capabilities and occupational health of older workers. In J.W. Hedge & W.C. Borman (Eds.), *The Oxford handbook of work and aging* (pp. 215–235). New York, NY: Oxford University Press.

Maier, W. & Hauth, I. (2015). Psychische Erkrankungen auf dem Vormarsch. Die Bedeutung diagnostischer Definitionen für die Versorgung. In K. Kliner, D. Renner & M. Richter (Hrsg.), *Gesundheit in Regionen – Blickpunkt Psyche* (S. 72–77). Berlin: Medizinisch-wissenschaftliche Verlagsgesellschaft.

Maimaris, W., Hogan, H. & Lock, K. (2010). The Impact of Working beyond Traditional Retirement Ages on Mental Health: Implications for Public Health and Welfare Policy. *Public Health Reviews, 32,* 532–548.

Martin, M., Zehnder, E. & Zimprich, D. (2008). Kognitive Entwicklung im mittleren Lebensalter. *Wirtschaftspsychologie, 10,* 6–17.

Martin, M. & Zimprich, D. (2005). Cognitive development in midlife. In S.L. Willis & M. Martin (Eds.), *Middle adulthood: A lifespan perspective* (pp. 179–206). Thousand Oaks: Sage.

Maschke, M. (2016). *Flexible Arbeitszeitgestaltung* (WISO-Diskurs 2016,04). Bonn: Friedrich-Ebert-Stiftung. Abgerufen am 16.08.2016 von http://library.fes.de/pdf-files/wiso/12491.pdf

Masunaga, H. & Horn, J. (2001). Expertise and age-related changes in components of intelligence. *Psychology and Aging, 16* (2), 293–311. http://doi.org/10.1037/0882-7974.16.2.293

Mata, R., Josef, A.K., Samanez-Larkin, G.R. & Hertwig, R. (2011). Age differences in risky choice: a meta-analysis. *Annals of the New York Academy of Sciences, 1235* (1), 18–29. http://doi.org/10.1111/j.1749-6632.2011.06200.x

Maxin, L. & Deller, J. (2010). Beschäftigung statt Ruhestand: Individuelles Erleben von Silver Work. *Comparative Population Studies – Zeitschrift für Bevölkerungswissenschaft, 35* (4), 767–800.

Mayring, P. (2000). Pensionierung als Krise oder Glücksgewinn? – Ergebnisse aus einer quantitativ-qualitativen Längsschnittuntersuchung. *Zeitschrift für Gerontologie und Geriatrie, 33* (2), 124–133. http://doi.org/10.1007/s003910050168

McEvoy, G.M. & Cascio, W.F. (1989). Cumulative evidence of the relationship between employee age and job performance. *Journal of Applied Psychology, 74,* 11–17. http://doi.org/10.1037/0021-9010.74.1.11

Meier, B. & Schröder, C. (2007). *Altern in der modernen Gesellschaft: Leistungspotenziale und Sozialprofile der Generation 50-Plus*. Köln: Deutscher Instituts Verlag.

Meyer, M., Böttcher, M. & Glushanok, I. (2015). Krankheitsbedingte Fehlzeiten in der deutschen Wirtschaft im Jahr 2014. In B. Badura, A. Ducki, H. Schröder, J. Klose & M. Meyer (Hrsg.), *Fehlzeiten-Report 2015. Neue Wege für mehr Gesundheit – Qualitätsstandards für ein zielgruppenspezifisches Gesundheitsmanagement* (S. 341–548). Berlin: Springer.

Moen, P. (2012). Retirement dilemmas and decisions. In J. W. Hedge & W. C. Borman (Eds.), *The Oxford handbook of work and aging.* (pp. 549–569). New York, NY: Oxford University Press.

Molter, B., Noefer, K., Stegmaier, R. & Sonntag, Kh. (2013). Die Bedeutung von Berufserfahrung für den Zusammenhang zwischen Alter, entwicklungsbezogener Selbstwirksamkeit und Anpassung an organisationale Veränderungen. *Zeitschrift für Arbeits- und Organisationspsychologie, 57* (1), 22–31. http://doi.org/10.1026/0932-4089/a000100

Monka, D. & Steimer, T. (2014). Perspektive 58 plus – von den Potenzialen älterer Mitarbeiter profitieren. In K. Schwuchow & J. Gutmann (Hrsg), *Personalentwicklung – Themen, Trends, Best Practices 2015* (S. 375–381). Freiburg: Haufe.

Moskaliuk, J., Moeller, K., Sassenberg, K. & Hesse, F. W. (2016). Gestaltung von (mediengestützten) Lernprozessen und -umgebungen in organisationalen Kontexten – Beiträge der Pädagogischen Psychologie. In Kh. Sonntag (Hrsg.), *Personalentwicklung in Organisationen* (4. Aufl.; S. 145–172). Göttingen: Hogrefe.

Mroczek, D. (2014). Personality plasticity, healthy aging, and interventions. *Developmental Psychology, 50,* 1470–1474. http://doi.org/10.1037/a0036028

Müller, A., Heiden, B., Weigl, M., Glaser, J. & Angerer, P. (2013). Successful Aging Strategies in Nursing: The Example of Selective Optimization with Compensation. In C. M. Schlick, E. Frieling & J. Wegge (Eds.), *Age-differentiated work systems* (pp. 175–199). Berlin: Springer.

Müller, A., Weigl, M., Heiden, B., Herbig, B., Glaser, J. & Angerer, P. (2013). Selection, optimization, and compensation in nursing: Exploration of job-specific strategies, scale development, and age-specific associations to work ability. *Journal of Advanced Nursing, 69* (7), 1630–1642.

Müller, C. & Klinger, C. (2015). Qualifizierung für den demografischen Wandel. In F. W. Nerdinger, C. Müller & C. Klinger (Hrsg.), *Personalarbeit im demografischen Wandel. Ergebnisse aus dem Verbundprojekt PerDemo* (S. 164–214). München und Mering: Hampp.

Müller, C., Klinger, C. & Nerdinger, F. W. (2014). *Personalarbeit im demografischen Wandel. Qualifizierungskonzepte für eine demografiefeste Personalarbeit in kleinen und mittleren Unternehmen* (Rostocker Beiträge zur Wirtschafts- und Organisationspsychologie Nr. 15). Rostock: Lehrstuhl für ABWL.

Mümken, S. & Brussig, M. (2012). *Alterserwerbsbeteiligung in Europa. Deutschland im internationalen Vergleich* (Altersübergangs-Report 2012-01). Duisburg: Institut für Arbeit und Qualifikation (IAQ).

Nägele, G. (2007). Demografischer Wandel und Arbeitswelt – das Beispiel Pflegeberufe. *Theorie und Praxis Sozialer Arbeit, 6,* 4–12.

Nerdinger, F. W., Wilke, P., Stracke, S. & Drews, U. (Hrsg.). (2016). *Innovation und Personalarbeit im demografischen Wandel*. Wiesbaden: Springer. http://doi.org/10.1007/978-3-658-09028-9

Niederhausen, H. (2013). IQ: Intergenerationelle Qualifizierung. Im Mercedes Benz Werk in Bremen bereiten sich ältere Mitarbeiterinnen und Mitarbeiter Seite an Seite mit jungen Auszubildenden auf neue Berufsfelder vor. In S. Jeschke (Hrsg.), *Demografie Atlas. Deutschland – Land der demografischen Chancen* (S. 87–88). Aachen: Zentrum für Lern- und Wissensmanagement, RWTH Aachen.

Ng, T. W. H. & Feldman, D. C. (2008). The Relationship of Age to 10 Dimensions of Job Perfor-
    mance. *Journal of Applied Psychology, 93*, 392–423.
Ng, T. W. H. & Feldman, D. C. (2012). Evaluating Six Common Stereotypes about Older Workers
    with Meta-Analytical Data. *Personnel Psychology, 65* (4), 821–858. http://doi.org/10.1111/
    peps.12003
Ng, T. W. H. & Feldman, D. C. (2013a). A meta-analysis of the relationships of age and tenure with
    innovation-related behaviour. *Journal of Occupational and Organizational Psychology, 86* (4),
    585–616.
Ng, T. W. H. & Feldman, D. C. (2013b). Employee age and health. *Journal of Vocational Behavior,
    83* (3), 336–345. http://doi.org/10.1016/j.jvb.2013.06.004
Noone, J. H., Stephens, C. & Alpass, F. M. (2009). Preretirement Planning and Well-Being in Later
    Life: A Prospective Study. *Research on Aging, 31* (3), 295–317. http://doi.org/10.1177/01640
    27508330718
Nova.PE (n. d.). *Erfahrungen retten. Wissen erhalten. Kompetenzen sichern. Unternehmensentwick-
    lung im demografischen Wandel.* Abgerufen am 05. 02. 2016 von http://imperia.rz.rub.de:8059/
    imperia/md/content/pdf/nova_pe_brosch_re.pdf
Nübold, A. & Maier, G. W. (2012). Führung in Zeiten des demografischen Wandels. In S. Grote
    (Hrsg.), *Die Zukunft der Führung* (S. 131–152). Berlin: Springer.
Oberlinner, C., Halbgewachs, A. & Yong, M. (2016). Work-Ability-Index – Vergleich zwischen
    verschiedenen Arbeitszeitformen. *Zeitschrift für Arbeitswissenschaft, 70* (1), 12–19. http://doi.
    org/10.1007/s41449-016-0006-y
Organisation for Economic Co-operation and Development (OECD). (2006). *Live Longer, Work
    Longer. Ageing and Employment Policies.* Paris: OECD Publishing.
Organisation for Economic Co-operation and Development (OECD). (2014). *Older workers score-
    board, 2003, 2007, 2013* [Datensatz]. Abgerufen am 11. 02. 2016 von http://www.oecd.org/els/
    emp/older-workers-scoreboard.xlsx
Osborne, J. W. (2012). Psychological effects of the transition to retirement. *Canadian Journal of
    Counselling and Psychotherapy, 46* (1), 45–58.
Peila-Shuster, J. (2011). *Retirement self-efficacy: The effects of a pre-retirement strengths-based
    intervention on retirement self-efficacy and an exploration of relationships between positive
    affect and retirement self-efficacy.* Dissertation, Colorado State University.
Phillips, D. R. & Siu, O. I. (2012). Global aging and aging workers. In J. W. Hedge & W. C. Bor-
    man (Eds.), *The Oxford handbook of work and aging* (pp. 11–32). New York: Oxford Univer-
    sity Press.
Pinquart, M. & Schindler, I. (2007). Changes of life satisfaction in the transition to retirement: a
    latent-class approach. *Psychology and Aging, 22*, 442–455. http://doi.org/10.1037/0882-7974.
    22.3.442
Piorr, R. (2013). Nova.PE. Damit Wissen und Erfahrung nicht in Rente gehen – Nova.PE hilft,
    Know-how-Risiken zu senken. In S. Jeschke (Hrsg.), *Demografie Atlas. Deutschland – Land
    der demografischen Chancen* (S. 122–123). Aachen: Zentrum für Lern- und Wissensmanage-
    ment, RWTH Aachen.
Potočnik, K. & Sonnentag, S. (2013). A longitudinal study of well-being in older workers and
    retirees: The role of engaging in different types of activities. *Journal of Occupational and
    Organizational Psychology, 86* (4), 497–521.
Prager, J. U. & Schleiter, A. (2006). *Älter werden – aktiv bleiben? Ergebnisse einer repräsentati-
    ven Umfrage unter Erwerbstätigen in Deutschland.* Gütersloh: Bertelsmann Stiftung.
Rau, R. & Buyken, D. (2015). Der aktuelle Kenntnisstand über Erkrankungsrisiken durch psychi-
    sche Arbeitsbelastungen. Ein systematisches Review über Metaanalysen und Reviews. *Zeit-
    schrift für Arbeits- und Organisationspsychologie, 59* (3),1–17.

Raz, N. & Rodrigue, K. M. (2006). Differential aging of the brain: patterns, cognitive correlates and modifiers. *Neuroscience and Behavioral Reviews, 30,* 730–748. http://doi.org/10.1016/j.neubiorev.2006.07.001

Reitzes, D. C. & Mutran, E. J. (2004). The transition into retirement: Stages and factors that influ-ence retirement adjustment. *International Journal of Aging and Human Development, 59,* 63–84. http://doi.org/10.2190/NYPP-RFFP-5RFK-8EB8

Ries, B. C., Diestel, S., Shelma, M., Liebermann, S., Jungmann, F., Wegge, J. & Schmidt, K. H. (2013). Age Diversity and Team Effectiveness. In C. M. Schlick, E. Frieling & J. Wegge (Eds.), *Age-differentiated work systems* (pp. 89–118). Berlin: Springer.

Rife, J. C. (1988). *Job search discouragement in unemployed older workers: An investigation of the differences in personal, social, and psychological functioning between actively searching and discouraged unemployed older workers who wish to work.* Dissertation, Ohio State University.

Rijs, K. J., Cozijnsen, R. & Deeg, D. J. H. (2012). The effect of retirement and age at retirement on self-perceived health after three years of follow-up in Dutch 55–64-year-olds. *Ageing & Society, 32* (2), 281–306. http://doi.org/10.1017/S0144686X11000237

Robert Bosch GmbH (2009). *Seit zehn Jahren: Karriere nach der Karriere. Bosch Management Support verfügt über 26000 Jahre Erfahrung. Senior Experts weltweit für Bosch im Einsatz.* Abgerufen am 20.01.2016 von http://www.bosch-presse.de/presseforum/details.htm?txtID=4269&locale=de

Robert Koch-Institut (2013). *Beiträge zur Gesundheitsberichterstattung des Bundes. Das Unfall-geschehen bei Erwachsenen in Deutschland.* Berlin: Robert Koch-Institut.

Roberts, B. W. & DelVecchio, W. F. (2000). The rank-order consistency of personality traits from childhood to old age: A quantitative review of longitudinal studies. *Psychological Bulletin, 126* (1), 3–25. http://doi.org/10.1037/0033-2909.126.1.3

Roberts, B. W., Walton, K. E. & Viechtbauer, W. (2006). Patterns of mean-level change in perso-nality traits across the life course: A meta-analysis of longitudinal studies. *Psychological Bul-letin, 132* (1), 1–25. http://doi.org/10.1037/0033-2909.132.1.1

Robinson, O. C., Demetre, J. D. & Corney, R. (2010). Personality and retirement: Exploring the links between the big five personality traits, reasons for retirement and the experience of being retired. *Personality and Individual Differences, 48* (7), 792–797. http://doi.org/10.1016/j.paid.2010.01.014

Rohwedder, S. & Willis, R. J. (2010). Mental Retirement. *The Journal of Economic Perspectives, 24* (1), 119–138. http://doi.org/10.1257/jep.24.1.119

Rolison, J. J., Hanoch, Y. & Wood, S. (2011). Risky decision making in younger and older adults: the role of learning. *Psychology and Aging, 27* (1), 129–140. http://doi.org/10.1037/a0024689

Rosenkoetter, M. M. & Garris, J. M. (2001). Retirement planning, use of time, and psychosocial ad-justment. *Issues in Mental Health Nursing, 22* (7), 703–722. http://doi.org/10.1080/01612840120432

Rothermund, K. & Mayer, A.-K. (2009). *Altersdiskriminierung. Erscheinungsformen, Erklärungen und Interventionsansätze.* Stuttgart: Kohlhammer.

Rüters, I., Nachreiner, F., Horn, D., Giebel, O., Schomann, C. & Wirtz, A. (2008). Die Effekte lan-ger Arbeitszeiten auf Gesundheit und Wohlbefinden – Ergebnisse einer Kreuz-Validierungs-studie. In Gesellschaft für Arbeitswissenschaft e. V. (GfA). (Hrsg.), *Produkt- und Produktions-ergonomie – Aufgabe für Entwickler und Planer* (S. 387–390). Dortmund: GfA Press.

Saba, T. & Guerin, G. (2005). Extending Employment Beyond Retirement Age: The Case of Health Care Managers in Quebec. *Public Personnel Management, 34,* 195–214. http://doi.org/10.1177/009102600503400205

Sachverständigenrat zur Begutachtung der gesamtwirtschaftlichen Entwicklung (2011). *Herausforderungen des demografischen Wandels. Expertise im Auftrag der Bundesregierung.* Paderborn: Bonifatius-Verlag.

Salthouse, T. A. (2004). What and When of Cognitive Aging. *Current Directions in Psychological Science, 13* (4), 140–144. http://doi.org/10.1111/j.0963-7214.2004.00293.x

Sattler, A. (2015). Grauen-Power. *Personalmagazin, 11,* 52–54.

Schaie, K. W. (2005). *Developmental influences on adult intelligence: the Seattle Longitudinal Study.* New York: Oxford University Press. http://doi.org/10.1093/acprof:oso/9780195156737.001.0001

Scherf, B. (2014). Neue Schichtmodelle für eine Lebensphasen-orientierte Arbeitszeitgestaltung. *Zeitschrift für Arbeitswissenschaft, 68* (2), 119–121.

Schieber, F. (2006). Vision and Aging. In J. E. Birren & K. W. Schaie (Eds.), *Handbook of Psychology of Aging* (pp. 129–161). Amsterdam: Elsevier.

Schlick, C. M., Frieling, E. & Wegge, J. (Eds.). (2013). *Age-differentiated work systems.* Berlin: Springer. http://doi.org/10.1007/978-3-642-35057-3

Schmiedek, F., Bauer, C., Lövden, M., Brose, A. & Lindenberger, U. (2011). Förderung kognitiver Aktivität im Alter: Internet-basierte Trainingsprogramme. In U. Lindenberger, J. Nehmer, E. Steinhagen-Thiessen, J. A. Delius & M. Schellenbach (Hrsg.), *Altern und Technik, Nova Acta Leopoldina* (, S. 35–51). Stuttgart: Wissenschaftliche Verlagsgesellschaft.

Schröder, C. (2016). *Herausforderungen von Industrie 4.0 für den Mittelstand.* Bonn: Friedrich-Ebert-Stiftung. Abgerufen am 25.04.2016 von http://library.fes.de/pdf-files/wiso/12277.pdf

Schröder, H., Kersting, A., Gilberg, R. & Steinwende, J. (2013). *Methodenbericht zur Haupterhebung lidA – leben in der Arbeit* (FDZ – Methodenreport 1/2013). Nürnberg: Institut für Arbeitsmarkt- und Berufsforschung (IAB).

Seiferling, N. & Michel, A. (submitted). *Building Resources for Retirement Transition: Effects of a Resource-Oriented Group Intervention on Retirement Cognitions and Emotions.*

Senderek, R., Mühlbradt, T. & Buschmeyer, A. (2015). Demografiesensibles Kompetenzmanagement für die Industrie 4.0. In S. Jeschke, A. Richard, F. Hees & C. Jooß (Eds.), *Exploring Demographics* (pp. 281–295). Wiesbaden: Springer.

Sengpiel, M., Sönksen, M. & Wandke, H. (2013). Integrating Training, Instruction and Design into Universal User Interfaces. In C. M. Schlick, E. Frieling & J. Wegge (Eds.), *Age-differentiated work systems* (pp. 319–345). Berlin: Springer.

Sharit, J., Hernández, M. A., Czaja, S. J. & Pirolli, P. (2008). Investigating the Roles of Knowledge and Cognitive Abilities in Older Adult Information Seeking on the Web. *ACM transactions on computer-human interaction, 15* (1), 72.96. http://doi.org/10.1145/1352782.1352785

Shultz, K. S., Wang, M., Crimmins, E. M. & Fisher, G. G. (2010). Age differences in the demand-control model of work stress: An examination of data from 15 European countries. *Journal of Applied Gerontology, 29* (1), 21–47. http://doi.org/10.1177/0733464809334286

Sonntag, Kh. (2009). Kompetenztaxonomien und -modelle: Orientierungsrahmen und Referenzgröße beruflichen Lernens bei sich verändernden Umfeldbedingungen. In U. M. Staudinger & H. Heidemeier (Hrsg.), *Altern Bildung und lebenslanges Lernen* (S. 249–265). Stuttgart: Wissenschaftliche Verlagsgesellschaft.

Sonntag, Kh. (2014). *Potenziale Erwerbstätiger bei verlängerter Lebensarbeitszeit: Chancen und Herausforderungen für die Wirtschaft* (Expertise im Auftrag von Gesamtmetall). Berlin: Arbeitgeberverband Gesamtmetall.

Sonntag, Kh. (2015). Ressourcenorientiertes Gesundheitsmanagement – eine arbeits- und organisationspsychologische Perspektive. In Kh. Sonntag, R. Stegmaier & U. Spellenberg (Hrsg.), *Arbeit, Gesundheit, Erfolg. Betriebliches Gesundheitsmanagement auf dem Prüfstand* (S. 243–258). Kröning: Asanger.

Sonntag, Kh. (2016a). Anforderungsanalyse und Kompetenzmodellierung: Tätigkeitsbezogene Merkmale. In Kh. Sonntag (Hrsg.), *Personalentwicklung in Organisationen* (4. Aufl.; S. 295–335). Göttingen: Hogrefe.

Sonntag, Kh. (2016b). Maßnahmen und Empfehlungen für die gesunde Arbeit von morgen – Ziele und Aktivitäten des MEgA-Projektes. In Gesellschaft für Arbeitswissenschaft (GfA). (Hrsg.), *Arbeit in komplexen Systemen. Digital, vernetzt, human?!* (Beitrag B4.8). Dortmund: GfA Press.

Sonntag, Kh., Frieling, E. & Stegmaier, R. (2012). *Lehrbuch Arbeitspsychologie* (3., vollst. überarb. Aufl.). Bern: Huber.

Sonntag, Kh. & Schaper, N. (1993). Strategies and training for maintenance personnel: optimizing fault diagnosis activities. *Applications and case studies Human-computer interaction, 1,* 90–95.

Sonntag, Kh. & Schaper, N. (1997). *Störungsmanagement und Diagnosekompetenz.* Zürich: Verein der Fachverlage.

Sonntag, Kh. & Schaper, N. (2016). Berufliche Handlungskompetenz fördern: Wissens- und verhaltensbasierte Verfahren. In Kh. Sonntag (Hrsg.), *Personalentwicklung in Organisationen* (4. Aufl.; S. 369–409). Göttingen: Hogrefe.

Sonntag, Kh. & Seiferling, N. (2016). Potenziale älterer Erwerbstätiger nutzen: Ageing Workforce. In Kh. Sonntag (Hrsg.), *Personalentwicklung in Organisationen* (4. Aufl.; S. 495–533). Göttingen: Hogrefe.

Sonntag, Kh. & Stegmaier, R. (2007a). *Arbeitsorientiertes Lernen. Zur Psychologie der Integration von Arbeit und Lernen.* Stuttgart: Kohlhammer.

Sonntag, Kh. & Stegmaier, R. (2007b). Personale Förderung älterer Mitarbeiter. In H. Schuler & Kh. Sonntag (Hrsg.), *Handbuch der Arbeits- und Organisationspsychologie* (S. 662–667). Göttingen: Hogrefe.

Sonntag, Kh. & Stegmaier, R. (2015). Creating value through occupational health management. In M. Andresen & C. Nowak (Eds.), *Human Resource Management Practices – Assessing added value* (pp. 125–145). Heidelber: Springer.

Sonntag, Kh., Stegmaier, R. & Schaper, N. (2016). Organisationsdiagnose: Strukturale und kulturelle Merkmale. In Kh. Sonntag (Hrsg.), *Personalentwicklung in Organisationen* (4. Aufl.; S. 255–293). Göttingen: Hogrefe.

Sonntag, Kh., Stegmaier, R. & Spellenberg, U. (Hrsg.). (2015). *Arbeit, Gesundheit, Erfolg. Betriebliches Gesundheitsmanagement auf dem Prüfstand.* Kröning: Asanger.

Sonntag, Kh., Turgut, S. & Feldmann, E. (2016). Arbeitsbedingte Belastungen erkennen, Stress reduzieren, Wohlbefinden ermöglichen: Ressourcenorientierte Gesundheitsförderung. In Kh. Sonntag (Hrsg.), *Personalentwicklung in Organisationen* (4. Aufl.; S. 411–453). Göttingen: Hogrefe.

Soto, C. J. & John, O. P. (2009). Ten facet scales for the Big Five Inventory: Convergence with NEO PI-R facets, self-peer agreement, and discriminant validity. *Journal of Research in Personality, 43* (1), 84–90. http://doi.org/10.1016/j.jrp.2008.10.002

Soto, C. J., John, O. P., Gosling, S. D. & Potter, J. (2011). Age differences in personality traits from 10 to 65: Big Five domains and facets in a large cross- sectional sample. *Journal of Personality and Social Psychology, 100,* 330–348. http://doi.org/10.1037/a0021717

Specht, J., Egloff, B. & Schmukle, S. C. (2011). Stability and change of personality across the life course: The impact of age and major life events on mean-level and rank-order stability of the Big Five. *Journal of Personality and Social Psychology, 101,* 862–882. http://doi.org/10.1037/a0024950

Statistisches Bundesamt (2006). *Leben in Deutschland: Haushalte, Familien und Gesundheit – Ergebnisse des Mikrozensus 2005.* Wiesbaden: Statistisches Bundesamt.

Statistisches Bundesamt (2011). *Im Blickpunkt: Ältere Menschen in Deutschland und der EU*. Wiesbaden: Statistisches Bundesamt.

Statistisches Bundesamt (2013). *Europa 2020 – Die Zukunfsstrategie der EU*. Wiesbaden: Statistisches Bundesamt.

Statistisches Bundesamt (2015a). *Bevölkerung Deutschlands bis 2060. 13. Koordinierte Bevölkerungsvorausberechnung*. Wiesbaden: Statistisches Bundesamt.

Statistisches Bundesamt (2015b). *Die Generation 65+ in Deutschland*. Wiesbaden: Statistisches Bundesamt.

Statistisches Bundesamt (2015c). *Statistisches Jahrbuch 2015*. Wiesbaden: Statistisches Bundesamt.

Stegmaier, R., Noefer, K., Molter, B. & Sonntag, Kh. (2006). Die Bedeutung von Arbeitsgestaltung für die Innovative und Adaptive Leistung Älterer Berufstätiger. *Zeitschrift für Arbeitswissenschaft, 60*, 246–255.

Stegmaier, R., Noefer, K. & Sonntag, Kh. (2008). Innovations- und Anpassungsfähigkeit von Mitarbeitern: Altersneutrale und altersdifferenzierte Effekte der Arbeitsgestaltung und Personalentwicklung. *Wirtschaftspsychologie, 3*, 72–82.

Sunal, A. B., Sunal, O. & Yasin, F. (2011). A comparison of workers employed in hazardous jobs in terms of job satisfaction, perceived job risk and stress: Turkish jean sandblasting workers, dock workers, factory workers and miners. *Social Indicators Research, 102* (2), 265–273. http://doi.org/10.1007/s11205-010-9679-3

Szinovacz, M. E. (2013). A multilevel perspective for retirement research. In M. Wang (Ed.), *The Oxford handbook of retirement* (pp. 152–173). New York: Oxford University Press.

Szinovacz, M. E. & Davey, A. (2005). Predictors of perceptions of involuntary retirement. *Gerontologist, 45* (1), 36–47. http://doi.org/10.1093/geront/45.1.36

Szosland, D. (2010). Shift work and metabolic syndrome, diabetes mellitus and ischaemic heart disease. *International Journal of Occupational Medicine and Environmental Health, 23* (3), 287–291.

Taylor, M. A., Goldberg, C., Shore, L. M. & Lipka, P. (2008). The effects of retirement expectations and social support on post-retirement adjustment: A longitudinal analysis. *Journal of Managerial Psychology, 23* (4), 458–470. http://doi.org/10.1108/02683940810869051

Taylor-Carter, M. A., Cook, K. & Weinberg, C. (1997). Planning and expectations of the retirement experience. *Educational Gerontology, 23*, 273–288. http://doi.org/10.1080/0360127970230306

Tesch-Römer, C. & Wahl, H. W. (2012). Seh- und Höreinbußen. In H. W. Wahl, C. Tesch-Römer & J. P. Ziegelmann (Hrsg.), *Angewandte Gerontologie* (2. Aufl., S. 407–418). Stuttgart: Kohlhammer.

Thornton, W. J. L. & Dumke, H. A. (2005). Age Differences in Everyday Problem-Solving and Decision-Making Effectiveness: A Meta-Analytic Review. *Psychology and Aging, 20* (1), 85–99. http://doi.org/10.1037/0882-7974.20.1.85

Thrasher, G. R., Zabel, K., Wynne, K. & Baltes, B. B. (2016). The Importance of Workplace Motives in Understanding Work-Family Issues for Older Workers. *Work, Aging and Retirement, 2* (1), 1–11. http://doi.org/10.1093/workar/wav021

Tippelt, R., Schmidt-Hertha, B. & Friebe, J. (2014). Interpretation und Transfer der Befunde in der Weiterbildung. In J. Friebe, B. Schmidt-Hertha & R. Tippelt (Hrsg.), *Kompetenzen im höheren Lebensalter. Ergebnisse der Studie „Competencies in Later Life" (CiLL)* (S. 157–168). Bielefeld: W. Bertelsmann.

Tisch, A. (2015). Firms' contribution to the internal and external employability of older employees: Evidence from Germany. *European Journal of Ageing, 12* (1), 29–38. http://doi.org/10.1007/s10433-014-0323-y

Topa, G., Moriano, J. A., Depolo, M., Alcover, C.-M. & Morales, J. F. (2009). Antecedents and consequences of retirement planning and decision-making: A meta-analysis and model. *Journal of Vocational Behavior, 75* (1), 38–55. http://doi.org/10.1016/j.jvb.2009.03.002

Towers Watson (2014). *Erfolgsfaktor Demografie-Management. Status quo, Herausforderungen und Lösungsansätze für Unternehmen*. Frankfurt am Main: Towers Watson.

Trischler, F. & Kistler, E. (2010). *Gute Erwerbsbiographien. Der Wandel der Arbeitswelt als gruppenspezifischer Risikofaktor für Arbeitsfähigkeit und Unterversorgung bei der gesetzlichen Rente* (Arbeitspapier 2: Arbeitsbedingungen und Erwerbsverlauf). Stadtbergen: Internationales Institut für Empirische Sozialökonomie (INIFES).

Tuomi, K., Ilmarinen, J., Martikainen, R., Aalto, L. & Klockars, M. (1997). Aging, work, lifestyle and work ability among Finnish municipal workers in 1981–1992. *Scandinavian Journal of Work Environment & Health, 23,* 58–65.

United Nations (2015). *World Population Prospects: The 2015 Revision. Key Findings and Advance Tables*. Abgerufen am 02. 11. 2015 von http://esa.un.org/unpd/wpp/Publications/Files/Key_Findings_WPP_2015.pdf

van Katwyk, P. T. (2012). The changing workforce demografics in Asia Pacific: A diversity of work and retirement trends. In J. W. Hedge & W. C. Borman (Eds.), *The Oxford handbook of work and aging* (pp. 80–97). New York, NY: Oxford University Press.

van Knippenberg, D. & Schippers, M. C. (2007). Work Group Diversity. *Annual Review of Psychology, 58,* 515–541. http://doi.org/10.1146/annurev.psych.58.110405.085546

van Solinge, H. & Henkens, K. (2007). Involuntary retirement: The role of restrictive circumstances, timing, and social embeddedness. *The Journals of Gerontology: Series B: Psychological Sciences and Social Sciences, 62B* (5), 295–303. http://doi.org/10.1093/geronb/62.5.S295

Verillo, R. T. & Verillo, V. (1985). Sensory and Perceptual Performance. In N. Chaness (Ed.), *Ageing and Human Performance* (pp. 1–46). New York: Wiley.

Voelcker-Rehage, C. (2012). Neurowissenschaftliche Grundlagen. In H. W. Wahl, C. Tesch-Römer & J. P. Ziegelmann (Hrsg.), *Angewandte Gerontologie* (2. Aufl.; S 41–47). Stuttgart: Kohlhammer.

Voelpel, S. C. & Gerpott, F. H. (2014). Intergenerationale Qualifizierung. In K. Schwuchow & J. Gutmann (Hrsg), *Personalentwicklung – Themen, Trends, Best Practices 2015* (S. 382–390). Freiburg: Haufe.

Volkswagen AG (2013). *Senior Experten: Ehemalige Volkswagen Mitarbeiter geben Wissen weiter.* Abgerufen am 21. 01. 2016 von http://www.volkswagenag.com/content/vwcorp/info_center/de/news/2013/05/senior.html

Volkswagen AG (2016). *Volkswagen pro Ehrenamt. Mitarbeiter engagieren sich.* Abgerufen am 21. 01. 2016 von http://www.volkswagen-karriere.de/de/was_uns_ausmacht/unsere_werte/pro_ehrenamt.html

von Helversen, B. & Mata, R. (2012). Losing a dime with a satisfied mind: Positive affect predicts less search in sequential decision making. *Psychology and Aging, 27,* 825–839. http://doi.org/10.1037/a0027845

von Hippel, C., Kalokerinos, E. K. & Henry, J. D. (2013). Stereotype threat among older employees: Relationship with job attitudes and turnover intentions. *Psychology and Aging, 28* (1), 17–27. http://doi.org/10.1037/a0029825

Voorbij, A. I. M. & Steenbekkers, L. P. A. (2001). The composition of a graph on the decline of total body strength with age based on pushing, pulling, twisting and gripping force. *Applied Ergonomics, 32* (3), 287–292. http://doi.org/10.1016/S0003-6870(00)00068-5

Waldmann, D. A. & Avolio, B. J. (1986). A meta-analysis of age differences in job performance. *Journal of Applied Psychology, 71,* 33–38. http://doi.org/10.1037/0021-9010.71.1.33

Wang, M. (2007). Profiling retirees in the retirement transition and adjustment process: Examining the longitudinal change patterns of retirees' psychological well-being. *Journal of Applied Psychology, 92* (2), 455–474. http://doi.org/10.1037/0021-9010.92.2.455

Wang, M., Henkens, K. & van Solinge, H. (2011). Retirement adjustment: A review of theoretical and empirical advancements. *American Psychologist, 66* (3), 204–213.

Wang, M. & Shi, J. (2014). Psychological research on retirement. *Annual Review of Psychology, 65,* 209–233. http://doi.org/10.1146/annurev-psych-010213-115131

Wang, M. & Shultz, K. S. (2010). Employee Retirement: A Review and Recommendations for Future Investigation. *Journal of Management, 36* (1), 172–206. http://doi.org/10.1177/01492 06309347957

Wassmann, S., Schmicker, S., Deml, B., Kramer, C. & Töpperwien, S. (2015). Ältere Arbeitspersonen – geringere Kreativität aber höheres Innovationspotential? In S. Jeschke, A. Richert, F. Hees & C. Jooß (Hrsg.), *Exploring Demographics. Transdisziplinäre Perspektiven zur Innovationsfähigkeit im demografischen Wandel* (S. 493–504). Wiesbaden: Springer Spektrum.

Wegge, J., Jungmann, F., Liebermann, S., Shemla, M., Ries, B. C., Diestel, S. & Schmidt, K. H. (2012). What makes age diverse teams effective? Results from a six-year research program. *Work: A Journal of Prevention, Assessment and Rehabilitation, 41* (0), 5145–5151. http://doi.org/10.3233/WOR-2012-0084-5145

Wegge, J. & Schmidt, K.-H. (2015). *Diversity Management. Generationenübergreifende Zusammenarbeit fördern.* Göttingen: Hogrefe.

Wegge, J., Schmidt, K.-H., Piecha, A., Ellwart, T., Jungmann, F. & Liebermann, S. C. (2012). Führung im demografischen Wandel. *Report Psychologie, 37* (9), 344–354.

Welch, L. S., Haile, E., Boden, L. I. & Hunting, K. L. (2008). Age, work limitations and physical functioning among construction roofers. *Work, 31* (4), 377–385.

Werding, M. (2013). *Alterssicherung, Arbeitsmarktdynamik und neue Reformen: Wie das Rentensystem stabilisiert werden kann.* Gütersloh: Bertelsmann Stiftung.

Westerlund, H., Vahtera, J., Ferrie, J. E., Singh-Manoux, A., Pentti, P., Melchior, M., Leineweber, C., Jokela, M., Siegrist, J., Goldberg, M., Zins, M. & Kivimäki, M. (2010). Effect of retirement on major chronic conditions and fatigue: French GAZEL occupational cohort study. *British Medical Journal, 341.* http://doi.org/10.1136/bmj.c6149

Wieland, R. (2010). *Gesundheitsreport 2010.* Wuppertal: Barmer GEK.

Williams, L. M., Brown, K. J., Palmer, D., Liddell, B. J., Kemp, A. H., Olivieri, G., Peduto, A. & Gordon, E. (2006). The Mellow Years? Neural Basis of Improving Emotional Stability over Age. *Journal of Neuroscience, 26* (24), 6422–6430. http://doi.org/10.1523/JNEUROSCI.0022-06.2006

Winkler, M. (2015). Betriebliche Gestaltung des demografischen Wandels durch Tarifvertrag. *Zeitschrift für Arbeitswissenschaft, 65* (4), 243–246.

Wong, J. Y. & Earl, J. K. (2009). Towards an integrated model of individual, psychosocial, and organizational predictors of retirement adjustment. *Journal of Vocational Behavior, 75* (1), 1–13. http://doi.org/10.1016/j.jvb.2008.12.010

World Health Organization (WHO) / Dilling, H., Mombour, W. & Schmidt, M. H. (Hrsg.). (2016). *Internationale Klassifikation psychischer Störungen. ICD-10 Kapitel V (F). Klinisch-diagnostische Leitlinien* (10., überarb. Aufl.). Bern: Hogrefe.

Worthy, D. A., Gorlick, M. A., Pacheco, J. L., Schnyer, D. M. & Maddox, W. T. (2011). With age comes wisdom: Decision making in younger and older adults. *Psychological Science, 22* (11), 1375–1380. http://doi.org/10.1177/0956797611420301

Wöhrmann, A. M., Deller, J. & Wang, M. (2013). Outcome expectations and work design characteristics in post-retirement work planning. *Journal of Vocational Behavior, 83* (3), 219–228. http://doi.org/10.1016/j.jvb.2013.05.003

Wöhrmann, A. M., Deller, J. & Wang, M. (2014). A mixed-method approach to post-retirement career planning. *Journal of Vocational Behavior, 84* (3), 307–317. http://doi.org/10.1016/j.jvb.2014.02.003

Wrzus, C. & Lang, F. R. (2012). Entwicklung der Persönlichkeit. In F. R. Lang, M. Martin & M. Pinquart (Hrsg.), *Entwicklungspsychologie – Erwachsenenalter* (S. 141–180). Göttingen: Hogrefe.

Wurm, S. (2004). Prädiktoren für Gesundheit in der zweiten Lebenshälfte. In C. Tesch-Römer (Hrsg.), *Sozialer Wandel und individuelle Entwicklung in der zweiten Lebenshälfte: Ergebnisse der zweiten Welle des Alterssurveys, Abschlussbericht* (S. 357–394). Berlin: Deutsches Zentrum für Altersfragen (DZA).

Wurm, S. & Tesch-Römer, C. (2004). Gesundheit, Hilfe, Bedarf und Versorgung. In C. Tesch-Römer (Hrsg.), *Sozialer Wandel und individuelle Entwicklung in der zweiten Lebenshälfte. Ergebnisse der zweiten Welle des Alterssurveys, Abschlussbericht* (S. 291–355). Berlin: Deutsches Zentrum für Altersfragen (DZA).

Zacher, H. (2015). Successful aging at work. *Work, Aging and Retirement, 1* (1), 4-25.

Zacher, H., Hacker, W. & Frese, M. (2016). Action Regulation Across the Adult Lifespan (ARAL): A Metatheory of Work and Aging. *Work, Aging and Retirement, 2* (3), 286–306. http://doi.org/10.1093/workar/waw015

Zhan, Y., Wang, M., Liu, S. & Shultz, K. S. (2009). Bridge employment and retirees' health: A longitudinal investigation. *Journal of Occupational Health Psychology, 14* (4), 374–389. http://doi.org/10.1037/a0015285

Zils, F. & Jägersberg, K. (2015). Silverpreneure – Botschafter des kulturellen Wandels. In W. Widuckel, K. Molina, J. M. Ringlstetter & D. Frey (Hrsg.), *Arbeitskultur 2020: Herausforderungen und Best Practices der Arbeitswelt der Zukunft* (S. 443–451). Wiesbaden: Springer Fachmedien.

Zukunftsinstitut (2012). *work:design. Die Zukunft der Arbeit gestalten.* Kelkheim: Zukunftsinstitut.

Sachregister

ADIGU-Projekt 113
Ageing and Retirement in Europe (SHARE) 80
Aktivitätstheorie 153
Altenquotient 12
Altern, erfolgreiches 83
Altersstrukturanalyse 104
Anforderungsanalyse und Kompetenz-modellierung 93
Arbeiten 4.0 22
Arbeitsbedingung 119
Arbeitsgestaltung 116
Arbeitsmotivation 73
Arbeitsumgebung, ressourcenerhaltende 96
Arbeitsunfähigkeit 60
Arbeitsunfall 64
Arbeitszeit 125
Arbeitszeitmodell 127
Assistenzsystem 122
Autonomie 53

Barcelona-Ziel 14
Beanspruchung, psychische 66
Beanspruchungserleben 56
Belastungsfaktor 51
Belastungs- und Ressourcendiagnostik 95
Beschäftigungsfähigkeit (Employability) 75
Beschäftigungsrate 18
Big Five 40
biologische Grundfunktionen 24
bridge employment 156
Burnout 63

Demografiefeste Personalarbeit 103

Engagement, ehrenamtliches 155
Entscheidungsverhalten 32
Entwicklungsprogramm „Silverpreneur" 143

Erfahrungswissen 29
Erkrankung, psychische 62
Erwerbstätigenquote 71
European Quality of Life Survey 49
European Working Conditions Survey (EWCS) 50
Expertise 29
Extraversion 42

Fehlzeit 60
Führung
 – älterer Mitarbeiter 107
 – gesundheitsförderliche 97

Gefährdungsbeurteilung Psychische Belastungen (GPB) 95
Gestaltung der Arbeitsplätze/Ergonomie 121
Gestaltung von Arbeitssystemen 119
Gesundheitsmanagement 75
Gesundheitsverhalten 68
 – individuelles 47
Gewissenhaftigkeit 42

Handlungskompetenz, berufliche 89, 92
HR-Management, demografiesensibles 91

Identifikationsprozess 34
Industrie 4.0 20
Innovationsfähigkeit 30
Innovationspotenzial 30
Intelligenz
 – fluide 26
 – kristalline 26
Intelligenzleistung 26
Intergenerationale Qualifikation (IQ) 134

Kognitive Leistung 36
Kompetenzentwicklung 91
Kontinuitätstheorie 147
Konzept „Kompetenzentwicklung im Erwerbsleben" 91, 92

Konzept „Präventives, ressourcen-
    orientiertes Gesundheitsmanagement"
    94
Konzept „Ressourcenorientierten
    Gesundheitsmanagements" 91
Krankheitsrisiko 85

Lebenserwartung 11
Lebensphasenorientierung 67
Lebens(ver)laufsperspektive 147
Leistungsfähigkeit, kognitive 26
Lernen, arbeitsorientiertes, 93
Lernkultur 93
Lernleistungen 33

Mensch-Computer-Interaktion 122
Mittelwertsveränderung 42
Montagearbeit 119
Motivationsrisiko 87
Multimorbidität 61

Nachhaltiges Gesundheitsmanagement
    97
Nachtarbeit 125
Neurotizismus 42
NovaDemo 139

Offenheit für Erfahrung 43

PerDemo 137
Persönlichkeitsmerkmal
    – Stabilität 39
    – Veränderung 39
Perspektive 58+ 141
physiologische Grundfunktionen 24
Plastizität, kognitive 33
Problemlösen 27
Produktionssystem 2017 120
Projekt MEgA 89
Projekt „Zufrieden in den Ruhestand"
    149

Qualifikationsrisiko 86

Rangordnungsstabilität 40
Risikoberuf 53

Rollentheorie 147
Ruhestand 148
    – aktive Gestaltung 76
    – Engagement im 153
    – Weiterarbeit im 158
Ruhestandsvorbereitung 149

Schichtarbeit 65, 125
Selbstwirksamkeit, entwicklungs-
    bezogene 30
Senior-Experte 159
Sicherheits- und Gesundheitsrisiken
    58
smart factory 20
SOK-Modell 83
„Space Cowboys" 160
Stereotyp 108
Stereotype Threat 108
Stockholm-Ziel 14
Störung, psychische 62
Stressempfinden 63
Sturz 64
Survey of Health 80
System
    – kognitionsunterstützendes 122
    – kombiniertes 123
    – physisch assistierendes 123

TANDEM-Konzept 133
Tarifvertrag 129
Team, altersgemischtes 107, 111

Unfallrisiko 64
Unternehmenskultur 106
    – demografiesensible 87

Varianz, interindividuelle 25
Verträglichkeit 43

Weiterbeschäftigung 80
Wissensstaffel 133
Wissenstransfer 107, 130
Wohlbefinden 79
Work Ability Index (WAI) 85

Zeitwertkonto 126